华章程序员书库

U0186845

C++20编程技巧

98个问题解决方案示例

（原书第2版）

[美] J. 伯顿·布朗宁 (J. Burton Browning)
[英] 布鲁斯·萨瑟兰 (Bruce Sutherland) 著

徐坚 张利明 贺加贝 马晓钰 姚贤明 译

C++20 Recipes

A Problem-Solution Approach,

Second Edition

机械工业出版社
China Machine Press

图书在版编目（CIP）数据

C++20 编程技巧：98 个问题解决方案示例：原书第 2 版 /（美）J. 伯顿·布朗宁（J. Burton Browning），（英）布鲁斯·萨瑟兰（Bruce Sutherland）著，徐坚等译 . -- 北京：机械工业出版社，2022.2

（华章程序员书库）

书名原文：C++20 Recipes: A Problem-Solution Approach, Second Edition

ISBN 978-7-111-42317-1

I.①C… II.①J… ②布… ③徐… III.①C++语言 - 程序设计 IV.①TP312.8

中国版本图书馆 CIP 数据核字（2022）第 021129 号

本书版权登记号：图字 01-2021-0914

First published in English under the title:

C++20 Recipes: A Problem-Solution Approach, Second Edition

by J. Burton Browning and Bruce Sutherland.

Copyright © 2020 by J. Burton Browning and Bruce Sutherland

This edition has been translated and published under licence from

Apress Media, LLC, part of Springer Nature.

Chinese simplified language edition published by China Machine Press, Copyright © 2022.

本书原版由 Apress 出版社出版。

本书简体字中文版由 Apress 出版社授权机械工业出版社独家出版。未经出版者预先书面许可，不得以任何方式复制或抄袭本书的任何部分。

C++20 编程技巧
98 个问题解决方案示例（原书第 2 版）

出版发行：机械工业出版社（北京市西城区百万庄大街 22 号　邮政编码：100037）

责任编辑：王春华　刘　锋　　　　　　　　责任校对：殷　虹

印　　刷：三河市宏达印刷有限公司　　　　版　　次：2022 年 3 月第 1 版第 1 次印刷

开　　本：186mm×240mm　1/16　　　　　印　　张：27.75

书　　号：ISBN 978-7-111-42317-1　　　　定　　价：129.00 元

客服电话：（010）88361066　88379833　68326294　　　　投稿热线：（010）88379604

华章网站：www.hzbook.com　　　　　　　　读者信箱：hzjsj@hzbook.com

版权所有·侵权必究

封底无防伪标均为盗版

本书法律顾问：北京大成律师事务所　韩光 / 邹晓东

The Translator's Words 译者序

作为 C 语言的继承者，C++ 在 2021 年 6 月发布的 TIOBE 编程语言排行榜中名列前茅，被广泛用于科学计算、网络软件、操作系统和游戏开发等领域。C++ 是一种通用编程语言，支持多种编程模式，例如面向对象编程、过程化编程和泛型编程等，这些强大的编程模式吸引着大量程序员。为帮助广大读者学习 C++，国内外的 C++ 书籍层出不穷，然而，真正能让广大读者学以致用的 C++ 书籍却不多见。究其原因，在于 C++ 知识体系庞大、学习周期长、理论联系实际困难等，从而导致学习者对 C++ 望而却步。因此，急需一本理论与实践完美结合的 C++ 书籍。

C++20 标准于 2020 年 12 月正式公布，许多新名词、新技术让人耳目一新。这样一来，就更急需一本既基于最新的 C++20 标准，又结合实际应用的书籍，而本书的出版恰逢其时。本书一改过去 C++ 书籍长篇大论的写作风格，创造性地将每节作为一个专题，每个专题专注于解决一个问题，同时各个专题还可组合使用以解决复杂场景下的更大问题。学习者按专题进行学习，既可掌握主要的知识和技术，又可锻炼解决问题的能力。本书包括 98 个专题，学习曲线由易到难，从简单的文本处理，渐进式地过渡到并发、网络和 3D 图形编程等高级技术。

本书的翻译工作得到了云南师范大学"教育技术学"二级学科博士点、云南省智慧教育重点实验室、云南省操晓春专家工作站、云南省高校教育大数据应用技术科技创新团队的支持，得到了"民族教育信息化教育部重点实验室 2020 开放基金项目"和"云南师范大学 2020 年度研究生科研创新基金项目"的资助，得到了同行、老师、学生和朋友的帮助与鼓励，在此表示诚挚的谢意。译文力求忠于原著，但由于译者水平有限、时间仓促，译文中难免有疏漏之处，敬请读者批评指正。

译 者

2021 年 6 月于昆明

前 言 *Preface*

C++ 编程语言正在不断地发展和完善。C++ 始终保持生命力的原因是，它仍然在高性能、可移植的应用程序中扮演着重要的角色。很少有语言像 C++ 一样，可以在如此多的平台上使用，而不依赖运行时环境。这是因为 C++ 是编译型编程语言，C++ 程序通过编译和链接构建到应用程序二进制文件中。

编译器的选择在当今 C++ 领域尤为重要，这要归因于语言变化的速度。Bjarne Stroustrup 于 1979 年开始开发 C++ 编程语言，当时 C++ 被称为带类的 C 语言。直到 1998 年，C++ 语言才开始正式标准化。2003 年发布了更新的标准，此后又经过 8 年，直到 2011 年 C++11 发布，该标准再次进行了更新。此版本进行了大量更新，被称为"现代 C++"，以区别于"老式 C++"。C++17 和 C++20 摒弃了过时的特性，为语言带来了许多重大的变化。

本书介绍使用 Clang 编译器、Microsoft Visual Studio（VS）2019 和 Xcode 为 C++14 到 C++20 ISO 标准编写的代码。Clang 是一个开源编译器，最初是苹果公司的闭源项目。苹果公司于 2007 年向开源社区发布了该代码，此后，Clang 一直在扩大其优势。本书介绍了如何在运行 OS X、Windows 或 Linux（Ubuntu）的计算机上安装和使用 Clang。各章的示例已使用 Clang 3.5 或 Visual Studio 2019 进行了编译和测试。本书列出的所有应用程序都是免费的，你可以根据需求来使用它们。

致谢

感谢 Apress 的 Steve Anglin、Matthew Moodie 和 Mark Powers 以及制作团队的帮助与支持，非常荣幸与大家共事！

About the Technical Reviewer 关于技术审校者

Michael Thomas 在软件开发领域工作了 20 多年，曾作为个人贡献者、团队主管、项目经理和工程副总裁，有 10 多年的移动设备工作经验。他目前的研究重点在医疗领域，使用移动设备来加速患者和医疗保健提供者之间的信息传输。

目 录 *Contents*

第 1 章 *Chapter 1*

C++ 入门

　　C++ 编程语言作为一门高级语言，也兼具强大的低级语言功能，可以将你编写的程序编译成机器指令并在计算机处理器上执行。这使得 C++ 不同于 C# 和 Java 等较新的解释性语言，因为解释性语言不直接在处理器上执行，而是被发送到负责操作计算机的另一个程序来执行。例如，Java 程序使用 Java 虚拟机（Java Virtual Machine，JVM）执行，C# 由公共语言运行库（Common Language Runtime，CLR）执行。

　　由于 C++ 是一种可以预编译的语言，因此 C++ 在追求性能的领域中也得到了广泛使用。例如，C++ 是电子游戏行业最主要的编程语言。C++ 允许程序员编写能充分利用底层系统架构的应用程序。在从事 C++ 程序员的同时，你可能会熟悉诸如缓存一致性（cache coherency）之类的术语。没有太多其他语言可以让你优化应用程序以便运行于各种处理器。本书将介绍在不同阶段特性影响应用程序性能的一些陷阱，并展示解决这些问题的一些技巧。

　　现代 C++ 正处于不断更新特性的时期，但情况并非总是如此。尽管自 20 世纪 80 年代初期就出现了 C++ 编程语言，但直到 1998 年才对其进行标准化。该标准的较小更新和说明于 2003 年发布，被称为 C++03。2003 年的更新没有为该语言添加任何新特性，但是，它明确了一些存在但被忽视的特性。其中之一是对标准模板库（Standard Template Library，STL）向量模板标准的更新，它指定向量成员应连续存储在内存中。C++11 标准于 2011 年发布，并且对 C++ 编程语言进行了大规模更新。C++ 获得了模板、lambda 和闭包支持之外的通用类型推导系统的特性，也获得了内置的并发库等特性。C++14 对语言进行了较小的更新，并且基本以 C++11 提供的特性为基础，去掉了诸如推断函数自动返回类型的特性，更新了 lambda 的新特性，并且提供了一些新方法来定义输入的字面值。C++17 引入了折叠和静态 if 语句等特性。C++20 现在提供了一些强大的新特性，例如 module 和 concept，还有一些增强使该语言更强大。

本书致力于编写可移植的、符合标准的 C++20 代码。在撰写本书时，只要使用提供所有语言特性的编译器，就可以在 Windows、Linux 和 macOS 计算机上使用 C++20 代码的许多新特性。由于本书撰写完成时，C++20 版的所有标准还没有得到正式同意，也没有在许多编译器中实现，因此你可能需要使用多个开发工具来实现项目中的各种特性。为此，本书将使用三种不同的工具：在 Windows 和 Ubuntu 上使用 Clang 作为编译器，在 macOS 上使用 Xcode，在 Windows 和 Mac 平台上使用 Microsoft Visual Studio 19 或更高版本。在向你展示如何获取 Windows、macOS 和 Linux 操作系统的一些常用选项之前，本章的其余部分将重点介绍用 C++ 编写程序所需的软件。

1.1 寻找文本编辑器

问题

C++ 程序由许多不同的源文件构成，这些文件必须由一个或多个程序员创建和编辑。C++ 文件通常有两种不同类型：头文件和源文件。头文件用于在不同文件之间共享有关类型和类的信息，而源文件一般包含方法及实际可执行的代码。在 C++20 中，程序员可使用 module 代替传统的头文件，以加快构建速度并实现更简洁的设计。

解决方案

文本编辑器是 C++ 编程的必备软件。在不同的平台上有很多优秀的文本编辑器可供选择，常用的文本编译器有免费的 Notepad++（Windows）和付费的 Sublime Text 2，后者在所有主流操作系统上都可以使用。图 1-1 是 Sublime Text 2 的截图。vim 和 gvim 也是不错的选择，可用于三种操作系统。这些编辑器提供了许多强大的特性，对于愿意学习的人来说是绝佳的选择。

> **注意** 别急着马上找个文本编辑器。本章后面的一些小节涵盖了集成开发环境（IDE），其中包含了编写、构建和调试 C++ 应用程序所需的所有软件。试着使用文本编辑器和集成开发环境，看看哪个最适合你的工作流程。最后你可能会一起使用这几个软件。

图 1-1 展示了一个好的文本编辑器最重要的特性之一：它应该能够突出显示源代码中不同类型的关键字。在图 1-1 中简单的 Hello World 程序中，你可以看到 Sublime Text 能够突出显示 C++ 关键字 include、int 和 return。它还为主函数名 main 和字符串 <iostream>、"Hello World!" 添加了不同颜色的突出显示。一旦有了使用所选的文本编辑器编写代码的经验，你将能够熟练地浏览源文件，以了解你感兴趣的代码区域，而语法突出显示在这个过程中将非常有用。

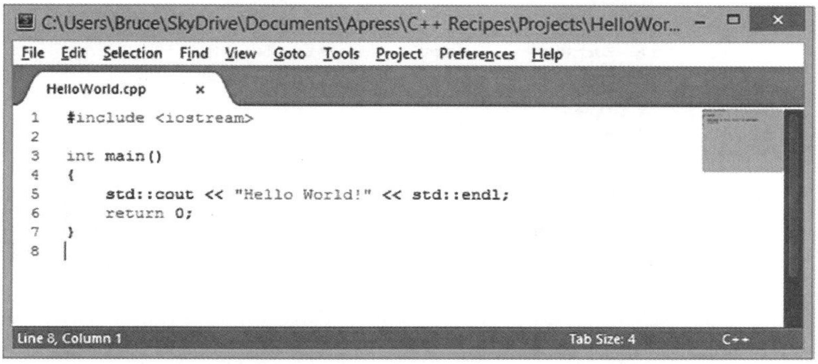

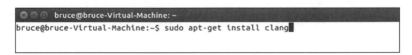

图 1-1　Sublime 文本编辑器的截图

一些编辑器还有自动补全特性，比如微软的智能提示。这个特性是针对特定语言的，通过自动补全或自动扩展语言中的函数和方法的选项来缩短开发时间。对于像 Sublime 这样使用 C++ 的文本编辑器，你可以为 Sublime 3 安装 Clang 插件 ClangAutoComplete。虽然 Sublime 不是免费的，但如果你不购买许可证，你也可以一直免费试用。

1.2　在 Ubuntu 上安装 Clang

问题

你希望在运行 Ubuntu 的计算机系统上构建支持最新 C++20 语言特性的 C++ 程序。

解决方案

Clang 编译器支持所有最新的 C++20 语言特性，并且 libstdc++ 库支持 C++20 的所有 STL 特性。

工作原理

Ubuntu 操作系统配置了包存储库（package repository），让你可以轻松安装 Clang。你可以在终端窗口中使用 apt-get 命令来实现。图 1-2 展示了安装 Clang 时应该输入的命令。

```
bruce@bruce-Virtual-Machine: ~
bruce@bruce-Virtual-Machine:~$ sudo apt-get install clang
```

图 1-2　展示安装 Clang 所需命令的 Ubuntu 终端窗口

要安装 Clang，你可以在命令行输入以下命令：sudo apt-get install clang。运行这个命令会让 Ubuntu 查询它的资源库，并找出安装 Clang 所需的所有依赖项。当这个过程完成后，会提示你确认要安装 Clang 和它的依赖项。你可以在图 1-3 中看到这个提示。

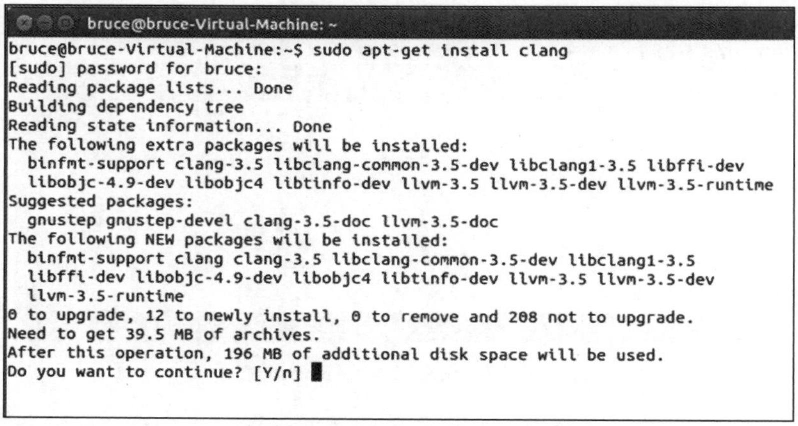

图 1-3　apt-get 依赖项确认提示

此时，你可以按 Enter 键继续，因为 yes 是默认选项。然后，Ubuntu 将下载并安装你需要的所有软件，以便能够在计算机上安装 Clang。你可以通过运行 `clang` 命令确认此操作已成功。图 1-4 展示了所有步骤都成功完成的样子。

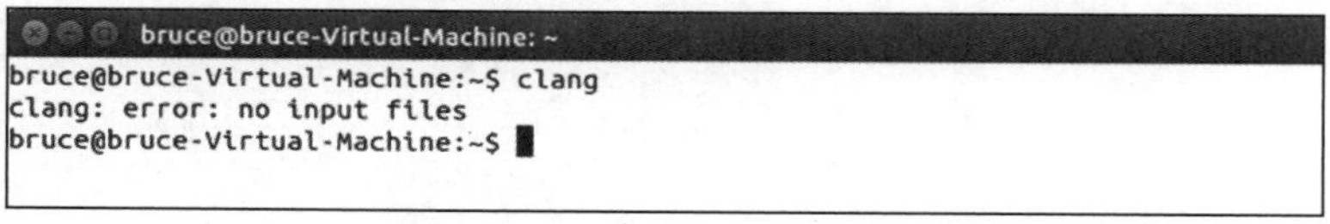

图 1-4　在 Ubuntu 中成功安装 Clang

1.3　在 Windows 上安装 Clang

问题

你想在 Windows 操作系统上构建支持 C++20 的程序。

解决方案

你可以使用 Cygwin（Windows）来安装 Clang 和构建应用程序。

工作原理

Cygwin 为 Windows 计算机提供了一个类似 Unix 的命令行环境。这是使用 Clang 构建程序的理想选择，因为安装的 Cygwin 已经预先配置了包含在 Windows 计算机上安装和使用 Clang 所需的一切的"包存储库"。

你可以从 Cygwin 网站 www.cygwin.com 获得 Cygwin 安装程序的可执行文件。一定要下载 Cygwin 安装程序的 32 位版本，因为 Cygwin 提供的默认包目前只适用于 32 位环境。

下载安装程序后，运行程序并单击 Next，直到你看到要安装的包列表。此时，你要选择 Clang、make 和 libstdc++ 包。图 1-5 是选择了 Clang 包的 Cygwin 安装程序。

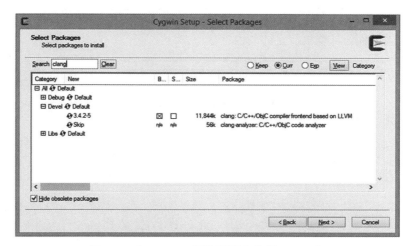

图 1-5　在 Cygwin 安装程序中选择 Clang 包

在安装程序中，可以通过点击包所在行的"跳过"（Skip）区域来标记要安装的软件包。点击一次跳过就会将包的版本移动到最新版本。你应该选择 Clang、make 和 libstdc++ 的最新包。选择了这三个包之后，你就可以点击 Next 进入下一个窗口，要求确认安装这三个包所需要的依赖项。

成功下载并安装了运行 Clang 所需的所有软件包后，可以打开一个 Cygwin 终端并输入 clang 命令来检查是否成功。你可以在图 1-6 中看到输出的结果。

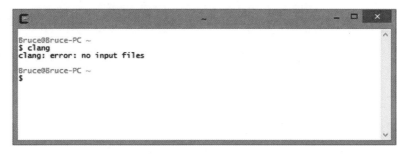

图 1-6　在 Windows 的 Cygwin 环境中成功运行 Clang

1.4　在 macOS 上安装 Clang

问题

你希望在运行 macOS 的计算机上构建支持 C++20 的程序。

解决方案

苹果的 Xcode IDE 自带 Clang 作为默认编译器。从 macOS 应用商店安装 Xcode 也可以安装 Clang。但请注意，你的 macOS 需要更新到最新版本才能安装 Xcode。在安装最新的更新之前，请确保你的计算机有足够的内存！

工作原理

在你的 macOS 计算机上从应用商店安装 Xcode 的最新版本。安装了 Xcode 后，你可以使用 Spotlight 打开一个终端窗口，然后输入 clang 来查看编译器是否已经安装，如图 1-7 所示。

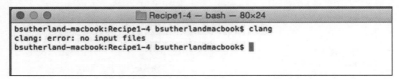

图 1-7　安装 Xcode 后在 macOS 上运行 Clang

1.5　构建你的第一个 C++ 程序

问题

你希望使用你的计算机从你编写的 C++ 源代码生成可执行的应用程序。

解决方案

从 C++ 源文件生成可执行文件包括两个步骤：编译和链接。根据你的操作系统，执行 1.2 节、1.3 节或 1.4 节中的步骤，你将拥有从 C++20 源文件构建应用程序所需的所有软件。现在你可以构建你的第一个 C++20 程序了。创建一个文件夹来包含你的项目，并添加一个名为 HelloWorld.cpp 的文本文件。在文件中输入清单 1-1 中的代码并保存。

清单1-1　第一个C++20程序

```
#include <iostream>
#include <string>

int main(void)
{
    using namespace std::string_literals;
    auto output = "Hello World!"s;
    std::cout << output << std::endl;

    return 0;
}
```

清单 1-1 中的代码是一个 C++ 程序，只有在使用 C++14 及以上的兼容编译器时才会编译。1.2 节至 1.4 节包含了关于如何获得编译器的说明，这些编译器可以用来编译针对 Windows、Ubuntu 和 macOS 的 C++20 代码的许多建议特性（截至 2019 年）。创建了包含清单 1-1 中代码的文件夹和源文件后，你就可以构建一个可运行的应用程序。你可以使用 makefile 来完成这项工作。在包含 HelloWorld.cpp 文件的文件夹中创建一个名为 makefile 的文件。makefile 不应该有文件扩展名，这对于习惯于使用 Windows 操作系统的开发者来说可能有点奇怪，但是对于基于 Unix 的操作系统，例如 Linux 和 macOS，这是完全正常的。在你的 makefile 中输入清单 1-2 中的代码。

清单1-2　建立清单1-1中的代码所需的makefile

```
HelloWorld: HelloWorld.cpp
        clang++ -g -std=c++1y HelloWorld.cpp -o HelloWorld
```

> **注意**　清单 1-2 中 clang++ 命令前的空白是一个制表符。你不能用空格来代替制表符，否则会导致编译失败。确保你的 makefile 中的代码总是以制表符开头。

清单 1-2 中的文本包含了从 HelloWorld.cpp 源文件构建应用程序所需的说明。第一行的第一个词是 makefile 目标的名称。当构建过程完成后，应用程序的可执行文件将被赋予这个名字。在本例中，我们将构建一个名为 HelloWorld 的可执行文件。接下来是构建程序所需的先决条件。这里你已经将 HelloWorld.cpp 列为唯一的先决条件，因为它是用来构建可执行文件的唯一源文件。

目标和先决条件之后是为了构建你的应用程序而执行的一系列代码。在这个小例子中，有一行代码来调用 clang++ 编译器从 HelloWorld.cpp 文件生成的可执行代码。使用 -std=c++1y 传递给 clang++ 的参数要求 Clang 使用 C++14 语言标准进行构建，而 -o 开关则指定编译过程中生成的对象输出文件的名称。

使用命令 shell（如 Windows 的 cmd，Linux 或 macOS 的 Terminal）浏览到你创建的存储源文件和 makefile 的文件夹，然后输入 make。这将调用 GNU make 程序，并自动读取和执行你的 makefile。这将输出一个可执行文件到同一文件夹，然后你可以从命令行运行该文件夹。现在你应该能够做到这一点，并看到在你的命令行上输出了文本"Hello World"。图 1-8 展示了 Ubuntu 终端窗口中的情况。

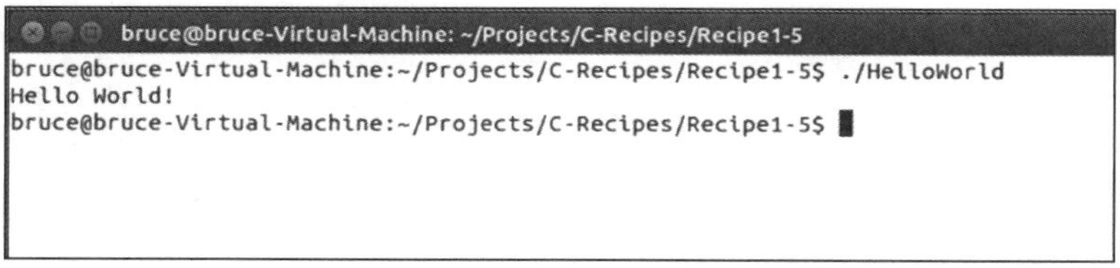

图 1-8　在 Ubuntu 终端中运行 HelloWorld 产生的输出结果

1.6 在 Cygwin 或 Linux 中使用 GDB 调试 C++ 程序

问题

你正在编写一个 C++20 程序，希望能够从命令行调试应用程序。

解决方案

适用于 Windows 的 Cygwin 和基于 Linux 的操作系统（如 Ubuntu）都可以为 C++ 应用程序安装和使用 GDB 命令行调试器。

工作原理

你可以使用 Windows 的 Cygwin 安装程序或安装在 Linux 发行版上的包管理器来安装 GDB 调试器。这提供一个命令行 C++ 调试器，可以用来检查你的 C++ 程序的功能。你可以使用 1.5 节中生成的源文件、makefile 和应用程序来练习。若要为你的程序生成调试信息，你应该更新 makefile 以包含清单 1-3 的内容，并运行 make 来生成一个可调试的执行文件。

清单1-3 生成可调试程序的makefile

```
HelloWorld: HelloWorld.cpp
        clang++ -g -std=c++1y HelloWorld.cpp -o HelloWorld
```

按照 1.5 节更新 makefile 以包含清单 1-3 的内容并生成一个可执行文件后，你就可以通过浏览命令行上的文件夹并输入 gdb HelloWorld 来在你的应用程序上运行 GDB 了。在清单 1-3 的 makefile 中传递给 Clang 的新的 -g 开关要求编译器在应用程序中生成额外的信息，帮助调试器在执行程序时为你提供有关程序的准确信息。

> 📷**注意** 如果你之前已经构建过程序，你可能会收到一个通知，告知你的程序已经是最新的。如果出现这种情况，只需删除现有的可执行文件即可。

在 HelloWorld 中运行 GDB，命令行就会运行 GDB 并提供如图 1-9 所示的输出。

现在你有了一个正在运行的调试器，可以在程序执行时使用它来检查正在运行的程序。GDB 第一次启动时，这个程序还没有开始执行。你可以在开始之前配置一些断点。若要为命令设置一个断点，你可以对它使用 break 命令或 b 命令。将 break main 输入 GDB 命令提示符，然后按 Enter 键。这样 GDB 会把命令和设置断点的程序的地址以及为提供的函数检测到的文件名及行号一起返回给你。现在可以在窗口中输入 run 来执行程序，并让 GDB 在断点处中断程序。输出结果应与图 1-10 所示相似。

```
bruce@bruce-Virtual-Machine: ~/Projects/C-Recipes/Recipe1-5
bruce@bruce-Virtual-Machine:~/Projects/C-Recipes/Recipe1-5$ gdb HelloWorld
GNU gdb (Ubuntu 7.8-1ubuntu4) 7.8.0.20141001-cvs
Copyright (C) 2014 Free Software Foundation, Inc.
License GPLv3+: GNU GPL version 3 or later <http://gnu.org/licenses/gpl.html>
This is free software: you are free to change and redistribute it.
There is NO WARRANTY, to the extent permitted by law.  Type "show copying"
and "show warranty" for details.
This GDB was configured as "x86_64-linux-gnu".
Type "show configuration" for configuration details.
For bug reporting instructions, please see:
<http://www.gnu.org/software/gdb/bugs/>.
Find the GDB manual and other documentation resources online at:
<http://www.gnu.org/software/gdb/documentation/>.
For help, type "help".
Type "apropos word" to search for commands related to "word"...
Reading symbols from HelloWorld...(no debugging symbols found)...done.
(gdb) 
```

图 1-9 GDB 的运行实例

```
bruce@bruce-Virtual-Machine: ~/Projects/C-Recipes/Recipe1-5
bruce@bruce-Virtual-Machine:~/Projects/C-Recipes/Recipe1-5$ gdb HelloWorld
GNU gdb (Ubuntu 7.8-1ubuntu4) 7.8.0.20141001-cvs
Copyright (C) 2014 Free Software Foundation, Inc.
License GPLv3+: GNU GPL version 3 or later <http://gnu.org/licenses/gpl.html>
This is free software: you are free to change and redistribute it.
There is NO WARRANTY, to the extent permitted by law.  Type "show copying"
and "show warranty" for details.
This GDB was configured as "x86_64-linux-gnu".
Type "show configuration" for configuration details.
For bug reporting instructions, please see:
<http://www.gnu.org/software/gdb/bugs/>.
Find the GDB manual and other documentation resources online at:
<http://www.gnu.org/software/gdb/documentation/>.
For help, type "help".
Type "apropos word" to search for commands related to "word"...
Reading symbols from HelloWorld...done.
(gdb) break main
Breakpoint 1 at 0x400b3f: file HelloWorld.cpp, line 8.
(gdb) run
Starting program: /home/bruce/Projects/C-Recipes/Recipe1-5/HelloWorld

Breakpoint 1, main () at HelloWorld.cpp:8
8           auto output = "Hello World!"s;
(gdb) 
```

图 1-10 GDB 在 `main` 中设置的断点处中断程序时的输出

此时，有几个选项可以让你继续执行程序。你可以在下面看到一个最常见的命令列表。

`step`

　　`step` 命令用于单步执行要在当前行调用的函数。

`next`

　　`next` 命令用于跨过当前行并在该函数的下一行停止。

`finish`

　　`finish` 命令用于执行当前函数中剩余的所有代码，并在调用当前函数的函数的下一行停止。

print <name>

print 命令后跟变量名，可以用来输出程序中变量的值。

break

break 命令可以与行号、函数名或源文件和行号一起使用，在程序的源代码中设置一个断点。

continue

continue 命令用于在断点处停止执行代码后继续执行代码。

until

until 命令可以从一个循环中继续执行，并在循环执行结束后立即停止在第一行。

info

info 命令可以和 locals 命令或 stack 命令一起使用，显示程序中当前局部变量或堆栈状态的信息。

help

你可以在任何命令后面输入 help，让 GDB 为你提供该命令的所有不同使用方法的信息。

GDB 调试器也可以用 -tui 命令运行。它将在窗口的顶部给出当前正在调试的源文件的视图，如图 1-11 所示。

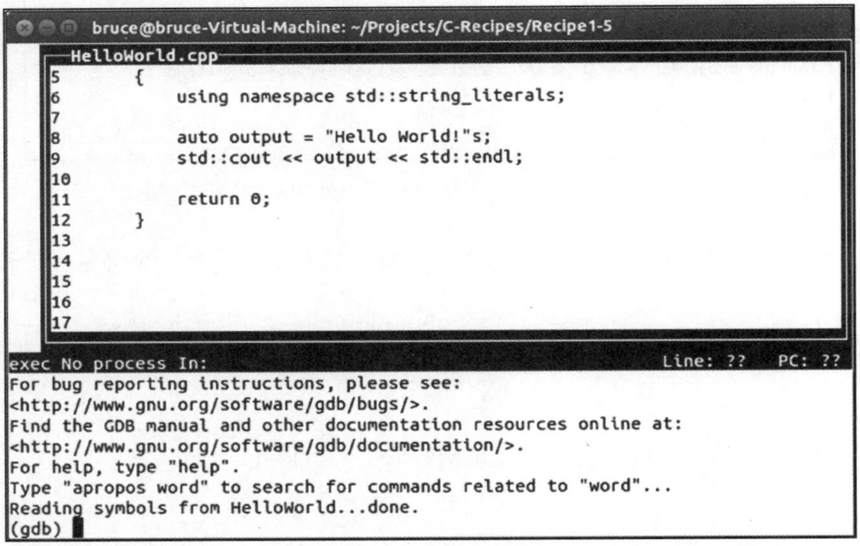

图 1-11　带源文件窗口的 GDB

1.7　在 macOS 上调试 C++ 程序

问题

macOS 操作系统没有提供任何安装和使用 GDB 的简单方法。

解决方案

Xcode 自带 LLDB 调试器，可以在命令行中代替 GDB 使用。

工作原理

LLDB 调试器本质上与 1.6 节中使用的 GDB 调试器非常相似。只需学习如何使用各自提供的命令来执行同样的简单任务即可在 GDB 和 LLDB 之间转换。

你可以在你的 HelloWorld 可执行文件上执行 LLDB，方法是在 Terminal 中浏览包含 HelloWorld 的目录，然后输入 `lldb HelloWorld`。这将产生类似于图 1-12 的输出。

 注意　你需要使用 -g 开关编译程序，请查看清单 1-3。

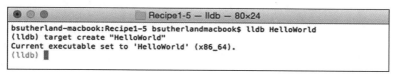

图 1-12　在 macOS 终端中运行的 LLDB 调试器

运行 LLDB 后，你就可以在 `main` 的第一行设置断点，方法是输入 `breakpoint set -f HelloWorld.cpp -l 8` 或 `b main`。你可以使用 `run` 命令执行程序，并让它在刚刚设置的断点处停止。当程序停止时，可以使用 `next` 命令跳过当前行并在下一行停止。你可以使用 `step` 命令执行当前行上的函数，并在函数的第一行停止。`finish` 命令将跳出当前函数。

你可以通过输入 q 并按 Enter 键退出 LLDB。重新启动 LLDB 并输入 `breakpoint set -f HelloWorld.cpp -l 9`，然后使用 `run` 命令，LLDB 应该输出应用程序停止执行的行周围的源代码。现在，你可以输入 `print output` 来查看输出变量存储的值，也可以使用 `frame variable` 命令查看当前堆栈帧中的所有局部变量。

有了这些简单的命令，你可以在使用本书提供的示例时充分利用 LLDB 调试器。使用 LLDB 时，以下列表可以作为简易备忘单：

step

　　`step` 命令用于单步执行要在当前行调用的函数。

next

　　`next` 命令用于跨过当前行并在该函数的下一行停止。

finish
> finish 命令用于执行当前函数中剩余的所有代码，并在调用当前函数的函数的下一行停止。

print <name>
> print 命令后跟变量名，可用于打印程序中变量的值。

breakpoint set --name <name>
breakpoint set --file <name> --line <number>
> breakpoint 命令可以与行号、函数名或源文件和行号一起使用，在程序的源代码中设置一个断点。

help
> 你可以在任何命令后面输入 help，让 GDB 为你提供该命令的所有不同使用方法的信息。

1.8 切换 C++ 编译模式

问题

在编译程序之前，你希望能够在不同的 C++ 标准之间切换。

解决方案

std 开关由 Clang 提供，用于指定编译时使用的 C++ 标准。

工作原理

Clang 默认情况下使用 C++98 标准构建程序。你可以使用带有 clang++ 的 std 参数来告诉编译器使用默认值以外的标准。清单 1-4 的 makefile 被配置为使用 C++17 标准构建程序。Clang 5 默认支持 C++17。C++20 使用 2a 模式。

清单1-4　用C++17构建程序

```
HelloWorld: HelloWorld.cpp
        clang++ -std=c++17 HelloWorld.cpp -o HelloWorld
```

清单 1-4 中的 makefile 展示了如何指定 Clang 使用 C++17 构建源文件。这个例子用 Clang 5 编写，它使用 c++17 命令来表示 C++17。若要 Clang5 支持 C++20（2a）实验模式，请使用选项 -std=c++2a。

清单 1-5 展示了如何使用 C++11 构建程序。

清单1-5　用C++11构建程序

```
HelloWorld: HelloWorld.cpp
        clang++ -std=c++11 HelloWorld.cpp -o HelloWorld
```

在清单 1-5 中，你想使用带 **std** 开关的 **c++11** 选项来设置用 C++11 构建程序。最后，清单 1-6 展示了如何配置 Clang 以显式地用 C++98 构建程序。

清单1-6　用C++98构建程序

```
HelloWorld: HelloWorld.cpp
        clang++ -std=c++98 HelloWorld.cpp -o HelloWorld
```

清单 1-6 中的 makefile 可以用于显式地用 C++98 构建程序。你完全可以省略 **std** 命令来达到同样的效果，默认情况下，Clang 将用 C++98 构建程序。

> **注意**　不能保证每个编译器都默认使用 C++98 标准。如果不确定哪种标准是默认标准，请查看编译器的文档。还可以使用 Clang 来支持许多 C++20 特性，并使用前文中提到的命令启用其实验性 C++20（2a）支持。

1.9　用 Boost 库构建程序

问题

你想使用 Boost 库编写一个程序。

解决方案

Boost 可提供源代码，可被包含并编译到应用程序。

工作原理

Boost 是一个包含各种功能的大型 C++ 库。整个库的研究不在本书的讨论范围之内，但是本书将使用字符串格式库。你可以从 Boost 网站获取 Boost 库，网址为 www.boost.org/。

下载 Boost 的当前版本 1.71.0，并在项目文件夹中创建一个名为 **boost_1_xxx_x**（其中 x 是版本号）的文件夹，然后将 Boost 文件夹从下载的位置拷贝到该位置。

在设置了包含 Boost 文件副本的项目文件夹之后，你就可以在源代码中包含 Boost 头文件了。清单 1-7 展示了一个使用 **boost::format** 函数的程序。

清单1-7　使用boost::format

```
#include <iostream>
#include "boost/format.hpp"
```

```
using namespace std;

int main()
{
    std::cout << "Enter your first name: " << std::endl;
    std::string firstName;
    std::cin >> firstName;
    std::cout << "Enter your surname: " << std::endl;
    std::string surname;
    std::cin >> surname;

    auto formattedName = str( boost::format("%1% %2%"s) % firstName %
    surname );
    std::cout << "You said your name is: " << formattedName << std::endl;

    return 0;
}
```

清单 1-7 中的代码展示了如何将 Boost 头文件包含到源文件中，以及如何在程序中使用该文件中的函数。

> 🔖 **注意** 如果对 `format` 函数还不是很了解，那么也没有关系，我们将在第 3 章介绍它。

你还必须告诉编译器在 makefile 中的何处查找 Boost 头文件。否则，你的程序将无法编译。清单 1-8 展示了可用于构建此程序的 makefile 的内容。

清单1-8　用Boost构建程序的makefile

```
main: main.cpp
        clang++ -g -std=c++1y -Iboost_1_55_0 main.cpp -o main
```

清单 1-8 中的 makefile 将 -I 选项传递给 clang++。此选项会告诉 Clang，在使用 #include 指令包含文件时，你希望在搜索路径中包含给定的文件夹。如你所见，我已经传递了在项目文件夹中创建的 **boost_1_55_0** 文件夹。这个文件夹包含 Boost 文件夹，你可以看到在清单 1-7 中包含 Boost 头文件时所使用的这个文件夹。

1.10　安装 Microsoft Visual Studio

问题

你想使用 MS Visual Studio 2019，它在 Mac 或 PC 上提供了对 C++20 的良好支持。Visual Studio 提供的支持包括：多种语言支持、团队项目以及 GitHub 代码版本控制集成。掌握 VS 会为你的求职简历加分。

解决方案

为你的 Mac 或 Windows 平台免费下载 Visual Studio 社区版本。

工作原理

微软既提供 Visual Studio 的收费版本，也提供免费的社区版本。企业用户可能会想要一个带有其他特性的商业版本，但如果你学会了使用免费版本，那么再用付费版本就很容易了。

清单1-9　安装Visual Studio社区版本

1）请确保硬盘至少有 2.3 G 的空间（最多需要 60 G，具体取决于所选特性）并具有管理员权限。
2）从以下网址下载适用于你的平台的在线安装程序：https://visualstudio.microsoft.com/vs/community/。
3）运行安装程序并重新启动。

清单1-10　测试Visual Studio是否安装成功

1）启动 Visual Studio，并选择右下角的"Start without Code"。如果 VS 提供了更新，请先安装它。
2）VS 中的解决方案可以有一个或多个项目，每个项目可以有一个或多个文件。对于解决方案，选择"File"→"New Project"。选择"Empty Project"，单击"Next"，然后为项目指定名称和注释，更改文件的位置（可选），然后单击"Create"。
3）在右侧的"Solution Explorer"下，在源文件上右击（PC），选择"Add"→"New Item"→"C++ file"，然后根据需要为文件指定新名称（保留 .cpp 扩展名）。
4）在下面的示例中输入你刚刚创建的用于测试 VS 2019 的源文件。

```cpp
#include <iostream>
using namespace std;

int main()
{
    string word;
    cout << "Type in World " << endl;
    cin >> word;

    cout << "Hello " << word << "!!!"  << endl;

    cout << "Press any key to exit\n";

    cin >> word;

    return 0;
}
```

5）选择"Build"→"Build Solution"。然后，如果在底部的输出窗口中没有出现错误，请选择"Debug"→"Start Without Debugging"来运行测试程序。

将来你可能想尝试使用调试器运行程序，但是这个简单的测试不需要使用调试器。使用 VS 时重要的是知道解决方案 / 项目 / 源文件的存储位置。为了加快编译进度，最好构建到 HDD 并且只拷贝到外部闪存驱动器，否则你将经历比正常构建更长的时间。

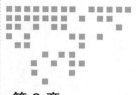

Chapter 2　第 2 章

现代 C++

C++ 语言的开发始于 1979 年，最初的名字叫作"带类的 C 语言"。C++ 这个名字在 1983 年正式采用，并且在 20 世纪 80 年代和 90 年代，这种语言的发展一直在继续，而且没有采用正式的语言标准。当采用了 C++ 编程语言的第一个 ISO 标准时，这一切都发生了变化。自那时以来，业内已经对该标准进行了多次更新，一次在 2003 年，一次在 2011 年，一次在 2014 年，跳过最近的版本，截止到 2019 年，C++20 正在快速走向最终的形式并被采用。

> 注意　2003 年发布的标准是对 1998 年标准的一个小更新，没有引入太多新特性。但是，C++17 和 C++20 的一些特性还是要引起注意。

本书主要着眼于最新的 C++ 编程标准 C++20。每当提及 C++ 编程语言时，你都可以放心，我们正在谈论的是当前 ISO 标准所描述的语言。如果讨论的是 2011 年引入的特性，则将其明确称为 C++11 版本。对于 2011 年之前推出的所有特性，我们将使用 C++98 等名称。

本章将探讨在最新标准中和 C++20 中为该语言增加的编程特性。C++ 的许多现代特性都是在 C++11 和 C++17 标准中增加的，并且随着 C++20 增加的特性而得到了扩展。考虑到这一点，在使用一个还没有百分之百认可标准的编译器时，能够识别其中的差异是很重要的。实际上，这就是 VS 2019 版本的问题，因为截至 2019 年年底，所有版本都没有百分之百支持所有 C++20 建议的更新。

2.1　初始化变量

问题

你希望能够以标准方式初始化所有变量。

解决方案

在 C++11 中引入了统一初始化，可用于初始化任何类型的变量。

工作原理

有必要理解 C++ 98 中变量初始化的不足之处，来理解为什么统一初始化是 C++11 中一个重要的语言特性。

清单 2-1 展示了一个包含单个类的 MyClass 的程序。

清单2-1　C++最令人头疼的解析问题

```
class MyClass
{
private:
    int m_Member;

public:
    MyClass() = default;
    MyClass(const MyClass& rhs) = default;
};

int main()
{
    MyClass objectA;
    MyClass objectB(MyClass());
    return 0;
}
```

清单 2-1 中的代码将在 C++ 程序中生成编译错误。该问题存在于 objectB 的定义中。C++ 编译器不会把这一行看成定义了一个类型为 MyClass 且名称为 objectB 的变量，它调用了一个构造函数，这个构造函数接收了通过调用 MyClass 构造函数构造的对象。这可能是你期望编译器看到的，然而，它实际上看到的是一个函数声明。编译器认为这一行是在声明一个名为 objectB 的函数，该函数返回一个 MyClass 对象，并且有一个未命名的函数指针，指向一个返回 MyClass 对象的函数，并且没有传递任何参数。

清单 2-1 所示的编译程序会导致 Clang 和 Visual Studio 产生一个警告。对于 Clang 来说，它的情况如下所示。VS 也是如此。

```
main.cpp:14:20: warning: parentheses were disambiguated as a function
    declaration [-Wvexing-parse]
    MyClass objectB(MyClass());
                   ^~~~~~~~~~~
main.cpp:14:21: note: add a pair of parentheses to declare a variable
    MyClass objectB(MyClass());
                    ^
                    (        )
```

Clang 编译器已经正确地识别出清单 2-1 中输入的代码包含一个令人头疼的解析问题，甚至建议将 MyClass 构造函数作为参数传递到另一对括号中来解决这个问题。在统一初始化中，C++11 提供了另一种解决方案。你可以在清单 2-2 中看到这一点。

清单2-2　用统一初始化解决令人头疼的解析问题

```
class MyClass
{
private:
    int m_Member;

public:
    MyClass() = default;
    MyClass(const MyClass& rhs) = default;
};
int main()
{
    MyClass objectA;
    MyClass objectB{MyClass{}};
    return 0;
}
```

在清单 2-2 中你可以看到，统一初始化用大括号代替了括号。这个语法变化告诉编译器，你想使用统一初始化来初始化你的变量。统一初始化可以用于初始化几乎所有类型的变量。

> 注意　上一段提到，统一初始化可以用来初始化几乎所有类型的变量。在初始化 aggregates 或 plain old data 类型时，它可能会遇到问题。但是你现在不必担心这些问题。

防止缩小转换范围的能力是使用统一初始化的另一个好处。使用统一初始化时，清单 2-3 中的代码将无法编译。

清单2-3　使用统一初始化防止缩小转换范围

```
int main()
{
    int number{ 0 };
    char another{ 512 };

    double bigNumber{ 1.0 };
    float littleNumber{ bigNumber };

    return 0;
}
```

当编译清单 2-3 中的代码时，Clang 编译器和 VS 编译器都会出现错误，因为源代码中存在两个缩小的转换。第一种情况发生在尝试定义文本值为 512 的 char 变量时，char 类型可以存储最大值 255，因此，值 512 将缩小为该数据类型。由于此错误，C++11 或更高版本的编译器将不会编译此代码。从 double 类型浮点数的初始化也是一种缩小的转换。当数据从一种类型转换为另一种类型时，其中目标类型无法存储由源类型表示的所有值，则会发生缩小转换。如果将 double 转换为 float，则会失去精度。因此，编译器不会正确地按原样构建此代码。清单 2-4 中的代码使用 **static_cast** 通知编译器缩小转换是故意的，并编译了代码。

清单2-4　使用static_cast来编译缩小转换

```
int main()
{
    int number{ 0 };
    char another{ static_cast<char>(512) };

    double bigNumber{ 1.0 };
    float littleNumber{ static_cast<float>(bigNumber) };

    return 0;
}
```

2.2　使用初始化列表初始化对象

问题

你想从给定类型的多个对象构造对象。

解决方案

现代 C++ 提供了初始化列表，可以用来向构造函数提供许多相同类型的对象。

工作原理

C++11 中的初始化列表基于统一初始化建立，这样你可以轻松地初始化复杂类型。向量可能是很难用数据初始化的复杂类型的常见示例。清单 2-5 展示了对标准向量构造函数的两个不同调用。

清单2-5　构造向量对象

```
#include <iostream>
#include <vector>

using namespace std;

int main()
{
    using MyVector = vector<int>;

    MyVector vectorA( 1 );
    cout << vectorA.size() << " " << vectorA[0] << endl;
```

```
    MyVector vectorB( 1, 10 );
    cout << vectorB.size() << " " << vectorB[0] << endl;

    return 0;
}
```

乍一看，清单 2-5 中的代码可能无法达到你的期望。vectorA 变量将使用整数 0 进行初始化。你可能希望它包含整数 1，但这是不正确的。vector 构造函数的第一个参数决定了初始 vector 将被设置为存储多少个值。在本例中，我们要求它存储单个变量。类似地，你可能期望 vectorB 包含两个值：1 和 10。但是，我们这里有一个包含一个值为 10 的 vector。vectorB 变量是使用与 vectorA 相同的构造函数构造的。但是，它指定了一个值来实例化 vector 的成员，而不是使用默认值。

清单 2-6 中的代码使用一个"初始化列表"和"统一初始化"来构造一个向量，该向量包含两个具有指定值的元素。

清单2-6　使用"统一初始化"来构造vector

```
#include <iostream>
#include <vector>

using namespace std;

int main()
{
    using MyVector = vector<int>;

    MyVector vectorA( 1 );
    cout << vectorA.size() << " " << vectorA[0] << endl;

    MyVector vectorB( 1, 10 );
    cout << vectorB.size() << " " << vectorB[0] << endl;

    MyVector vectorC{ 1, 10 };
    cout << vectorC.size() << " " << vectorC[0] << endl;

    return 0;
}
```

清单 2-6 中的代码创建了三个不同的向量对象。你可以在图 2-1 中看到这个程序的输出结果。

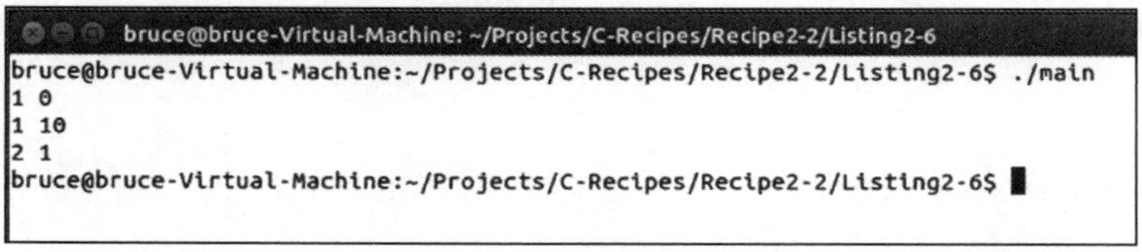

图 2-1　清单 2-6 的输出结果

图 2-1 所示的控制台输出展示了每个 vector 的大小以及每个 vector 的第一个元素的值。可以看到第一个 vector 包含一个元素，其值为 0。第二个 vector 也包含一个元素，但其值为 10。第三个 vector 则使用"统一初始化"构造，它包含两个值，第一个元素的值是 1，第二个元素的值是 10。如果未能保证是否使用了正确的初始化类型，那么这可能会对程序的行为造成重大影响。清单 2-7 中的代码展示了如何显式使用 initializer_list 来构造 vector。

清单2-7　显式initializer_list用法

```
#include <iostream>
#include <vector>

using namespace std;

int main()
{
    using MyVector = vector<int>;

    MyVector vectorA( 1 );
    cout << vectorA.size() << " " << vectorA[0] << endl;

    MyVector vectorB( 1, 10 );
    cout << vectorB.size() << " " << vectorB[0] << endl;

    initializer_list<int> initList{ 1, 10 };
    MyVector vectorC(initList);
    cout << vectorC.size() << " " << vectorC[0] << endl;

    return 0;
}
```

清单 2-7 中的代码包含一个显式的 initializer_list，用于构造 vector。清单 2-6 中的代码在使用"统一初始化"来构造 vector 时，隐式地创建了该对象。通常几乎不需要像这样显式创建初始化程序列表，但是，重要的是要了解使用"统一初始化"编写代码时编译器在做什么。

2.3 使用类型推断

问题

你希望编写在更改类型时维护成本不高的可移植代码。

解决方案

C++ 提供了 auto 关键字，可以用来让编译器自动推断变量的类型。

工作原理

C++98 编译器有自动推断变量类型的能力。但是，这个函数只能在编写使用模板的代码时使用，而忽略了类型专门化（Type Specialization）。现代 C++ 将这种类型的推断能力扩展到更多的场景。清单 2-8 中的代码展示了 `auto` 关键字的用法以及用于计算变量类型的 `typeid` 方法。

清单2-8　使用`auto`关键字

```
#include <iostream>
#include <typeinfo>

using namespace std;

int main()
{
    auto variable = 1;
    cout << "Type of variable: " << typeid(variable).name() << endl;

    return 0;
}
```

清单 2-8 中的代码展示了如何在 C++ 中创建一个自动推断类型的变量。编译器会自动计算出你想用这段代码创建一个 int 变量，这就是程序将输出的类型。Clang 编译器会输出其内部表示的整数类型，其实就是 `i`。你可以把这个输出传给一个名为 `c++filt` 的程序，把它转换成一个常规的类型名。图 2-2 展示了如何实现这一点。

`c++filt` 程序成功地将 Clang 类型 `i` 转换为人类可读的 C++ 类型格式。`auto` 关键字也可用于类，详见清单 2-9。

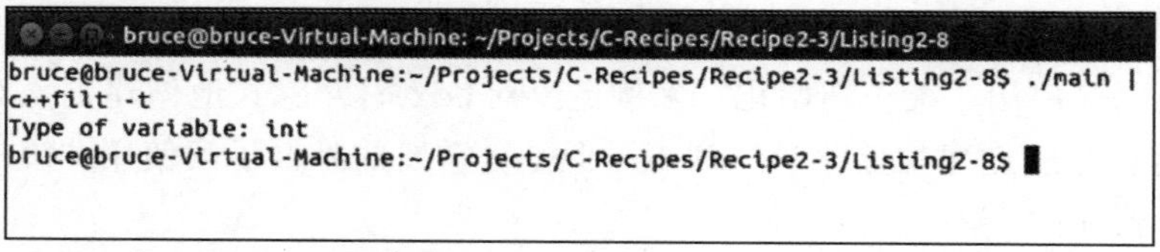

```
bruce@bruce-Virtual-Machine: ~/Projects/C-Recipes/Recipe2-3/Listing2-8
bruce@bruce-Virtual-Machine:~/Projects/C-Recipes/Recipe2-3/Listing2-8$ ./main |
c++filt -t
Type of variable: int
bruce@bruce-Virtual-Machine:~/Projects/C-Recipes/Recipe2-3/Listing2-8$
```

图 2-2　在编译器 Clang 中使用 `c++filt` 输出正确的变量类型

清单2-9　对`class`使用`auto`关键字

```
#include <iostream>
#include <typeinfo>

using namespace std;

class MyClass
{
};

int main()
```

```
{
    auto variable = MyClass();
    cout << "Type of variable: " << typeid(variable).name() << endl;

    return 0;
}
```

这个程序可以打印出名为 MyClass 的类，如图 2-3 所示。

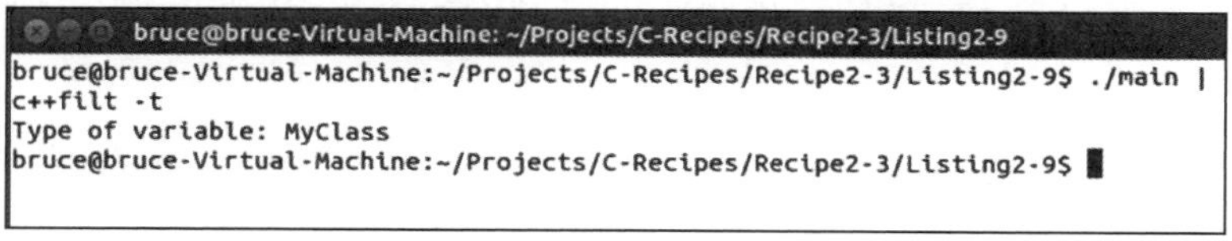

bruce@bruce-Virtual-Machine: ~/Projects/C-Recipes/Recipe2-3/Listing2-9
bruce@bruce-Virtual-Machine:~/Projects/C-Recipes/Recipe2-3/Listing2-9$ ./main |
c++filt -t
Type of variable: MyClass
bruce@bruce-Virtual-Machine:~/Projects/C-Recipes/Recipe2-3/Listing2-9$ █

图 2-3　在 MyClass 中使用 auto

不幸的是，有时使用 auto 关键字会造成不理想的结果，如果你尝试将 auto 关键字与统一初始化相结合，那么程序肯定会出错。清单 2-10 展示了 auto 关键字与一致性初始化结合的用法。

清单2-10　使用auto关键字和统一初始化

```
#include <iostream>
#include <typeinfo>

using namespace std;

class MyClass
{
};

int main()
{
    auto variable{ 1 };
    cout << "Type of variable: " << typeid(variable).name() << endl;

    auto variable2{ MyClass{} };
    cout << "Type of variable: " << typeid(variable2).name() << endl;

    return 0;
}
```

你可能认为清单 2-10 中的代码会生成 int 类型的变量和 MyClass 类型的变量，然而，情况并非如此。图 2-4 是程序的输出界面。

快速浏览图 2-4，就会发现在使用 auto 关键字和统一初始化时，很快就会遇到问题。C++ 的统一初始化特性会自动创建一个 initializer_list 变量，这个变量包含了我们想要的类型的值，而不是类型和值本身。因此我们建议：在使用 auto 定义变量时，不要使用统一初始化。即使你想要的类型实际上是一个 initializer_list，也不要使用 auto，因为变量初始化风格一致时，代码会更容易理解，并且更不容易出错。最后还有一点要牢记：局部变量尽量使用 auto。声明一个 auto 变量而不定义它是不可能的，因此，不可能存在一个未定义的局部 auto 变量。学会了这个，你的程序就少了一个潜在的 bug 来源。

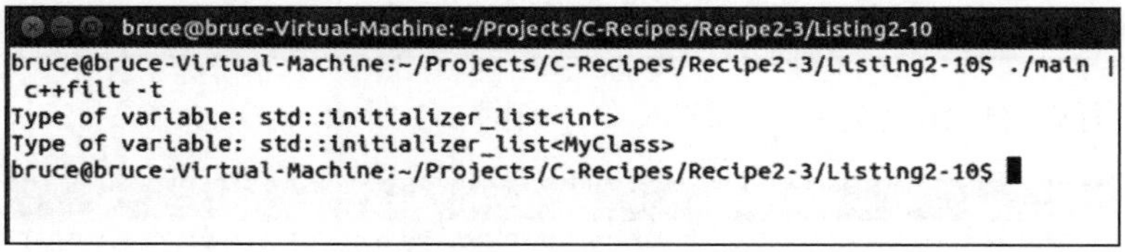

图 2-4　使用 auto 关键字和统一初始化时的输出界面

2.4　在函数中使用 auto 关键字

问题

你想使用类型推断来创建更多的泛型函数，以提高代码的可维护性。

解决方案

现代 C++ 允许你使用类型推断来推断函数的参数及返回类型。

工作原理

C++ 在处理函数时使用类型推断的情况有两个：一是通过创建一个模板函数并在没有显式具体化（explicit specializers）的情况下调用该函数，可以推断函数参数的类型；二是可以使用 auto 关键字代替函数的返回类型来推断函数的返回类型。清单 2-11 展示了如何使用 auto 来推断函数的返回类型。

清单2-11　用auto推断函数的返回类型

```cpp
#include <iostream>

using namespace std;

auto AutoFunctionFromReturn(int parameter)
{
    return parameter;
}

int main()
{
    auto value = AutoFunctionFromReturn(1);
    cout << value << endl;

    return 0;
}
```

清单 2-11 中 `AutoFunctionFromReturn` 函数的返回类型是自动推断出来的。编译器检查从函数返回的变量类型，并根据它来推断要返回的类型。这一切都可以正常运行，因为编译器在函数内部即可推导出返回类型，而且可以返回 `parameter` 变量。因此，编译器可以使用它的类型作为函数的返回类型。

使用 C++11 编译器要更复杂一些，运行清单 2-11 将会出现以下错误：

```
main.cpp:5:1: error: 'auto' return without trailing return type
auto AutoFunctionFromReturn(int parameter)
```

清单 2-12 的函数可以自动返回类型推断，并可在 C++11 中使用。

清单2-12　在C++11中返回类型推断

```cpp
#include <iostream>

using namespace std;

auto AutoFunctionFromReturn(int parameter) -> int
{
    return parameter;
}

int main()
{
    auto value = AutoFunctionFromReturn(1);
    cout << value << endl;

    return 0;
}
```

当你看到清单 2-12 中的代码时，你可能想知道为什么要这么麻烦。当你始终指定函数返回类型为 int，推断函数的返回类型就没有什么用，而且你也是对的。相反，在那些没有声明其参数类型的函数中，返回类型推断的作用会更大。清单 2-13 展示了模板函数的类型推断。

清单2-13　C++11模板函数的返回类型推断

```cpp
#include <iostream>

using namespace std;

template <typename T>
auto AutoFunctionFromParameter(T parameter) -> decltype(parameter)
{
    return parameter;
}

int main()
{
    auto value = AutoFunctionFromParameter(2);
    cout << value << endl;

    return 0;
}
```

清单 2-13 展示了返回类型推断的一个有用的应用。这一次函数被指定为模板。因此编译器无法根据参数类型来计算返回类型。C++11 引入了 `decltype` 关键字来补充 `auto` 关键字。`decltype` 用来告诉编译器使用给定表达式的类型。表达式可以是变量名，而这里你也可以提供一个函数，`decltype` 会推断出该函数返回的类型。

现在，代码讲完了。C++11 标准允许使用 `auto` 来推断函数返回类型，但要求指定类型为后置返回值类型（trailing return type）。后置返回值类型可以用 `decltype` 推导，然而，这会导致代码过于冗长。C++14 纠正了这种情况，它允许在函数上使用 `auto`，即使是与模板一起使用也不需要后置返回值类型，如清单 2-14 所示。

清单2-14　用auto推断模板函数的返回类型

```cpp
#include <iostream>

using namespace std;

template <typename T>
auto AutoFunctionFromParameter(T parameter)
{
    return parameter;
}
int main()
{
    auto value = AutoFunctionFromParameter(2);
    cout << value << endl;

    return 0;
}
```

2.5　编译时常量的使用

问题

你想使用编译时常量来优化程序的运行时（runtime）。

解决方案

C++ 提供了 `constexpr` 关键字，它可用于保证可以在编译时对表达式求值。

工作原理

`constexpr` 关键字可用于创建变量和函数，以保证可以在编译时对它们进行计算。如果向编译器中添加任何阻止编译时计算的代码，编译器将提示错误。事实上，C++20 正在扩展 `constexpr` 的特性，来允许在 is_constant_evaluated 中使用 try/catch 块。但是，只有该标准得到完全认可，各种编译器才会支持这个功能。清单 2-15 展示了一个使用 `constexpr`

变量定义 `array` 大小的程序。

清单2-15　使用constexpr定义array的大小

```
#include <array>
#include <cstdint>
#include <iostream>
int main()
{
    constexpr uint32_t ARRAY_SIZE{ 5 };
    std::array<uint32_t, ARRAY_SIZE> myArray{ 1, 2, 3, 4, 5 };

    for (auto&& number : myArray)
    {
        std::cout << number << std::endl;
    }

    return 0;
}
```

清单 2-15 中的 `constexpr` 变量保证了可以在编译时计算值的大小，这很有必要，因为 `array` 的大小必须在编译程序时确定。清单 2-16 展示了如何扩展这个例子并且在其中包含 `constexpr` 函数。

清单2-16　constexpr函数

```
#include <array>
#include <cstdint>
#include <iostream>
constexpr uint32_t ArraySizeFunction(int parameter)
{
    return parameter;
}
int main()
{
    constexpr uint32_t ARRAY_SIZE{ ArraySizeFunction(5) };
    std::array<uint32_t, ARRAY_SIZE> myArray{ 1, 2, 3, 4, 5 };

    for (auto&& number : myArray)
    {
        std::cout << number << std::endl;
    }

    return 0;
}
```

此外，你还可以使用 `constexpr` 构造函数创建一个类，如清单 2-17 所示。

清单2-17　创建constexpr类的构造函数

```
#include <array>
#include <cstdint>
#include <iostream>

class MyClass
{
private:
    uint32_t m_Member;

public:
    constexpr MyClass(uint32_t parameter)
        : m_Member{parameter}
    {
    }

    constexpr uint32_t GetValue() const
    {
        return m_Member;
    }
};

int main()
{
    constexpr uint32_t ARRAY_SIZE{ MyClass{ 5 }.GetValue() };
    std::array<uint32_t, ARRAY_SIZE> myArray{ 1, 2, 3, 4, 5 };

    for (auto&& number : myArray)
    {
        std::cout << number << std::endl;
    }

    return 0;
}
```

清单 2-17 中的代码能够在 constexpr 语句中创建对象并调用方法。这是因为 MyClass 的构造函数被声明为 constexpr 构造函数，到目前为止 constexpr 的代码已经与 C++11 编译器兼容。C++17 标准放宽了许多 C++11 中存在的限制，C++20 也将增加新功能。但 C++11 的 constexpr 语句不可以做普通 C++ 代码能做的许多操作，比如创建变量和使用 if 语句。清单 2-18 中的代码展示了 C++14 的 constexpr 函数，它可以用来限制 array 的最大大小。

清单2-18　C++14的constexpr函数

```
#include <array>
#include <cstdint>
#include <iostream>

constexpr uint32_t ArraySizeFunction(uint32_t parameter)
```

```
{
    uint32_t value{ parameter };
    if (value > 10 )
    {
        value = 10;
    }
    return value;
}
int main()
{
    constexpr uint32_t ARRAY_SIZE{ ArraySizeFunction(15) };
    std::array<uint32_t, ARRAY_SIZE> myArray{ 1, 2, 3, 4, 5, 6, 7, 8, 9, 10 };

    for (auto&& number : myArray)
    {
        std::cout << number << std::endl;
    }

    return 0;
}
```

最后的例子非常简单，它实际上并没有返回一个常量，而是使可读性和向后兼容性（以及其他方面）更加简洁。下面的示例展示了常量实际上并不像表面的样子。

清单2-19　常量不像表面样子的示例

```
#include <iostream>
using namespace std;
int reg_const()
{    return 999; }
constexpr int new_const()
{    return 999; }
int main() {
    const int first = reg_const();
    int second = new_const();
    second = 1;  // technically a constant should not be changeable
    cout << first << " != to " << second << endl;
    return 0; }
```

2.6　lambda 的使用

问题

你想编写使用未命名函数对象（unnamed function object）的程序。

解决方案

C++ 提供了 lambda，可用来创建闭包并且在代码中传递。

工作原理

在 C++11 中引入 lambda 语法，在开始时可能有点令人混乱，清单 2-20 展示了一个简单的程序示例，该程序可以使用 lambda 打印出数组中的所有值。

清单2-20　使用lambda打印array的值

```
#include <algorithm>
#include <array>
#include <cstdint>
#include <iostream>

int main()
{
    using MyArray = std::array<uint32_t, 5>;
    MyArray myArray{ 1, 2, 3, 4, 5 };

    std::for_each(myArray.cbegin(),
        myArray.cend(),
        [](auto&& number) {
            std::cout << number << std::endl;
        });

    return 0;
}
```

这段代码展示了如何在 C++ 源代码中定义 lambda，lambda 的语法如下：

[] () {};

大括号代表捕获块（capture block），lambda 使用捕获块来捕获将要使用的且已存在的变量。清单 2-20 中的代码不需要捕获任何变量，因此大括号里为空。小括号代表参数块，就像它们在普通函数中一样。清单 2-20 中的 lambda 具有类型为 `auto &&` 的单个参数，`std::for_each` 算法将给定函数应用于序列中的每个元素，这个函数恰好是编译器在遇到 lambda 语法并将其传递给 `for_each` 函数时创建的闭包，你应该熟悉这个微妙的术语差异。lambda 是定义匿名或未命名函数的源代码结构，编译器使用这个语法从 lambda 创建一个闭包对象。

如清单 2-21 所示闭包可以通过一个变量来引用。

清单2-21　在变量中引用闭包

```
#include <algorithm>
#include <array>
#include <cstdint>
#include <iostream>
#include <typeinfo>

int main()
```

```
{
    using MyArray = std::array<uint32_t, 5>;
    MyArray myArray{ 1, 2, 3, 4, 5 };

    auto myClosure = [](auto&& number) {
            std::cout << number << std::endl;
        };
    std::cout << typeid(myClosure).name() << std::endl;

    std::for_each(myArray.begin(),
        myArray.end(),
        myClosure);

    return 0;
}
```

清单 2-21 中的示例将 lambda 捕获到一个 auto 类型的变量中，图 2-5 展示了运行的输出结果。

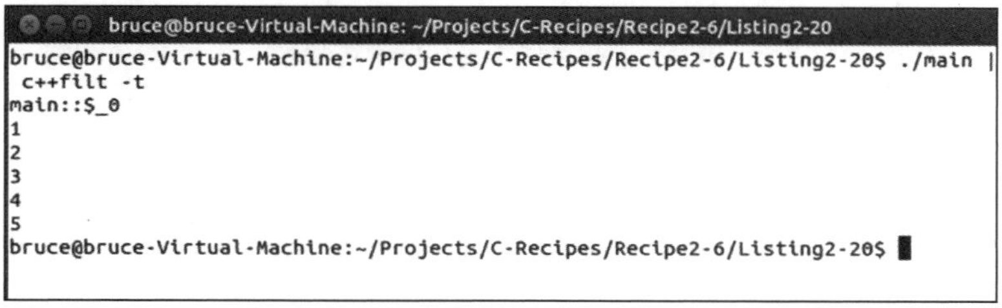

图 2-5　传递闭包时由 typeid 输出的类型

图 2-5 展示了清单 2-21 中 myClosure 变量存储的闭包类型。这里的自动生成类型不怎么有用，但 C++ 确实提供了一种方法来传递不同类型的对象，这些对象可以像函数一样被调用。function 模板由"函数头文件"提供，function 模板也是 STL 的一部分。function 模板带有该对象所代表的函数的签名，你可以在清单 2-22 中看到这段代码。

清单2-22　将闭包传递给function

```
#include <algorithm>
#include <array>
#include <cstdint>
#include <functional>
#include <iostream>
#include <typeinfo>

using MyArray = std::array<uint32_t, 5>;

void PrintArray(const std::function<void(MyArray::value_type)>& myFunction)
{
    MyArray myArray{ 1, 2, 3, 4, 5 };

    std::for_each(myArray.begin(),
```

```
        myArray.end(),
        myFunction);
}

int main()
{
    auto myClosure = [](auto&& number) {
            std::cout << number << std::endl;
        };
    std::cout << typeid(myClosure).name() << std::endl;

    PrintArray(myClosure);

    return 0;
}
```

现在你可以创建闭包，并使用函数模板在程序中传递它们，如清单 2-22 所示。这允许你在程序中添加一些在 C++ 98 中很难实现的功能。清单 2-23 展示了通过 lambda 使用捕获块将数组拷贝到 vector 中的方法。

清单2-23 使用lambda捕获特性

```
#include <algorithm>
#include <array>
#include <cstdint>
#include <functional>
#include <iostream>
#include <typeinfo>
#include <vector>

using MyArray = std::array<uint32_t, 5>;
using MyVector = std::vector<MyArray::value_type>;

void PrintArray(const std::function<void(MyArray::value_type)>& myFunction)
{
    MyArray myArray{ 1, 2, 3, 4, 5 };

    std::for_each(myArray.begin(),
        myArray.end(),
        myFunction);
}

int main()
{
    MyVector myCopy;
    auto myClosure = [&myCopy](auto&& number) {
            std::cout << number << std::endl;
            myCopy.push_back(number);
        };
    std::cout << typeid(myClosure).name() << std::endl;

    PrintArray(myClosure);

    std::cout << std::endl << "My Copy: " << std::endl;
```

```
        std::for_each(myCopy.cbegin(),
            myCopy.cend(),
            [](auto&& number){
                std::cout << number << std::endl;
            });

        return 0;
}
```

清单 2-23 中的代码使用 lambda 捕获在闭包中存储对对象 myCopy 的引用，然后可以在 lambda 内部使用该对象，并将数组的每个成员放入该对象。main 函数通过输出 myCopy 存储的全部值而结束，以显示由于这个引用捕获，才使得该闭包与 main 能共享相同的 vector。使用 & 运算符将捕获指定为引用捕获，如果省略这一点，vector 将被拷贝到闭包中，main 中 myCopy vector 将仍然为空。

通过值而不是通过引用来捕获 myCopy 会引起另一个问题。编译器为 lambda 创建的类型就是一个参数，但它不再与用于声明函数签名的参数兼容。清单 2-24 展示了使用 "按值捕获"（capture by value）来拷贝 myCopy 的 lambda。

清单2-24　按值捕获myCopy

```
#include <algorithm>
#include <array>
#include <cstdint>
#include <functional>
#include <iostream>
#include <typeinfo>
#include <vector>

using MyArray = std::array<uint32_t, 5>;
using MyVector = std::vector<MyArray::value_type>;
void PrintArray(const std::function<void(MyArray::value_type)>& myFunction)
{
    MyArray myArray{ 1, 2, 3, 4, 5 };

    std::for_each(myArray.begin(),
        myArray.end(),
        myFunction);
}

int main()
{
    MyVector myCopy;
    auto myClosure = [myCopy](auto&& number) {
            std::cout << number << std::endl;
            myCopy.push_back(number);
        };
```

```
std::cout << typeid(myClosure).name() << std::endl;

PrintArray(myClosure);

std::cout << std::endl << "My Copy: " << std::endl;
std::for_each(myCopy.cbegin(),
    myCopy.cend(),
    [](auto&& number){
        std::cout << number << std::endl;
    });

return 0;
}
```

清单 2-24 中的代码无法编译，而且 Clang 编译器和 VS 编译器不太可能给你提供有意义或有用的错误消息。在 Windows 上尝试使用 Cygwin 编译此代码时，Clang 会提供以下错误输出：

```
$ make
clang++ -g -std=c++1y main.cpp -o main
main.cpp:26:13: error: no matching member function for call to 'push_back'
        myCopy.push_back(number);
        ~~~~~~~^~~~~~~~~
/usr/lib/gcc/i686-pc-cygwin/4.9.2/include/c++/functional:2149:27: note: in
instantiation of function template
    specialization 'main()::<anonymous class>::operator()<unsigned int>'
    requested here
    using _Invoke = decltype(__callable_functor(std::declval<_
    Functor&>()))
                            ^
/usr/lib/gcc/i686-pc-cygwin/4.9.2/include/c++/functional:2158:2: note: in
instantiation of template type alias
    '_Invoke' requested here
    using _Callable
        ^
/usr/lib/gcc/i686-pc-cygwin/4.9.2/include/c++/functional:2225:30: note: in
instantiation of template type alias
    '_Callable' requested here
            typename = _Requires<_Callable<_Functor>, void>>
                ^
/usr/lib/gcc/i686-pc-cygwin/4.9.2/include/c++/functional:2226:2: note: in
instantiation of default argument for
    'function<<lambda at main.cpp:24:22> >' required here
    function(_Functor);
    ^~~~~~~~
/usr/lib/gcc/i686-pc-cygwin/4.9.2/include/c++/functional:2226:2: note:
while substituting deduced template arguments
    into function template 'function' [with _Functor = <lambda at main.
```

```
    cpp:24:22>, $1 = <no value>]
      function(_Functor);
        ^
/usr/lib/gcc/i686-pc-cygwin/4.9.2/include/c++/bits/stl_vector.h:913:7:
note: candidate function not viable: 'this'
      argument has type 'const MyVector' (aka 'const vector<MyArray::value_
      type>'), but method is not marked const
      push_back(const value_type& __x)
      ^
/usr/lib/gcc/i686-pc-cygwin/4.9.2/include/c++/bits/stl_vector.h:931:7:
note: candidate function not viable: 'this'
      argument has type 'const MyVector' (aka 'const vector<MyArray::value_
      type>'), but method is not marked const
      push_back(value_type&& __x)
      ^
main.cpp:30:5: error: no matching function for call to 'PrintArray'
    PrintArray(myClosure);
    ^~~~~~~~~~
main.cpp:12:6: note: candidate function not viable: no known conversion
from '<lambda at main.cpp:24:22>' to 'const
      std::function<void (MyArray::value_type)>' for 1st argument
void PrintArray(const std::function<void(MyArray::value_type)>& myFunction)
     ^
2 errors generated.
makefile:2: recipe for target 'main' failed
make: *** [main] Error 1
```

由于 Clang 编译器输出的错误消息冗长又混乱，该代码还远远无法在工作时使用。然而，你可能会惊讶地发现，使用一个关键字 mutable 就可以解决这个问题，清单 2-25 展示了处于正确编译状态的代码。

清单2-25　创建mutable闭包

```
#include <algorithm>
#include <array>
#include <cstdint>
#include <functional>
#include <iostream>
#include <typeinfo>
#include <vector>

using MyArray = std::array<uint32_t, 5>;
using MyVector = std::vector<MyArray::value_type>;

void PrintArray(const std::function<void(MyArray::value_type)>& myFunction)
{
    MyArray myArray{ 1, 2, 3, 4, 5 };

    std::for_each(myArray.begin(),
        myArray.end(),
```

```
            myFunction);
}
int main()
{
    MyVector myCopy;
    auto myClosure = [myCopy](auto&& number) mutable {
            std::cout << number << std::endl;
            myCopy.push_back(number);
        };
    std::cout << typeid(myClosure).name() << std::endl;

    PrintArray(myClosure);

    std::cout << std::endl << "My Copy: " << std::endl;
    std::for_each(myCopy.cbegin(),
        myCopy.cend(),
        [](auto&& number){
            std::cout << number << std::endl;
        });

    return 0;
}
```

清单 2-25 包含了前面代码中所有错误输出的解决方案。mutable 关键字用来告诉编译器，lambda 函数应该生成一个闭包，其中已经按值拷贝了非 const 成员。

lambda 函数创建的闭包默认为 const 类型，这使得编译器为闭包创建了另一个类型，该类型将不能隐式转换为标准函数指针。当你试图使用 lambda 函数生成与你的代码类型不适配的闭包时，编译器生成的错误消息可能会非常令人困惑。因此，除了正确地学习如何使用 lambda 函数并在编译器遇到无法处理的改变时进行编译，没有真正的解决方案。

清单 2-26 展示了构建一个工作程序所需的代码，该程序使用 lambda 函数将 array 拷贝到一个 vector 中，它与 C++11 向后兼容。

清单2-26　一个与C++11兼容的lambda函数

```
#include <algorithm>
#include <array>
#include <cstdint>
#include <functional>
#include <iostream>
#include <typeinfo>
#include <vector>

using MyArray = std::array<uint32_t, 5>;
using MyVector = std::vector<MyArray::value_type>;

void PrintArray(const std::function<void(MyArray::value_type)>& myFunction)
{
```

```
    MyArray myArray{ 1, 2, 3, 4, 5 };

    std::for_each(myArray.begin(),
        myArray.end(),
        myFunction);
}

int main()
{
    MyVector myCopy;
    auto myClosure = [&myCopy](const MyArray::value_type& number) {
            std::cout << number << std::endl;
            myCopy.push_back(number);
        };
    std::cout << typeid(myClosure).name() << std::endl;

    PrintArray(myClosure);

    std::cout << std::endl << "My Copy: " << std::endl;
    std::for_each(myCopy.cbegin(),
        myCopy.cend(),

        [](const MyVector::value_type& number){
            std::cout << number << std::endl;
        });

    return 0;
}
```

清单 2-26 中的代码在 C++11 编译器中也能正常工作，但它也导致 lambda 函数在不同类型之间的可移植性较差。用于从 myCopy 中输出值的 lambda 函数只能和 MyVector::value_type 定义的类型在一起使用，而 C++14 可以与任何可以传递给 cout 作为输入的类型一起重用。当然，不要尝试使用 C++ 98 来编译这个，就 2020 年可用的编译器而言，使用 C++20 或 C++17 会更好。

2.7 与时间有关的程序

问题

你想编写可移植程序，这些程序需要了解当前时间或其执行时间。

解决方案

现代 C++ 提供了提供可移植的具有时间处理功能的 STL 模板和类。

工作原理

获取当前日期和时间

C++ 可以轻松地访问计算机系统中的不同实时时钟，根据计算机系统的不同，访问每个时钟的方式可能是不同的。但是，每个时钟的总体意图保持不变，你可以使用 `system_clock` 来查询当前时间，因此你可以在程序运行时使用这种类型的时钟来获取计算机的当前日期和时间，如清单 2-27 所示。

清单2-27　获取当前日期和时间（注意：如果使用MS Visual Studio会收到警告）

```cpp
#include <ctime>
#include <chrono>
#include <iostream>

using namespace std;
using namespace chrono;

int main()
{
    auto currentTimePoint = system_clock::now();
    auto currentTime = system_clock::to_time_t( currentTimePoint );
    auto timeText = ctime( &currentTime );

    cout << timeText << endl;

    return 0;
}
```

清单 2-27 中的程序展示了如何从系统时钟中检索当前时间，你可以使用 `system_clock::now` 方法来执行此操作。`now` 返回的对象是一个 `time_point`，它表示了从某个时间点（epoch）开始的时间偏移，epoch 是一个参考时间，系统用它来偏移其他时间。虽然所有与时间有关的工作都使用相同的时钟，你也不用担心 epoch，但是必须注意，如果系统使用不同的 epoch 来计算时间，那么一台计算机上的时间可能无法直接转移到另一台计算机上。

`time_point` 结构不能直接输出，并且没有方法将其转换为字符串，但是，该类提供了将 `time_point` 对象转换为 `time_t` 对象的方法。`time_t` 类型是一种旧的 C 语言类型，可以使用 `ctime` 函数将其转换为字符串，运行结果如图 2-6 所示。

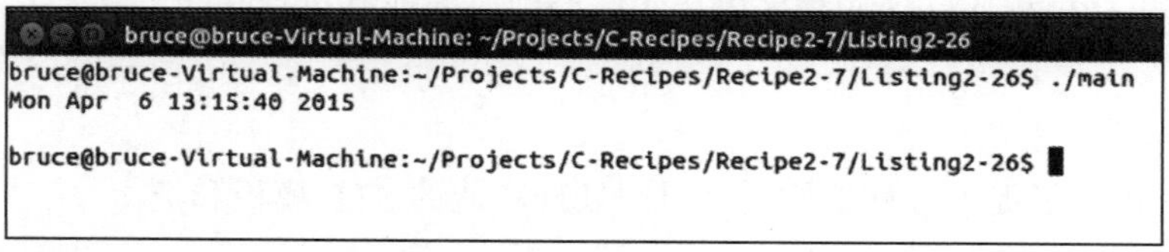

```
bruce@bruce-Virtual-Machine: ~/Projects/C-Recipes/Recipe2-7/Listing2-26
bruce@bruce-Virtual-Machine:~/Projects/C-Recipes/Recipe2-7/Listing2-26$ ./main
Mon Apr  6 13:15:40 2015

bruce@bruce-Virtual-Machine:~/Projects/C-Recipes/Recipe2-7/Listing2-26$
```

图 2-6　打印到终端的当前时间

比较时间

你还可以使用 STL 的时间功能来比较一个时间和另一个时间，清单 2-28 展示了如何进行比较。

清单2-28　比较时间

```cpp
#include <ctime>
#include <chrono>
#include <iostream>
#include <thread>

using namespace std;
using namespace chrono;
using namespace literals;

int main()
{
    auto startTimePoint = system_clock::now();

    this_thread::sleep_for(5s);

    auto endTimePoint = system_clock::now();

    auto timeTaken = duration_cast<milliseconds>(endTimePoint -
    startTimePoint);

    cout << "Time Taken: " << timeTaken.count() << endl;

    return 0;
}
```

清单 2-28 展示了可以多次调用时钟上的 now 方法并检索不同的值。程序在 start-TimePoint 变量中获取一个时间，然后在当前执行的线程上调用 sleep_for 方法。此调用使程序进入 5 秒的睡眠状态，并在程序恢复后再次调用 system_clock::now 方法。此时，你有两个 time_point 对象，可用它减去一个对象，然后可以使用 duration_cast 将减法的结果转换为一个具有给定持续时间类型的具体时间。有效的持续时间类型有：hours、minutes、seconds、milliseconds、microseconds 和 nanoseconds，接着对 duration 对象调用 count 方法以获取两次调用 now 之间经过的实际毫秒数。

 注意　清单 2-28 中的代码使用 C++14 标准的用户定义的字面量。传递给 sleep_for 的 5s 定义了 5 秒的字面量。还有一些字面量比如：h（小时）、min（分钟）、s（秒）、ms（毫秒）、us（微秒）和 ns（纳秒）。这些字面量都可以应用于整数字面量，以通知编译器你要创建具有给定时间类型的 duration 对象的字面量。将 s 应用于字符字面量（如字符串）会让编译器创建 std::string 类型的字面量。这些字面量在 std::literals 命名空间中定义，并且只适用于 C++14 编译器，因此它们不能在 C++11 或 C++ 98 编译器中使用。

图 2-7 展示了该程序运行的输出结果。

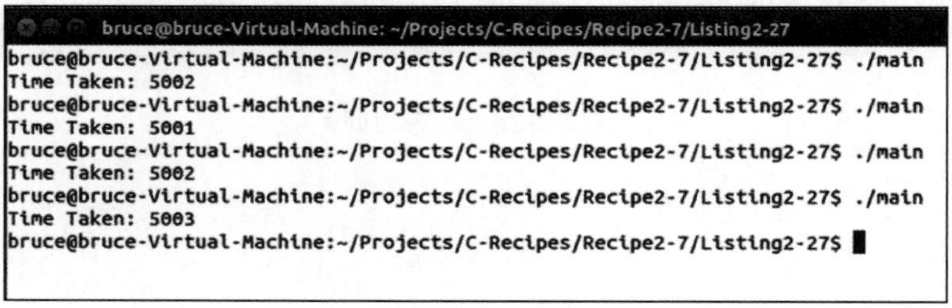

图 2-7　多次运行清单 2-28 后的输出结果

如图 2-7 所示，`sleep_for` 方法并非百分之百准确，但是，每次运行的准确度接近5000ms。现在你可以看到如何使用 `now` 方法来比较两个 `time_points`，想象一下，你可以创建一个 `if` 语句，该语句经过一定的时间后才会执行。

清单 2-29 是使用三种不同时钟（系统时钟、稳定时钟和高分辨时钟）的最后一个步骤。第一种是基于当前的计算机时钟，第二个也基于但不能更改，第三种提供更高的分辨率也具有更高的 CPU 利用率。使用 MS Visual Studio 可以查看它们的运行情况。

清单2-29　使用三种时钟类型

```cpp
#define _CRT_SECURE_NO_WARNINGS //suppress warngings on localtime
#include<chrono>//needed for time features
#include<iostream>
#include<ctime>//needed for local_time
#include<iomanip>//needed for put_time
using namespace std;
int main()
{    //system clock can be changed, steady cannot, high res offers more
     precision
     chrono::system_clock::time_point pc_clock = chrono::system_
     clock::now(); // computer clock time
     time_t pc_clock_time = chrono::system_clock::to_time_t(pc_clock);
     cout << "The time according to the computer clock is: "
     << put_time(localtime(&pc_clock_time), "%T %p") << endl;

     chrono::steady_clock::time_point start = chrono::steady_clock::now();
     // when we start
     chrono::high_resolution_clock::time_point start2 = chrono::
     high_resolution_clock::now(); //high res clock
     chrono::system_clock::time_point now = chrono::system_clock::now();
     // current time
     time_t now_c = chrono::system_clock::to_time_t(now);
     cout << "\n\nThe time now is:  " << put_time(localtime(&now_c),
     "%F %T %b %I %p") << endl;
     time_t now_p = chrono::system_clock::to_time_t(now -
     chrono::hours(2));
```

```
cout << "The time 2 hours ago was: " << put_time(localtime(&now_p),
"%F %T %B  %A") << "\n\n";
chrono::steady_clock::time_point end = chrono::steady_
clock::now();  // it is over
chrono::high_resolution_clock::time_point end2 = chrono::
high_resolution_clock::now();
cout << "Computing lasted " << chrono::duration_cast
<chrono::microseconds>(end - start).count() << " microseconds!"
<< endl;
cout << "Computing with high_resolution_clock yielded "
<< chrono::duration_cast<chrono::nanoseconds>(end2 - start2).count()
<< " nanoseconds!" << endl;
return 0;
}
```

2.8　理解左值引用和右值引用

问题

C++ 的左值引用和右值引用有些许差别，你需要能够理解这些概念来编写更好的 C++ 程序。

解决方案

现代 C++ 包含两个不同的引用运算符：&（lvalue）和 &&（rvalue）。这些与"移动语义"协同工作，以减少在程序中拷贝对象所花费的时间。

工作原理

移动语义是现代 C++ 语言的一个重要特性。然而它们的实用性被大大地夸大了，现代 C++ 编程新手可能会喜欢尝试这个新特性，可是实际上由于不了解什么时候以及为什么要使用右值引用而不是左值引用，他们使程序变得更糟。

简单地说，应在适当的地方使用右值引用来移动构造函数或移动赋值对象，以代替拷贝操作。移动语义不适用于通过 const 引用将传递的参数替换为方法。移动操作可能比拷贝操作快，但在最坏的情况下，它可能比拷贝慢，并且总是比通过 const 引用传递慢。本节将显示左值引用、右值引用，拷贝、移动类构造函数和运算符之间的区别，并展示一些与它们相关的性能问题。

清单 2-30 中的代码展示了一个简单类的实现，该类使用静态计数器值来跟踪给定时间内存中对象的数量。

清单2-30　计算实例数量的类

```cpp
#include <iostream>

using namespace std;

class MyClass
{
private:
    static int s_Counter;
    int* m_Member{ &s_Counter };
public:
    MyClass()
    {
        ++(*m_Member);
    }

    ~MyClass()
    {
        --(*m_Member);
        m_Member = nullptr;
    }

    int GetValue() const
    {
        return *m_Member;
    }
};

int MyClass::s_Counter{ 0 };

int main()
{
    auto object1 = MyClass();
    cout << object1.GetValue() << endl;

    {
        auto object2 = MyClass();
        cout << object2.GetValue() << endl;
    }

    auto object3 = MyClass();
    cout << object3.GetValue() << endl;

    return 0;
}
```

清单 2-30 中的 **s_Counter static** 成员用于统计在任何给定时间里内存中类的活动实例数。这是通过将 **static** 初始化为 0，并通过成员整数指针预先递增 **MyClass** 构造函数中的值来实现的。s_Counter 值也会在 ~MyClass 中递减，以确保这个数字永远不会超出控制范围。当你看到移动构造函数正在运行时，显而易见我们需要反常规的设置，该程序运行的输出结果如图 2-8 所示。

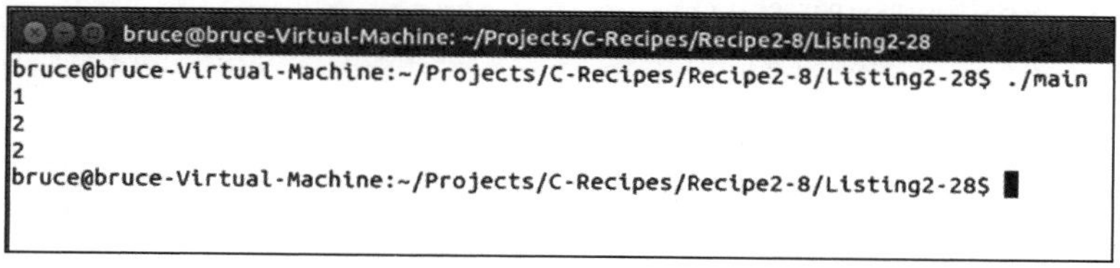

图 2-8　s_Counter 变量的作用

实际应用中，你可以扩展 **MyClass** 使其包含一个拷贝构造函数，并确定它在任何给定时间对内存中对象数量的影响。清单 2-31 展示了一个包含 **MyClass** 拷贝构造函数的程序。

清单2-31　拷贝MyClass

```cpp
#include <iostream>

using namespace std;

class MyClass
{
private:
    static int s_Counter;

    int* m_Member{ &s_Counter };

public:
    MyClass()
    {
      ++(*m_Member);
      cout << "Constructing: " << GetValue() << endl;
    }

    ~MyClass()
    {
      --(*m_Member);
      m_Member = nullptr;

      cout << "Destructing: " << s_Counter << endl;
    }

    MyClass(const MyClass& rhs)
        : m_Member{ rhs.m_Member }
    {
        ++(*m_Member);
        cout << "Copying: " << GetValue() << endl;
    }

    int GetValue() const
    {
        return *m_Member;
    }
};
```

```cpp
int MyClass::s_Counter{ 0 };
MyClass CopyMyClass(MyClass parameter)
{
    return parameter;
}

int main()
{
    auto object1 = MyClass();

    {
      auto object2 = MyClass();
    }

    auto object3 = MyClass();
    auto object4 = CopyMyClass(object3);

    return 0;
}
```

清单 2-31 中的代码添加了拷贝构造函数和一个将 **object3** 拷贝到 **object4** 中的函数。这就需要两个副本：一个将 **object3** 拷贝到参数中，另一个将参数拷贝到 **object4** 中。图 2-9 展示了两个拷贝操作，并且还调用了两个析构函数来销毁这些对象。

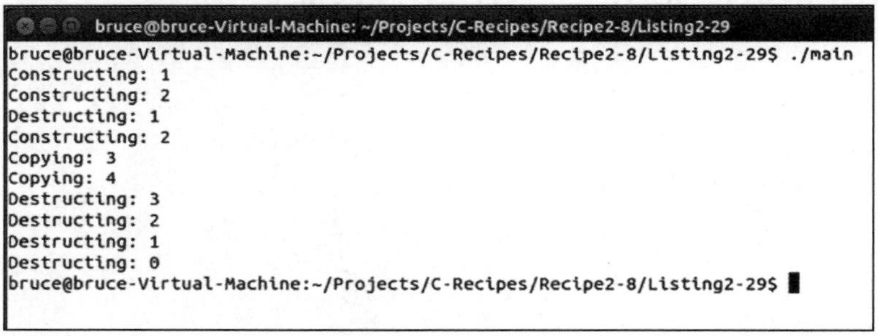

图 2-9　正在运行的拷贝构造函数

移动构造函数可以用来降低拷贝构造函数的复杂性。运行时将有同样多的对象，但是你可以安全地浅拷贝（shallow-copy）一个移动构造函数中的对象，这是因为它们传递的右值引用类型。右值引用是编译器用来保证变量引用的对象是临时对象。这意味着你可以随意拆解该对象，因此与需要保留事先存在的状态相比，可以更快地执行拷贝操作。清单 2-32 展示了如何向 **MyClass** 添加移动构造函数。

清单2-32　向MyClass添加移动构造函数

```cpp
#include <iostream>

using namespace std;

class MyClass
```

```cpp
{
private:
    static int s_Counter;

    int* m_Member{ &s_Counter };
public:
    MyClass()
    {
      ++(*m_Member);
      cout << "Constructing: " << GetValue() << endl;
    }

    ~MyClass()
    {
      if (m_Member)
      {
            --(*m_Member);
          m_Member = nullptr;

            cout << "Destructing: " << s_Counter << endl;
      }
        else
      {
            cout << "Destroying a moved-from instance" << endl;
      }
    }
    MyClass(const MyClass& rhs)
        : m_Member{ rhs.m_Member }
    {
        ++(*m_Member);
        cout << "Copying: " << GetValue() << endl;
    }
    MyClass(MyClass&& rhs)
      : m_Member{ rhs.m_Member }
    {
      cout << hex << showbase;
      cout << "Moving: " << &rhs << " to " << this << endl;
      cout << noshowbase << dec;
      rhs.m_Member = nullptr;
    }
    int GetValue() const
    {
        return *m_Member;
    }
};

int MyClass::s_Counter{ 0 };

MyClass CopyMyClass(MyClass parameter)
```

```
{
    return parameter;
}

int main()
{
    auto object1 = MyClass();

    {
        auto object2 = MyClass();
    }

    auto object3 = MyClass();
    auto object4 = CopyMyClass(object3);

    return 0;
}
```

清单 2-32 中的代码向 **MyClass** 添加了一个移动构造函数，这会影响正在运行的代码。你可以在图 2-10 中看到被调用的移动构造函数。

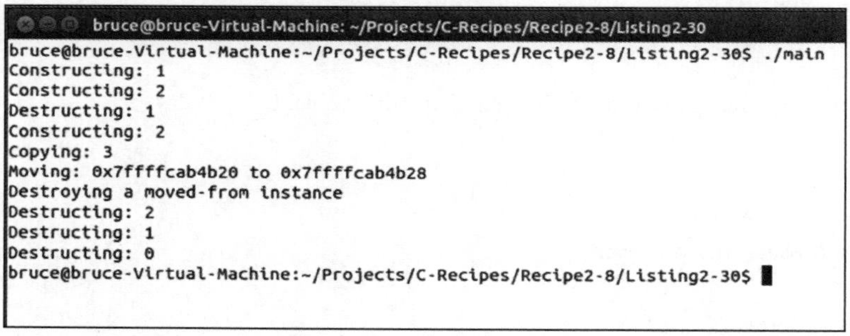

图 2-10   使用移动构造函数

返回语句结束后，编译器不需要维护清单 2-32 中参数的状态，这意味着代码可以调用移动构造函数来创建 **object4**。这为代码中可能的优化创建了一个场景。这个例子很简单，因此可能对性能和内存的益处很微弱。如果这个类更复杂，你不但可以节省将两个对象同时放入内存所需的内存，而且还会节约从一个对象拷贝到另一个对象所需的时间。清单 2-33 展示了这种方法的性能优势，值得一提的是本章前面介绍的高分辨时钟和计时特性现在又派上用场了。

清单2-33   比较拷贝构造函数和移动构造函数

```
#include <chrono>
#include <iostream>
#include <string>
#include <vector>
using namespace std;
using namespace chrono;
```

```cpp
using namespace literals;

class MyClass
{
private:
    vector<string> m_String{
        "This is a pretty long string that"
        " must be copy constructed into"
        " copyConstructed!"s
    };

    int m_Value{ 1 };

public:
    MyClass() = default;
    MyClass(const MyClass& rhs) = default;
    MyClass(MyClass&& rhs) = default;

    int GetValue() const
    {
        return m_Value;
    }
};

int main()
{
    using MyVector = vector<MyClass>;
    constexpr unsigned int ITERATIONS{ 1000000U };

    MyVector copyConstructed(ITERATIONS);
    int value{ 0 };

    auto copyStartTime = high_resolution_clock::now();
    for (unsigned int i=0; i < ITERATIONS; ++i)
    {
      MyClass myClass;
        copyConstructed.push_back(myClass);
      value = myClass.GetValue();
    }
    auto copyEndTime = high_resolution_clock::now();

    MyVector moveConstructed(ITERATIONS);

    auto moveStartTime = high_resolution_clock::now();
    for (unsigned int i=0; i < ITERATIONS; ++i)
    {
      MyClass myClass;
        moveConstructed.push_back(move(myClass));
      value = myClass.GetValue();
    }
    auto moveEndTime = high_resolution_clock::now();

    cout << value << endl;
```

```
    auto copyDuration =
      duration_cast<milliseconds>(copyEndTime - copyStartTime);
    cout << "Copy lasted: " << copyDuration.count() << "ms" << endl;

    auto moveDuration =
      duration_cast<milliseconds>(moveEndTime - moveStartTime);
    cout << "Move lasted: " << moveDuration.count() << "ms" << endl;

    return 0;
}
```

清单 2-33 中的代码使用 `default` 关键字来告诉编译器，我们想使用此类的默认构造函数、拷贝构造函数和移动构造函数。这个是有用的，因为 `MyClass` 不需要手动地管理内存或行为。我们只想构造、拷贝或移动成员 `m_String` 和 `m_Value`，其中 `m_Value` 变量用于防止编译器过度优化我们的示例并生成意外结果。在这个示例中，你可以看到，移动构造函数比图 2-11 中的拷贝构造函数更快。

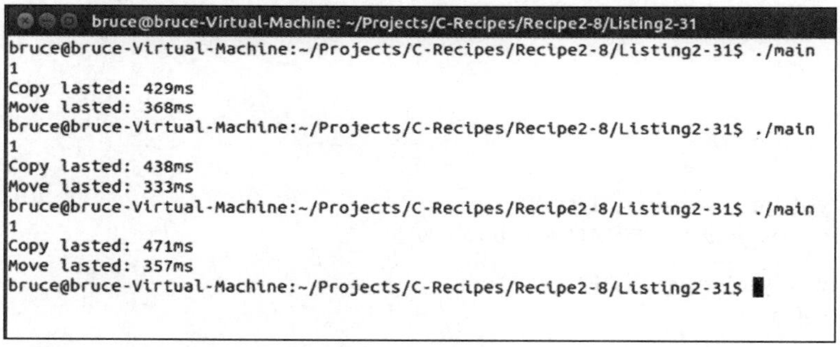

图 2-11　移动构造函数可能比拷贝构造函数更快

2.9　使用托管指针

问题

你想在 C++ 程序中实现自动化管理内存的任务。

解决方案

现代 C++ 提供了自动管理动态分配内存的功能。

工作原理

使用 `unique_ptr`

C++ 提供了三个智能指针（smart pointer）类型，可以用来自动管理动态分配对象的生命周期。清单 2-34 展示了 `unique_ptr` 的用法。

清单2-34　使用unique_ptr

```
#include <iostream>
#include <memory>

using namespace std;

class MyClass
{
private:
    int m_Value{ 10 };
public:
    MyClass()
    {
        cout << "Constructing!" << endl;
    }

    ~MyClass()
    {
        cout << "Destructing!" << endl;
    }

    int GetValue() const
    {
        return m_Value;
    }
};

int main()
{
    unique_ptr<MyClass> uniquePointer{ make_unique<MyClass>() };
    cout << uniquePointer->GetValue() << endl;

    return 0;
}
```

清单 2-34 中的代码可以在不使用 `new` 或 `delete` 的情况下创建和销毁一个动态分配的对象。`make_unique` 模板负责调用 `new`，而 `unique_ptr` 对象则负责在 `unique_ptr` 实例超出作用域时调用 `delete`。`make_unique` 模板是 C++14 及更高版本中才有的特性。在 C++20 中，内存库的一些特性已经被弃用，并增加了新的特性。

unique 指针就像你想的那样，它们是唯一的，因此你的代码不能有多个 `unique_ptr` 实例同时指向同一个对象，它通过防止对 `unique_ptr` 实例的拷贝操作来实现这一点。然而，你可以移动 `unique_ptr`，这允许你在自己的程序中传递 `unique_ptr`。清单 2-35 展示了如何在程序中使用移动语义传递 `unique_ptr`。

清单2-35　移动unique_ptr

```cpp
#include <iostream>
#include <memory>

using namespace std;

class MyClass
{
private:
    string m_Name;
    int m_Value;

public:
    MyClass(const string& name, int value)
        : m_Name{ name }
        , m_Value{ value }
    {
        cout << "Constructing!" << endl;
    }

    ~MyClass()
    {
        cout << "Destructing!" << endl;
    }
    const string& GetName() const
    {
        return m_Name;
    }

    int GetValue() const
    {
        return m_Value;
    }
};

using MyUniquePtr = unique_ptr<MyClass>;

auto PassUniquePtr(MyUniquePtr ptr)
{
    cout << "In Function Name: " << ptr->GetName() << endl;
    return ptr;
}

int main()
{
    auto uniquePointer = make_unique<MyClass>("MyClass", 10);

    auto newUniquePointer = PassUniquePtr(move(uniquePointer));

    if (uniquePointer)
    {
        cout << "First Object Name: " << uniquePointer->GetName() << endl;
    }
```

```
    cout << "Second Object Name: " << newUniquePointer->GetName() << endl;

    return 0;
}
```

清单 2-35 中的代码将一个 unique_ptr 实例移动到一个函数中，然后这个实例又被移出函数，进入第二个 unique_ptr 对象。除了表明原来的实例被移出后无效之外，没有理由不在 main 中使用相同的 unique_ptr。这在检查指针是否有效的 if 调用中很明显，因为在执行代码时这将失败。可以通过这种方式使用 unique_ptr，实例指向的对象一旦超出范围且没有被移出就会被删除。该程序的输出如图 2-12 所示。

```
😊😊😊   bruce@bruce-Virtual-Machine: ~/Projects/C-Recipes/Recipe2-9/Listing2-34
bruce@bruce-Virtual-Machine:~/Projects/C-Recipes/Recipe2-9/Listing2-34$ ./main
Constructing!
In Function Name: MyClass
Second Object Name: MyClass
Destructing!
bruce@bruce-Virtual-Machine:~/Projects/C-Recipes/Recipe2-9/Listing2-34$ ▮
```

图 2-12　通过函数移动有效 unique_ptr 实例

使用 shared_ptr 实例

unique_ptr 可以让你对一个对象拥有唯一的所有权，你可以在指针实例中移动该对象。shared_ptr 可以让你对一个对象拥有共享的所有权。它的工作原理是让 shared_ptr 和对象的指针存储一个内部引用计数，并且只有在所有的值都超出范围后才删除对象。清单 2-36 展示了 shared_ptr 的用法。

清单2-36　使用shared_ptr

```cpp
#include <iostream>
#include <memory>

using namespace std;

class MyClass
{
private:
    string m_Name;
    int m_Value;

public:
    MyClass(const string& name, int value)
        : m_Name{ name }
        , m_Value{ value }
    {
        cout << "Constructing!" << endl;
    }

    ~MyClass()
    {
```

```
            cout << "Destructing!" << endl;
        }
        const string& GetName() const
        {
          return m_Name;
        }
        int GetValue() const
        {
            return m_Value;
        }
};
using MySharedPtr = shared_ptr<MyClass>;
auto PassSharedPtr(MySharedPtr ptr)
{
        cout << "In Function Name: " << ptr->GetName() << endl;
        return ptr;
}
int main()
{
        auto sharedPointer = make_shared<MyClass>("MyClass", 10);
        {
            auto newSharedPointer = PassSharedPtr(sharedPointer);
            if (sharedPointer)
            {
                cout << "First Object Name: " << sharedPointer->GetName() << endl;
            }
            cout << "Second Object Name: " << newSharedPointer->GetName() << endl;
        }
        return 0;
}
```

清单 2-36 中的 shared_ptr 与你之前看到的 unique_ptr 不同，一个 shared_ptr 可以通过你的程序进行拷贝，这样你可以有多个指针指向同一个对象。如图 2-13 所示，其中可以看到 First Object Name 语句的输出。

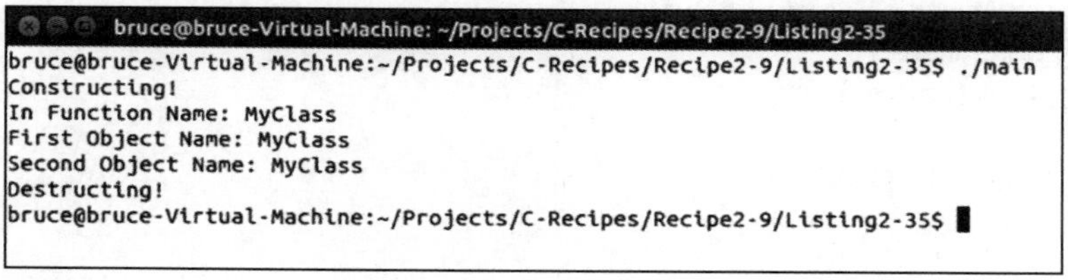

图 2-13 使用 shared_ptr

使用 weak_ptr

现代 C++ 允许对智能指针的弱引用。这样，只要共享对象存在，就可以在需要时临时获取指向共享对象的指针的引用。这种跟踪可以实现更好的内存管理。清单 2-37 展示了如何使用 weak_ptr 来实现这一点。

清单2-37　使用 weak_ptr

```cpp
#include <iostream>
#include <memory>

using namespace std;

class MyClass
{
private:
    string m_Name;
    int m_Value;

public:
    MyClass(const string& name, int value)
        : m_Name{ name }
        , m_Value{ value }
    {
        cout << "Constructing!" << endl;
    }

    ~MyClass()
    {
        cout << "Destructing!" << endl;
    }

    const string& GetName() const
    {
        return m_Name;
    }

    int GetValue() const
    {
        return m_Value;
    }
};

using MySharedPtr = shared_ptr<MyClass>;
using MyWeakPtr = weak_ptr<MyClass>;

auto PassSharedPtr(MySharedPtr ptr)
{
    cout << "In Function Name: " << ptr->GetName() << endl;
    return ptr;
}

int main()
{
    MyWeakPtr weakPtr;
```

```
    {
        auto sharedPointer = make_shared<MyClass>("MyClass", 10);
      weakPtr = sharedPointer;
        {
            auto newSharedPointer = PassSharedPtr(sharedPointer);
            if (sharedPointer)
            {
                cout << "First Object Name: " << sharedPointer->GetName()
                << endl;
            }
            cout << "Second Object Name: " << newSharedPointer->GetName()
            << endl;

            auto sharedFromWeak1 = weakPtr.lock();
            if (sharedFromWeak1)
            {
                cout << "Name From Weak1: " << sharedFromWeak1->GetName()
                << endl;
            }
        }
    }
    auto sharedFromWeak2 = weakPtr.lock();
    if (!sharedFromWeak2)
    {
        cout << "Shared Pointer Out Of Scope!" << endl;
    }

    return 0;
}
```

在清单 2-37 中可以看到，可以为 weak_ptr 分配一个 shared_ptr。但是，你不能直接通过弱指针访问共享对象。相反，弱指针提供了一个 lock 方法，lock 方法返回一个指向你引用的对象的 shared_ptr 实例。如果这个 shared_ptr 是指向对象的最后一个指针，那么 shared_ptr 在其整个作用域中保持对象的活跃状态。lock 方法始终返回一个 shared_ptr，但是，如果对象不再存在，lock 返回的 shared_ptr 将无法通过 if 测试。你可以在主函数的结尾处看到，在对象被删除后会调用 lock。如图 2-14 所示，发生这种情况后，weak_ptr 无法获得有效的 shared_ptr。

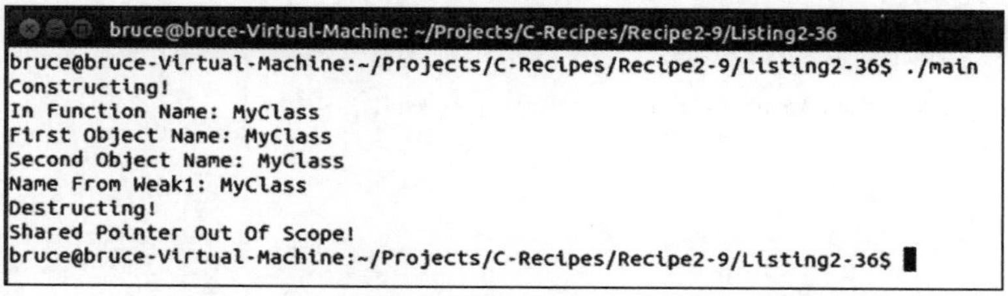

图 2-14 weak_ptr 无法锁定（lock）已删除的对象

第 3 章 | *Chapter 3*

文本的处理

处理文本是一个 C++ 程序员的家常便饭。你很可能需要读取用户的输入信息、为用户输出消息或者为其他程序员编写日志功能，以便更容易地调试正在运行的程序。但是，处理文本并不是一项简单明了的任务。很多时候，程序员匆忙地投入工作，在文本的处理上犯了根本性的错误，这些错误在以后的项目中会成为严重的问题。而且最糟糕的是没有正确地计算文本字符串的本地化版本。处理英文字符集通常很容易，因为所有的英文字符和标点符号与 ASCII 字符集都很适配。这很方便，因为每一个表示英语的字符都可以放入一个 8 位的 **char** 变量中。但当你的程序需要支持外语时，事情就变得很麻烦，你需要支持的字符将不再适合于一个 8 位的值。C++ 可以用多种方式来处理非英语语言，本章将对此进行介绍。

3.1 用字面量表示代码中的字符串

问题

在调试程序时，提供输出文本通常很有用。为此，C++ 允许你直接在代码中嵌入字符串。

解决方案

C++ 程序有一个名为字符串表的概念，程序中的所有字符串字面量都包含在程序的可执行文件中。

工作原理

很容易处理一个标准的 C++ 字符串字面量，清单 3-1 展示了如何创建字符串字面量。

清单3-1　字符串字面量

```cpp
#include <iostream>
#include <string>

using namespace std;

namespace
{
    const string STRING{ "This is a string"s };
}

int main()
{
    cout << STRING << endl;

    return 0;
}
```

在此示例中，字符串字面量是包含在引号内的句子，后跟字母 s。编译器在编译期间创建一个字符串表，并将它们放在一起。你可以在从图 3-1 中源码创建的 exe 文件中看到这个字符串（使用 Windows 的 Visual Studio 对其进行编译）。从 `https://mh-nexus.de/en/hxd/` 下载并安装 HxD 十六进制编辑器后打开 exe 文件。

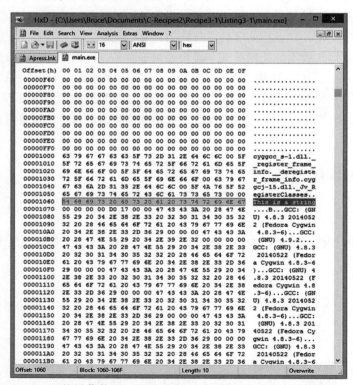

图 3-1　HxD 的屏幕截图，展示了嵌入到可执行文件中的字符串字面量

你可以使用字符串字面量来初始化 STL 字符串对象。编译器会在你的程序中找到所有的字符串，并使用字符串表中的地址来初始化字符串。你可以在清单 3-1 中看到这一点，其中使用字符串字面量初始化了指针 STRING。实际上，这段代码告诉编译器将字面量添加到字符串表中，并从表中获取这个特定字符串的地址，将其传递给 `string` 构造函数。

清单 3-1 中的字符串字面量是一个 C++14 样式的字符串字面量。必须谨慎使用较旧样式的字符串字面量，因为它们会引起一些警告。比如，你永远不要尝试改变字符串字面量的内容。思考清单 3-2 中的代码，请注意，如果使用 VS 编译器而不是 Clang 编译器，你会收到错误信息。

清单3-2　编辑字符串字面量

```cpp
#include <iostream>

using namespace std;

namespace
{
    const char* const STRING{ "This is a string" };
    char* EDIT_STRING{ "Attempt to Edit" };
}

int main()
{
    cout << STRING << endl;

    cout << EDIT_STRING << endl;
    EDIT_STRING[0] = 'a';
    cout << EDIT_STRING << endl;

    return 0;
}
```

清单 3-2 增加了一个新的字符串字面量，它被分配给一个非 const 指针。`main` 函数包含的代码试图将字符串中的第一个字符（位置 0）编辑为小写字母 a。这段代码在编译时不会出错，但是，你会在 C++14 或更高版本的编译器中收到警告，因为使用数组运算符来改变字符串是完全有效的。然而，如果试图改变字符串字面量中包含的数据，运行时会出现异常。试图运行这个程序会导致图 3-2 所示的错误。

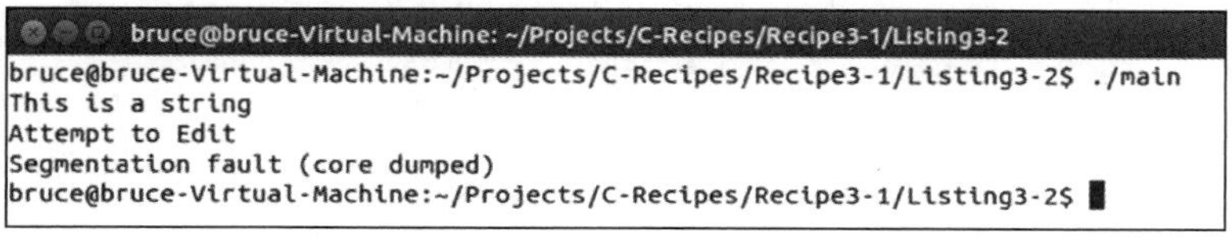

图 3-2　尝试更改字符串字面量时生成的运行时错误

你可以采纳这条非常简单的建议，在编译时而不是运行时捕获这些错误。始终将旧式字符串字面量分配给 `const char * const` 类型的变量。如果你想以一种非常简单的方式来强制执行，可以使用清单 3-3 中的 makefile。

```
main: main.cpp
        clang++ -Werror -std=c++1y main.cpp -o main
```

用清单 3-3 中的 makefile 来编译程序，可以确保编译器不会使用非 const 字符串字面量来构建应用程序。图 3-3 展示了预期的输出结果。

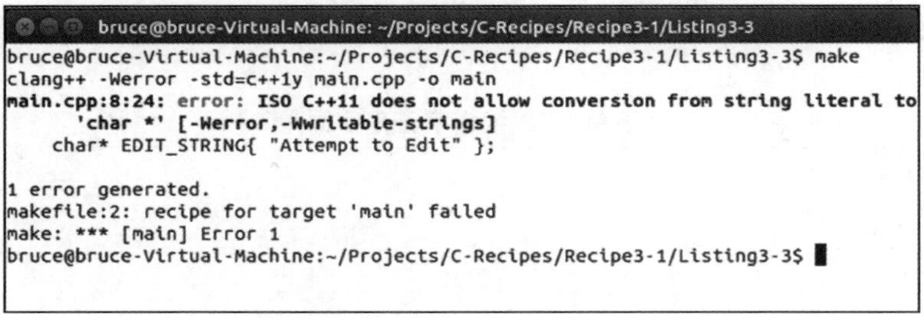

图 3-3　使用 -Werror 和 Wwritable 字符串字面量编译时生成的错误输出结果

字符串引起的第二个问题是，它们增加了程序的大小。在数字世界中，减少程序的下载大小可以让你多安装一些软件。你可以去除不必要的字符串字面量，以减少你的可执行文件的大小。清单 3-4 展示了如何使用预处理器来实现这个目标。

清单3-4　构建程序时删除调试字符串的字面量

```cpp
#include <iostream>
#include <string>

using namespace std;

#define DEBUG_STRING_LITERALS !NDEBUG

namespace
{
#if DEBUG_STRING_LITERALS
    using StringLiteral = string;
#endif

    StringLiteral STRING{ "This is a String!"s };
}
int main()
{
    cout << STRING << endl;

    return 0;
}
```

清单 3-4 使用 NDEBUG 符号创建了预处理器符号 DEBUG_STRING_LITERALS。NDEBUG 预处理器符号代表不调试，因此可以使用它来确定是否要在程序中包含调试字符串的字面量。然后，将类型别名为 **StringLiteral** 的定义包装在 **#if...#endif** 块中，以确保
StringLiteral 仅在构建调试版时存在。在构建程序的发行版本时，NDEBUG 符号通常
在 IDE 中使用。由于本书随附的许多示例都使用 make 构建，因此你必须在 makefile 中手
动定义它。清单 3-5 中展示了 makefile 示例。

清单3-5　定义NDEBUG的makefile

```
main: main.cpp
        clang++ -D NDEBUG -O2 -Werror -std=c++1y main.cpp -o mai
```

此时，你还需要包装所有创建或使用 **StringLiteral** 类型的变量的代码。现在你应
该会发现一个问题，使用这个定义意味着你的程序中不能包含任何字符串字面量。清单 3-6
展示了一个更好的解决方案。

清单3-6　分离调试和非调试字符串字面量

```
#include <iostream>
#include <string>

using namespace std;

#define DEBUG_STRING_LITERALS !NDEBUG

namespace
{
#if DEBUG_STRING_LITERALS
    using DebugStringLiteral = string;

#endif

#if DEBUG_STRING_LITERALS
    DebugStringLiteral STRING{ "This is a String!"s };
#endif
}

int main()
{
#if DEBUG_STRING_LITERALS
    cout << STRING << endl;
#endif

    return 0;
}
```

使用诊断代码的调试字面量，如清单 3-6 所示，终端用户永远看不到这些文本，这
样你可以删除字符串和代码，从而减小可执行文件的大小并提高执行速度。如果你在
Windows 或 Mac 上使用 MS Visual Studio（以及其他一些未列出的集成开发环境），那么当你
最终准备好为用户构建程序时，你可以简单地将其编译为发布版本而不是调试版本。这种方
法要简单得多，但在基于 Linux 的集成开发环境上不起作用（除非 Linux 支持 Visual Studio）。

3.2 面向用户的本地化文本

问题

你永远不知道什么时候会需要支持一种非母语的语言，以确保用户可以看到的任何字符串都源于本地。

解决方案

构建一个字符串管理器类，该类从一个自建的表中返回字符串，并且只使用 ID 引用字符串。

工作原理

你可以通过使用源代码中定义为字符串字面量的字符串与用户进行沟通，从而合法地编程整个项目。但这有几个主要缺点：首先是很难马上转换语言。如今，你的软件很可能会通过互联网发布，而且会被讲不同语言的人使用。在大型开发团队中，人们有可能有不同的母语。从一开始就建立将文本本地化到程序中的能力，将为你节省许多麻烦。这是通过从文件中加载程序的字符串数据实现的。然后，你可以使用母语编写字符串，并让朋友或翻译服务将字符串翻译成其他语言，从而在数据中包含多种不同的语言。

你需要创建一个类来处理游戏的本地化字符串内容。清单 3-7 展示了本地化管理器的类定义。

清单3-7　本地化管理器

```
#pragma once

#include <array>
#include <cinttypes>
#include <string>
#include <unordered_map>

namespace Localization
{
    using StringID = int32_t;
    enum class Languages
    {
        EN_US,
        EN_GB,
        Number
    };
    const StringID STRING_COLOR{ 0 };
    class Manager
    {
    private:
```

```
            using Strings = std::unordered_map<StringID, std::string>;
            using StringPacks =
                std::array<Strings, static_cast<size_t>(Languages::Number)>;

            StringPacks m_StringPacks;
            Strings* m_CurrentStringPack{ nullptr };

            uint32_t m_LanguageIndex;
    public:
            Manager();

            void SetLanguage(Languages language);

            std::string GetString(StringID stringId) const;
    };
}
```

清单 3-7 中有很多需要理解的内容。源代码要注意的第一个方面是命名空间，如果你把不同的类放在分门别类的命名空间里，就会发现可以更容易地管理代码。对于本地化模块，本书使用了 `Localization` 这个名称，当你使用此模块中的类和对象时，在代码中可以更清楚地说明这一点。

清单 3-7 创建了一个类型别名，作为不同字符串的标识符。同样，类型别名在这里也很有用，因为你将来可能会决定更改字符串 ID 的类型。通过一个 `enum class` 来确定本地化管理器支持的语言。`StringID` 的 `STRING_COLOR` 定义为 0，这是本例唯一的 `StringID`，因为我们只需要它来说明本地化管理器是如何操作的。

`Manager` 本身定义了一些私有类型的别名，来使代码更加清晰。它定义了一个别名，允许我们创建 `StringID` 到 `std::string` 对的 `unordered_map`，而另一个别名则允许创建这些字符串映射的数组。还声明了一个变量来实例化字符串映射的数组，以及一个指向当前使用中的字符串映射的指针。这个类有一个构造函数和另外两个方法：`SetLanguage` 和 `GetString`。清单 3-8 展示了构造函数的源代码。

清单3-8　Localization::Manager构造函数

```
Manager::Manager()
{
    static const uint32_t INDEX_EN_US{ static_cast<uint32_t>(Languages::EN_US) };
    m_StringPacks[INDEX_EN_US][STRING_COLOR] = "COLOR"s;

    static const uint32_t INDEX_EN_GB{ static_cast<uint32_t>(Languages::EN_GB) };
    m_StringPacks[INDEX_EN_GB][STRING_COLOR] = "COLOUR"s;

    SetLanguage(Languages::EN_US);
}
```

这个基本的构造函数正在初始化两个字符串的映射：一个用于美式英语，另一个用于英式英语。你可以看到“颜色”（color）这个单词的不同拼写被传递到每个映射。源代码的最后一行将默认语言设置为美式英语，清单 3-9 展示了 `SetLanguage` 方法。

清单3-9 Localization::Manager::SetLanguage

```
void Manager::SetLanguage(Languages language)
{
    m_CurrentStringPack = &(m_StringPacks[static_cast<uint32_t>
    (language)]);
}
```

这种方法很简单，它只需设置 **m_CurrentStringPack** 变量来存储所选语言的字符串映射的地址。你必须使用 **static_cast** 枚举类型变量，因为 C++ 的 STL 数组不允许你使用非数值类型的索引。你可以看到 **static_cast** 将语言参数转换为 **uint32_t**。

Manager 类中的最后一个方法是 **GetString** 方法，如清单 3-10 所示。

清单3-10 Localization::Manager::GetString

```
std::string Manager::GetString(StringID stringId) const
{
    stringstream resultStream;
    resultStream << "!!!"s;
    resultStream << stringId;
    resultStream << "!!!"s;
    string result{ resultStream.str() };

    auto iter = m_CurrentStringPack->find(stringId);
    if (iter != m_CurrentStringPack->end())
    {
        result = iter->second;
    }

    return result;
}
```

GetString 方法首先构建了一个从该函数返回的默认字符串，这允许你打印出程序中丢失的所有字符串 ID，以帮助本地化测试工作。然后使用 unordered_map::find 方法在该映射中搜索字符串 ID，如果搜索成功了，**find** 调用会返回一个有效的 **iterator**。如果搜索找不到匹配项，它将返回 **end iterator**。**if** 语句用来检查是否在映射中找到了字符串 ID，如果找到，则将给定 ID 的字符串存储在 **result** 变量中，并传回给方法调用者。

> **注意** 你可以使默认的缺失字符串只发生在非最终构建中，这样可以节省在终端用户的计算机上构建此字符串的执行成本。尽量让他们永远不会在程序中看到丢失的字符串。

清单 3-11 列出了更新的 **main** 函数，它展示了如何在代码中使用这个 **Manager**。

清单3-11 使用Localization::Manager类

```cpp
#include <iostream>
#include "LocalizationManager.h"

using namespace std;

int main()
{
    Localization::Manager localizationManager;
    string color{ localizationManager.GetString(Localization::STRING_COLOR) };
    cout << "EN_US Localized string: " << color.c_str() << endl;

    localizationManager.SetLanguage(Localization::Languages::EN_GB);
    color = localizationManager.GetString(Localization::STRING_COLOR);
    cout << "EN_GB Localized string: " << color.c_str() << endl;

    color = localizationManager.GetString(1);
    cout << color.c_str() << endl;

    return 0;
}
```

现在，main 函数创建了 Localization::Manager 类的实例。可以看到这个示例，它说明了如何从管理器中检索字符串并使用 cout 将其输出。然后将语言切换为英式英语，并再次检索和打印该字符串。为了完整起见，最后一个示例展示了当你请求一个不存在的字符串 ID 时会发生什么，图 3-4 展示了程序的输出结果。

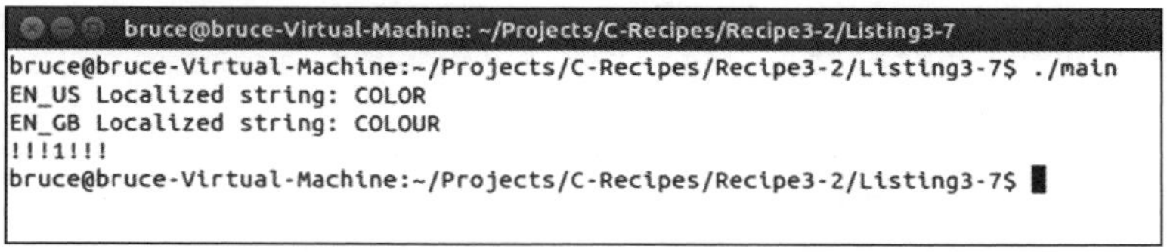

图 3-4 本地化管理器的字符串的输出

该图展示了预期的输出结果。首先出现"颜色"单词美式英语的拼写"COLOR"，然后出现英式英语的拼写"COLOUR"，最后输出缺少的 ID，并在开头和结尾输出三个感叹号，这将有助于在程序中突出丢失的字符串标识符。

最后，在处理货币或数字数据时，区域设置也可能会对国际用户有所帮助。但对于字符串数据来说，这并不是很方便，特别是考虑到 ASCII 不能像 UTF-8 那样可以表示各种字符。尝试使用 Visual Studio 编译器（或 Clang 编译器）运行清单 3-12 中的代码，这个解决方案以及下一节中的内容都会使你的代码更好地适应国际用户的不同方法。

清单3-12 数字和货币数据的区域设置

```cpp
#include <iostream>
#include <locale>
```

```cpp
#include <iomanip>
#include <iterator>
#include <string>
using namespace std;
int main()
{
    float dollar = 12345;
    cout.precision(2);
    cout.imbue(locale("en_US.UTF-8"));
    cout << "American locale: " << put_money(dollar) << endl;
    cout.imbue(locale("fr_FR.UTF-8"));
    wcout << "French locale: " << put_money(dollar) << endl;
    cout.imbue(locale("de_DE.UTF-8"));
    wcout << "German locale: " << put_money(dollar) << endl;
    //Not too exciting with alpha though!
    cout.imbue(locale("ru_RU.UTF-8"));
    cout << "Russian locale: " << endl;
    string alpha = "abcdefg";
    for (char letter : alpha)
        wcout << letter << endl;
    cout.imbue(locale(""));//Or use default system local
    wcout << "Default locale: " << put_money(dollar) << endl;
    return 0;
}
```

在前面的示例中，增强型的 for 语句用于自动遍历字符串（可迭代的列表），我们使用 wcout 来支持国际（宽）字符，而不仅是使用标准（窄）的 cout 来支持纯 ASCII 和 ANSI 字符。UTF-8 字符区域设置如下：

Afrikaans（南非荷兰语）	af_ZA.UTF-8
Albanian（阿尔巴尼亚语）	sq_AL.UTF-8
Arabic（阿拉伯语）	ar_SA.UTF-8
Basque（巴斯克语）	eu_ES.UTF-8
Belarusian（白俄罗斯语）	be_BY.UTF-8
Bosnian（波斯尼亚语）	bs_BA.UTF-8
Bulgarian（保加利亚语）	bg_BG.UTF-8
Catalan（加泰罗尼亚语）	ca_ES.UTF-8
Croatian（克罗地亚语）	hr_HR.UTF-8
Chinese (Simplified)（中文（简体））	zh_CN.UTF-8
Chinese (Traditional)（中文（繁体））	zh_TW.UTF-8
Czech（捷克语）	cs_CZ.UTF-8
Danish（丹麦语）	da_DK.UTF-8

Dutch（荷兰语）　　　　　　　　nl_NL.UTF-8

English（英语）　　　　　　　　en.UTF-8

English (US)（英语（美国））　　en_US.UTF-8

Estonian（爱沙尼亚语）　　　　　et_EE.UTF-8

Farsi（波斯语）　　　　　　　　fa_IR.UTF-8

Filipino（菲律宾语）　　　　　　fil_PH.UTF-8

Finnish（芬兰语）　　　　　　　fi_FI.UTF-8

French（法语）　　　　　　　　fr_FR.UTF-8

French (Ca)（法语（加拿大））　fr_CA.UTF-8

Gaelic（盖尔语）　　　　　　　ga.UTF-8

Gallego（加列戈语）　　　　　　gl_ES.UTF-8

Georgian（格鲁吉亚语）　　　　ka_GE.UTF-8

German（德语）　　　　　　　　de_DE.UTF-8

Greek（希腊语）　　　　　　　　el_GR.UTF-8

Gujarati（古吉拉特邦语）　　　　gu.UTF-8

Hebrew（希伯来语）　　　　　　he_IL.utf8

Hindi（印地语）　　　　　　　　hi_IN.UTF-8

Hungarian（匈牙利语）　　　　　hu.UTF-8

Icelandic（冰岛语）　　　　　　is_IS.UTF-8

Indonesian（印度尼西亚语）　　　id_ID.UTF-8

Italian（意大利语）　　　　　　it_IT.UTF-8

Japanese（日语）　　　　　　　ja_JP.UTF-8

Kannada（卡纳达语）　　　　　　kn_IN.UTF-8

Khmer（高棉语）　　　　　　　km_KH.UTF-8

Korean（韩语）　　　　　　　　ko_KR.UTF-8

Lao（老挝语）　　　　　　　　　lo_LA.UTF-8

Lithuanian（立陶宛语）　　　　　lt_LT.UTF-8

Latvian（拉脱维亚语）　　　　　lat.UTF-8

Malayalam（马拉雅拉姆语）　　　ml_IN.UTF-8

Malaysian（马来西亚语）　　　　ms_MY.UTF-8

Maori（毛利语）　　　　　　　　mi_NZ.UTF-8

Mongolian（蒙古语）　　　　　　mn.UTF-8

Norwegian（挪威语）　　　　　　no_NO.UTF-8

Nynorsk（尼诺尔斯克语）　　　　nn_NO.UTF-8

Polish（波兰语）　　　　　　　　pl.UTF-8

Portuguese（葡萄牙语）	pt_PT.UTF-8
Portuguese (Brazil)（葡萄牙语（巴西））	pt_BR.UTF-8
Romanian（罗马尼亚语）	ro_RO.UTF-8
Russian（俄语）	ru_RU.UTF-8
Samoan（萨摩亚语）	mi_NZ.UTF-8
Serbian（塞尔维亚语）	sr_CS.UTF-8
Slovak（斯洛伐克语）	sk_SK.UTF-8
Slovenian（斯洛文尼亚语）	sl_SI.UTF-8
Spanish（西班牙语）	es_ES.UTF-8
Swedish（瑞典语）	sv_SE.UTF-8
Tamil（泰米尔语）	ta_IN.UTF-8
Thai（泰国语）	th_TH.UTF-8
Tongan（汤加语）	mi_NZ.UTF-8'
Turkish（土耳其语）	tr_TR.UTF-8
Ukrainian（乌克兰语）	uk_UA.UTF-8
Vietnamese（越南语）	vi_VN.UTF-8

3.3 从文件中读取字符串

问题

在源代码中嵌入面向用户的文本会导致文本的更新及本地化变得难以管理。

解决方案

可以从数据文件中加载本地化的字符串数据。

工作原理

我将展示如何从文件（.csv）中将字符串数据加载到程序中，而文件中的值是以逗号分隔。在加载这样的文件之前，你还需要创建一个文件，图 3-5 展示了输入 Excel 的数据，以便导出 .csv 文件。

我已经使用 Excel 创建了一个很简单的 .csv 文件。你可以看到我在上一节中使用的"Color"和"Colour"值，以及美式和英式"风味"（flavor）的拼写。图 3-6 展示了此文件在基本文本编辑器中的显示方式。

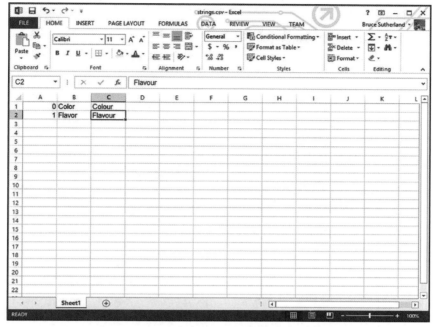

图 3-5 Excel 2013 中的 strings.csv 文件

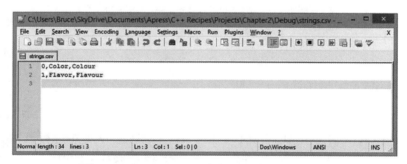

图 3-6 在 Notepad ++ 中打开 strings.csv 文件

Excel 文档中的每一行都已放在 .csv 文件中的单独行中，并且每一列都用逗号分隔，这是 .csv 名称（Comma Separated Value，逗号分隔值）的来源。现在我们有了一个 .csv 文件，可以将数据加载到 Localization::Manager 的构造函数中。清单 3-13 展示了用于加载和解析字符串的代码 .csv 文件。

清单3-13 从.csv加载字符串

```
Manager::Manager()
{
    ifstream csvStringFile{ "strings.csv"s };

    assert(csvStringFile);
```

```
    if (csvStringFile)
    {
        while (!csvStringFile.eof())
        {
            string line;
            getline(csvStringFile, line);

            if (line.size() > 0)
            {
                // Create a stringstream for the line
                stringstream lineStream{ line };

                // Use the line stream to read in the string id
                string stringIdText;
                getline(lineStream, stringIdText, ',');

                stringstream idStream{ stringIdText };
                uint32_t stringId;
                idStream >> stringId;

                // Loop over the line and read in each string
                uint32_t languageId = 0;
                string stringText;
                while (getline(lineStream, stringText, ','))
                {
                    m_StringPacks[languageId++][stringId] = stringText;
                }
            }
        }
    }

    SetLanguage(Languages::EN_US);
}
```

读取 strings.csv 文件中的代码并不复杂。第一步是打开文件进行读取，代码使用
ifstream 对象来实现这一点。C++ 提供了 **ifstream** 类来从文件中读入数据的功能，并
提供了实现这一功能的方法。第一个方法是重载指针运算符，当我们使用 **assert** 或 **if**
来确定传入 **ifstream** 的文件是否有效并已被打开时，就会调用这个函数。随后是 while
循环，它将一直运行到文件结束或 **eof** 方法返回 true 为止。这非常理想，因为我们不希望
在加载完所有字符串之前停止读取数据。

ifstream 类提供了一个 **getline** 方法，它可以用于 C 语言风格的字符串数组。一
般来说，使用 **std::string** 比使用原始的 C 字符串更好，也更不容易出错，所以在清
单 3-12 中，你可以看到 **std::getline** 方法的使用，该方法接受任何类型的流的引用。
首次使用 **getline** 会将 .csv 文件中的整行文本检索到 **std::string** 对象中。该行包含
了单个字符串的数据，该字符串以其 ID 开头，后跟文本的每个本地化版本。

std::getline 方法的第三个参数非常有用。默认情况下，该方法从文件中检索文

本，直到到达换行符为止。但是，我们可以传入其他字符作为第三个参数，当遇到这个字符时，函数将停止采集文本。清单 3-11 了利用这个特性，传入一个逗号来作为定界符。这样我们就可以从 Excel 文档中的每一个单元格中提取值。

getline 函数需要向其传递一个流对象，然而该行已被读入 std::string 中。但通过创建一个 stringstream 对象并将行变量传递给构造函数，可以解决这个问题。一旦创建了 stringstream，getline 方法将使用 stringstream 对象检索字符串 ID。

> **注意**　C++ 提供了几种将字符串转换为值的方法，其中包括了将 stoi 转换为整数和将 stof 转换为浮点数及其他形式的方法，这些都在字符串头文件中定义。你还可以在其中找到一个名为 to_string 的函数，它可以用来将几种不同的类型转换成一个字符串。这些并不总是由你可能使用的 STL 提供。例如，Cygwin 中当前可用的 libstdc++ 版本没有提供这些函数，因此代码示例未使用它们。

在该方法检索到 ID 之后，它将遍历行的其余部分并读取每种语言的字符串数据。这取决于 Languages enum class 定义的语言顺序与 .csv 文件中的列顺序是否相同。

3.4　从 XML 文件中读取数据

问题

虽然 .csv 文件是一种非常简单的格式，对于某些应用程序来说非常有用，但它们有一个重要的缺陷，用逗号分隔字符串意味着你不能在字符串数据中使用逗号，因为加载代码时会将这些逗号解释为字符串的结尾。如果发生这种情况，代码可能会崩溃，因为它试图读取太多的字符串并溢出数组。

解决方案

将字符串文件另存为 XML 文档，并使用解析器加载数据。

工作原理

RapidXML 库是一个开源的 XML 解决方案，可以与 C++ 应用程序一起使用。它作为头文件提供，可以包含在任何需要 XML 处理能力的源文件中。你可以从以下网址下载最新版本的 RapidXML：http://rapidxml.sourceforge.net/。使用 2003 版的 XML 电子表格文件类型保存 Excel 文档。本节中显示的代码能够加载这种类型的 XML 文件。清单 3-14 展示了包含字符串数据的整个文件。

清单3-14 XML电子表格文件

```
<?xml version="1.0"?>
<?mso-application progid="Excel.Sheet"?>
<Workbook xmlns="urn:schemas-microsoft-com:office:spreadsheet"

 xmlns:x="urn:schemas-microsoft-com:office:excel"
 xmlns:ss="urn:schemas-microsoft-com:office:spreadsheet"
 xmlns:html="http://www.w3.org/TR/REC-html40">
<DocumentProperties xmlns="urn:schemas-microsoft-com:office:office">
 <Author>Bruce Sutherland</Author>
 <LastAuthor>Bruce</LastAuthor>
 <Created>2014-06-13T06:29:44Z</Created>
 <Version>15.00</Version>
</DocumentProperties>
<OfficeDocumentSettings xmlns="urn:schemas-microsoft-com:office:office">
 <AllowPNG/>
</OfficeDocumentSettings>
<ExcelWorkbook xmlns="urn:schemas-microsoft-com:office:excel">
 <WindowHeight>12450</WindowHeight>
 <WindowWidth>28800</WindowWidth>
 <WindowTopX>0</WindowTopX>
 <WindowTopY>0</WindowTopY>
 <ProtectStructure>False</ProtectStructure>
 <ProtectWindows>False</ProtectWindows>
</ExcelWorkbook>
<Styles>
 <Style ss:ID="Default" ss:Name="Normal">
  <Alignment ss:Vertical="Bottom"/>
  <Borders/>
  <Font ss:FontName="Calibri" x:Family="Swiss" ss:Size="11"
ss:Color="#000000"/>
  <Interior/>
  <NumberFormat/>
  <Protection/>
 </Style>
</Styles>
<Worksheet ss:Name="strings">
 <Table ss:ExpandedColumnCount="3" ss:ExpandedRowCount="2"
x:FullColumns="1"
  x:FullRows="1" ss:DefaultColumnWidth="54" ss:DefaultRowHeight="14.25">
  <Row>
   <Cell><Data ss:Type="Number">0</Data></Cell>
   <Cell><Data ss:Type="String">Color</Data></Cell>
   <Cell><Data ss:Type="String">Colour</Data></Cell>
  </Row>
  <Row>
   <Cell><Data ss:Type="Number">1</Data></Cell>
```

```
      <Cell><Data ss:Type="String">Flavor</Data></Cell>
      <Cell><Data ss:Type="String">Flavour</Data></Cell>
    </Row>
  </Table>
  <WorksheetOptions xmlns="urn:schemas-microsoft-com:office:excel">
    <PageSetup>
    <Header x:Margin="0.3"/>
    <Footer x:Margin="0.3"/>
    <PageMargins x:Bottom="0.75" x:Left="0.7" x:Right="0.7" x:Top="0.75"/>
    </PageSetup>
    <Selected/>
    <ProtectObjects>False</ProtectObjects>
    <ProtectScenarios>False</ProtectScenarios>
  </WorksheetOptions>
 </Worksheet>
</Workbook>
```

你也许可以从这个文件清单中看出，我们的解析代码需要忽略大量的数据。从文档根目录开始，我们将通过工作簿节点访问字符串数据，然后是工作表、表、行、单元格，最后是数据节点。

> **注意**　这种 XML 数据格式非常冗长，而且不必要的数据有点多。你可以使用 Excel 的 Visual Basic 编写自己的轻量级导出器，用于应用程序的宏支持，但这个内容不在本书的讨论范围内。

清单 3-15 介绍了使用 RapidXML 加载字符串数据所需的代码。

清单3-15　使用RapidXML加载字符串

```
Manager::Manager()
{
    ifstream xmlStringFile{ "strings.xml"s };
    xmlStringFile.seekg(0, ios::end);
    uint32_t size{ static_cast<uint32_t>(xmlStringFile.tellg()) + 1 };
    char* buffer{ new char[size]{} };
    xmlStringFile.seekg(0, ios::beg);
    xmlStringFile.read(buffer, size);
    xmlStringFile.close();

    rapidxml::xml_document<> document;
    document.parse<0>(buffer);

    rapidxml::xml_node<>* workbook{ document.first_node("Workbook") };
    if (workbook != nullptr)
    {
        rapidxml::xml_node<>* worksheet{ workbook->first_node("Worksheet") };
        if (worksheet != nullptr)
        {
```

```cpp
rapidxml::xml_node<>* table{ worksheet->first_node("Table") };
if (table != nullptr)
{
    rapidxml::xml_node<>* row{ table->first_node("Row") };
    while (row != nullptr)
    {
        uint32_t stringId{ UINT32_MAX };
        rapidxml::xml_node<>* cell{ row->first_node("Cell") };
        if (cell != nullptr)
        {
            rapidxml::xml_node<>* data{ cell->first_
            node("Data") };
            if (data != nullptr)
            {
                stringId = static_cast<uint32_t>(atoi(data-
                >value()));
            }
        }
        if (stringId != UINT32_MAX)
        {
            uint32_t languageIndex{ 0 };
            cell = cell->next_sibling("Cell");
            while (cell != nullptr)
            {
                rapidxml::xml_node<>* data = cell->first_node("Data");
                if (data != nullptr)
                {
                    m_StringPacks[languageIndex++][stringId] =
                    data->value();
                }
                cell = cell->next_sibling("Cell");
            }
        }
        row = row->next_sibling("Row");
    }
}
```

这个列表有很多内容，所以我们进行逐节分解。第一步需要使用以下代码将 XML 文件的全部内容加载到内存中：

```cpp
ifstream xmlStringFile{ "strings.xml"s };
xmlStringFile.seekg(0, ios::end);
uint32_t size{ static_cast<uint32_t>(xmlStringFile.tellg()) + 1 };
```

```
char* buffer{ new char[size]{} };
xmlStringFile.seekg(0, ios::beg);
xmlStringFile.read(buffer, size);
xmlStringFile.close();
```

你需要将整个文件存储在以 null 结尾的内存缓冲区中，这就是为什么需要使用 ifstream 打开文件，然后使用 seekg 移动到流的末端。最后，就可以用 tellg 方法计算出文件的大小。在 tellg 的值上添加 1，以确保有足够的内存分配给 RapidXML 要求的空终止符。分配动态内存用于在内存中创建缓冲区，memset 清除整个缓冲区以包含零。seekg 方法用于将文件流位置移动到文件的开头，然后再使用 read 读取文件的全部内容到分配的缓冲区中。最后一步是在代码处理完文件后立即关闭文件流。

以下两行代码负责根据文件的内容初始化 XML 数据结构：

```
rapidxml::xml_document<> document;
document.parse<0>(buffer);
```

这段代码创建了一个 XML 文档对象，其中包含了一个解析方法。作为模板参数传递的 0 可以用来在解析器上设置不同的标志，但此示例不需要这些标志。既然代码已经创建了一个 XML 文档的解析表示法，它可以开始访问其中包含的节点。接下来的几行将检索指向工作簿、工作表、表和行节点的指针：

```
rapidxml::xml_node<>* workbook{ document.first_node("Workbook") };
if (workbook != nullptr)
{
    rapidxml::xml_node<>* worksheet{ workbook->first_node("Worksheet") };
    if (worksheet != nullptr)
    {
        rapidxml::xml_node<>* table{ worksheet->first_node("Table") };
        if (table != nullptr)
        {
            rapidxml::xml_node<>* row{ table->first_node("Row") };
            while (row != nullptr)
            {
```

这几行都很简单。一个简单的 Excel XML 文档中只有一个工作簿、工作表和表格。因此，我们可以直接要求每个节点提供该名称的第一个子节点。一旦代码运行到这个行上，就会有一个 while 循环。这允许我们遍历电子表格中的每一行，并将字符串加载到相应的映射中。整个行的 while 循环如下：

```
rapidxml::xml_node<>* row{ table->first_node("Row") };
while (row != nullptr)
{
    uint32_t stringId{ UINT32_MAX };

    rapidxml::xml_node<>* cell{ row->first_node("Cell") };
```

```
        if (cell != nullptr)
        {
            rapidxml::xml_node<>* data{ cell->first_node("Data") };
            if (data != nullptr)
            {
                stringId = static_cast<uint32_t>(atoi(data->value()));
            }
        }

        if (stringId != UINT32_MAX)
        {
            uint32_t languageIndex{ 0 };

            cell = cell->next_sibling("Cell");
            while (cell != nullptr)
            {
                rapidxml::xml_node<>* data = cell->first_node("Data");
                if (data != nullptr)
                {
                    m_StringPacks[languageIndex++][stringId] = data->value();
                }

                cell = cell->next_sibling("Cell");
            }
        }

        row = row->next_sibling("Row");
    }
```

while 循环首先从第一个单元格和数据节点获取 stringId。atoi 函数用来将 C 语言风格的字符串变成一个整数，这个整数必须被转换为一个 unsigned int。下面的 if 语句检查是否获得了有效的字符串 ID。如果是，那么代码就会进入另一个 while 循环。这个循环从后续的单元格和数据节点中获取每个字符串，并将它们放入正确的映射中。它首先将语言索引设置为 0，然后在输入每个字符串后对索引进行后期递增。这同样需要以正确的顺序将本地化的字符串输入到电子表格中。

这就是从 XML 文件加载字符串数据所需的全部内容。你应该能够想出一个更好的方法来生成这些文件，而不会消耗这么多数据。你还可能会遇到这样的情况，加载所有的文本会消耗太多的系统内存。此时，你应该考虑将每种语言拆分为一个单独的文件，并仅在需要的时候才加载这些语言。用户不太可能需要你选择支持的每一种翻译语言。

3.5 在字符串中插入运行时数据

问题

有时，你需要在字符串中输入运行时数据，如数字或用户名。虽然 C++ 支持旧的 C 函数来格式化 C 语言风格的字符串，但这些函数不适用于 STL 的 **string** 类。

解决方案

Boost 库为 C++ 提供了广泛的库支持，其中包括用于格式化 STL 字符串时保存数据的方法和函数。

工作原理

首先，你应该向电子表格中添加一个行，其中包含以下数据：2，%1%%2%，%2%%1%。你应该把逗号后面的每个元素放在一个新的单元格中。清单 3-16 更新了主函数并使用这个新的字符串。

清单3-16　使用boost::format

```cpp
#include <iostream>
#include "LocalizationManager.h"
#include "boost/format.hpp"

using namespace std;

int main()
{
    Localization::Manager localizationManager;
    std::string color{ localizationManager.GetString(Localization::STRING_
    COLOR) };
    std::cout << "EN_US Localized string: " << color.c_str() << std::endl;

    std::string flavor{ localizationManager.GetString(Localization::STRING_
    FLAVOR) };
    std::cout << "EN_US Localized string: " << flavor.c_str() << std::endl;
    localizationManager.SetLanguage(Localization::Languages::EN_GB);
    color = localizationManager.GetString(Localization::STRING_COLOR);
    std::cout << "EN_GB Localized string: " << color.c_str() << std::endl;

    flavor = localizationManager.GetString(Localization::STRING_FLAVOR);
    std::cout << "EN_GB Localized string: " << flavor.c_str() << std::endl;

    color = localizationManager.GetString(3);
    std::cout << color.c_str() << std::endl;

    std::cout << "Enter your first name: " << std::endl;
    std::string firstName;
    std::cin >> firstName;

    std::cout << "Enter your surname: " << std::endl;
    std::string surname;
```

```
        std::cin >> surname;

        localizationManager.SetLanguage(Localization::Languages::EN_US);
        std::string formattedName{ localizationManager.
        GetString(Localization::STRING_NAME) };
        formattedName = str( boost::format(formattedName) % firstName % surname );
        std::cout << "You said your name is: " << formattedName << std::endl;

        localizationManager.SetLanguage(Localization::Languages::EN_GB);
        formattedName = localizationManager.GetString(Localization::STRING_NAME);
        formattedName = str(boost::format(formattedName) % firstName % surname);
        std::cout << "You said your name is: " << formattedName << std::endl;

        return 0;
    }
```

你可以看到清单 3-16 中 main 函数的添加行要求用户输入自己的名字。调用 cin 时将暂停程序执行，直到用户输入自己的名字和姓氏。程序存储了用户的名字后，它就会将语言改为 EN_US，并从本地化管理器中获取该字符串。下一行使用 boost::format 函数将字符串中的符号替换为 firstName 和 surname 的值。我们的新字符串包含符号 %1% 和 %2%。这用于决定将哪些变量替换为字符串。调用 format 函数后，会有一个 % 运算符，然后是 firstName 字符串。因为 firstName 是传递给 % 运算符的第一个参数，所以它将用于替换我们字符串中的 %1%。同样地，姓氏将用于替换 %2%，因为它是使用 % 传递的第二个参数。

这一切之所以有效，是因为 format 函数设置了从 format 函数返回的对象。然后将此对象传递给其 % 运算符，该运算符将值存储在 firstName 中。对运算符 % 的第一次调用会返回一个对 Boost format 对象的引用，这个对象会被传递给对运算符 % 并进行第二次调用。在 format 对象被传递到 str 函数之前，源字符串中的符号实际上不会被解析。Boost 在全局命名空间中声明了 str 函数，因此，它不需要命名空间作用域的运算符。str 方法接受 format 对象并构造一个新的 string，将参数替换到合适的位置。当你在电子表格中输入源字符串时，EN_GB 字符串的名称会被切换。你可以在图 3-7 中看到代码的结果。

你可以使用 boost::format 将各种数据替换成字符串。不幸的是，Boost 并没有遵循与标准 C 语言中 printf 函数共同的约定。因此，你需要使用不同的字符串来编写标准 C 程序。Boost 提供的格式设置选项的完整列表可以在 **www.boost.org/doc/libs/1_55_0/libs/format/doc/format.html** 中找到。

makefile 中包含的 eboost/format.hpp 头文件相对比较简单。你可以在清单 3-17 中看到它。

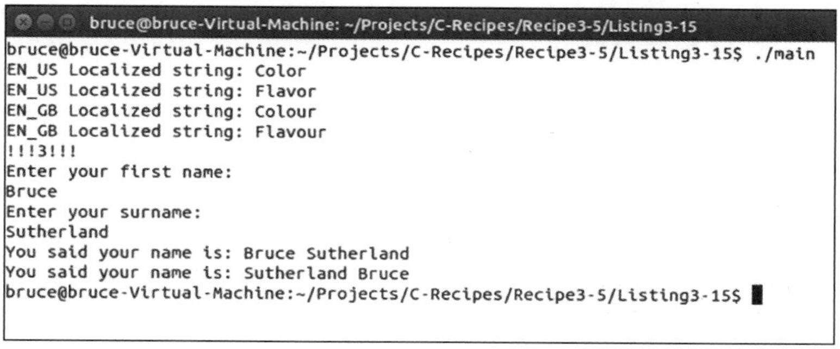

图 3-7 `boost::format` 的输出

清单3-17 包含Boost库

```
main: main.cpp LocalizationManager.cpp
        clang++ -g -std=c++1y -Iboost_1_55_0 main.cpp LocalizationManager.
cpp -o main
```

从这个 makefile 中可以看出，我们使用的是 1.55 版本的 Boost 库，而且该文件和 makefile 放在同一个文件夹里。惯例是在包含 Boost 头文件的 `include` 指令中命名 boost 文件夹。因此，clang++ 命令中的 `-I` 开关只是告诉编译器查看 `boost_1_55_0` 文件夹，boost 文件夹位于该文件夹中。

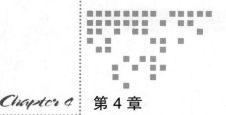

Chapter 4 第 4 章

数字的处理

计算机的设计和制造都是为了计算数字。你编写的程序会利用计算机的计算能力为用户提供更好的体验，而这种体验完全依赖于你理解和利用 C++ 提供的工具来操作数字的能力。C++ 支持不同类型的数字（包括整数和实数），以及多种不同的存储和表示这些数字的方法。

C++ 整数类型用于存储整数，而浮点类型用于存储带小数点的实数。在 C++ 中使用不同类型的数字时，会有不同的权衡和考虑，本章将介绍每种类型的数字适用的不同情况。你还会看到一种名为定点运算的旧技术，它可以使用整数类型来近似表示浮点类型。

4.1　在 C++ 中使用整数类型

问题

你需要在你的程序中表示整数，但不清楚不同整数类型的限制和功能。

解决方案

了解 C++ 支持的不同整数类型，可以让你在编程时使用正确的类型。

工作原理

使用 int 类型

C++ 提供了现代处理器支持的不同整数类型的精确表示。所有的整数类型的行为方式完全相同，但是这些整数类型包含的数据范围不同。清单 4-1 展示了如何在 C++ 中定义一个整数变量。

清单4-1　定义一个整数

```
int main()
{
    int wholeNumber= 64;
    return 0;
}
```

如你所见，整数是用 C++ 中的 **int** 类型定义的。C++ 中的 **int** 类型可以和标准的算术运算符一起使用，这些运算符允许你进行加、减、乘、除和取模运算（整数除法的余数）。清单 4-2 使用这些运算符来初始化其他整数变量。

清单4-2　使用运算符初始化整数

```
#include <iostream>

using namespace std;

int main()
{
    int wholeNumber1 = 64;
    cout << "wholeNumber1 equals " << wholeNumber1 << endl;

    int wholeNumber2 = ( wholeNumber1 + 32 );
    cout << "wholeNumber2 equals " << wholeNumber2 << endl;

    int wholeNumber3 = ( wholeNumber2 - wholeNumber1 );
    cout << "wholeNumber3 equals " << wholeNumber3 << endl;

    int wholeNumber4 = ( wholeNumber2 * wholeNumber1 );
    cout << "wholeNumber4 equals " << wholeNumber4 << endl;

    int wholeNumber5 = ( wholeNumber4 / wholeNumber1 );
    cout << "wholeNumber5 equals " << wholeNumber5 << endl;

    int wholeNumber6 = ( wholeNumber4 % wholeNumber1 );
    cout << "wholeNumber6 equals " << wholeNumber6 << endl;

    return 0;
}
```

清单 4-2 中的代码使用运算符来初始化其他整数。可以用多种方式使用运算符。你可以看到运算符的任一侧都可以具有字面量（如 32）或其他变量。图 4-1 展示了该程序的输出。

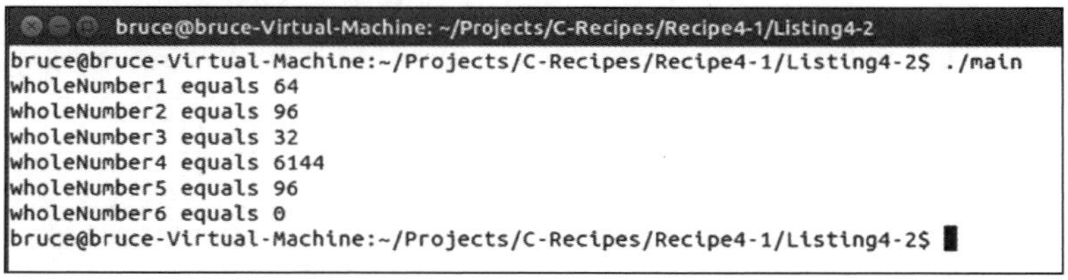

图 4-1　运行清单 4-2 中代码的输出结果

清单 4-2 的输出如图 4-1 所示。下面的列表说明了输出的值如何在变量中计算并得出结果：

❑ 变量 **wholeNumber1** 的初值为 64，因此输出为 64。

❑ 字面量 32 被加到 **wholeNumber1** 的值上，并存储于 **wholeNumber2** 中，因此输出为 96。

❑ 由于代码已从 **wholeNumber1** 中减去了 **wholeNumber2**，因此下一行代码输出为 32。这样我们成功地将 **wholeNumber2** 初始化的字面量存储在变量 **wholeNumber3** 中。

❑ **wholeNumber4** 的值输出为 6144，它等于 64 × 96。

❑ **wholeNumber5** 的值是 6144 除以 64 的结果，或者说是 **wholeNumber4** 的值除以 **wholeNumber1** 的值的结果，所以程序输出为 96。

❑ **wholeNumber6** 的值输出为 0，取模运算是返回除法的余数。在本例中，6144/64 的余数是 0，因此，取模运算返回 0。

使用不同类型的整数

C++ 编程语言支持不同类型的整数，表 4-1 展示了不同类型的整数及其属性。

表 4-1   C++ 的整数类型

类型名	字节数	最小值	最大值
char	1	−128	127
short	2	−32 768	32 767
int	4	−2 147 483 648	2 147 483 647
long	4	−2 147 483 648	2 147 483 647
long long	8	−9 223 372 036 854 775 808	9 223 372 036 854 775 807

表 4-1 列出了 C++ 提供的用于处理整数的五种主要类型。但问题是，并不能保证这些类型的字节数就如表 4-1 中所示，因为 C++ 标准是由平台决定类型的字节数是多少。出现这种情况并非完全是 C++ 的错。处理器制造商可能会使用不同的字节数来表示整数，因为这些平台的编译器编写者可以自由地更改类型，以适应处理器的标准。但是，你可以通过使用 **cinttypes** 头文件编写代码来确定整数的字节数。表 4-2 展示了 **cinttypes** 提供的不同整数。

表 4-2   cinttypes 整数

类型名	字节数	最小值	最大值
int8_t	1	−128	127
int16_t	2	−32 768	32 767
int32_t	4	−2 147 483 648	2 147 483 647
int64_t	8	−9 223 372 036 854 775 808	9 223 372 036 854 775 807

cinttypes 提供的类型包含它们代表的位数。由于一个字节中有 8 位，因此你可以从表 4-2 中看到类型和字节数之间的关系。清单 4-3 使用了与清单 4-2 相同的运算符，但使用 int32_t 类型代替了 int。

清单4-3　使用带运算符的int32_t类型

```cpp
#include <iostream>
#include <cinttypes>

using namespace std;

int main()
{
    int32_t whole32BitNumber1{ 64 };
    cout << "whole32BitNumber1 equals " << whole32BitNumber1 << endl;

    int32_t whole32BitNumber2{ whole32BitNumber1 + 32 };
    cout << "whole32BitNumber2 equals " << whole32BitNumber2 << endl;

    int32_t whole32BitNumber3{ whole32BitNumber2 - whole32BitNumber1 };
    cout << "whole32BitNumber3 equals " << whole32BitNumber3 << endl;

    int32_t whole32BitNumber4{ whole32BitNumber2 * whole32BitNumber1 };
    cout << "whole32BitNumber4 equals " << whole32BitNumber4 << endl;

    int32_t whole32BitNumber5{ whole32BitNumber4 / whole32BitNumber1 };
    cout << "whole32BitNumber5 equals " << whole32BitNumber5 << endl;

    int whole32BitNumber6{ whole32BitNumber2 % whole32BitNumber1 };
    cout << "whole32BitNumber6 equals " << whole32BitNumber6 << endl;

    return 0;
}
```

如图 4-2 所示，这段代码产生的输出结果与图 4-1 类似。

```
bruce@bruce-Virtual-Machine: ~/Projects/C-Recipes/Recipe4-1/Listing4-3
bruce@bruce-Virtual-Machine:~/Projects/C-Recipes/Recipe4-1/Listing4-3$ ./main
whole32BitNumber1 equals 64
whole32BitNumber2 equals 96
whole32BitNumber3 equals 32
whole32BitNumber4 equals 6144
whole32BitNumber5 equals 96
whole32BitNumber6 equals 32
bruce@bruce-Virtual-Machine:~/Projects/C-Recipes/Recipe4-1/Listing4-3$
```

图 4-2　使用 int32_t 和清单 4-3 中的代码的输出

使用无符号整数

表 4-1 和表 4-2 中所示的类型有对应的无符号类型。使用该类型的无符号版本意味着你将无法再访问负数。但是，用相同的字节数可以表示更多的正数。你可以在表 4-3 中看到 C++ 标准的无符号类型。

表 4-3　C++ 的内置无符号类型

类型名	字节数	最小值	最大值
unsigned char	1	0	255
unsigned short	2	0	65 535
unsigned int	4	0	4 294 967 295
unsigned long	4	0	4 294 967 295
unsigned long long	8	0	18 446 744 073 709 551 615

无符号类型存储的数字范围与其有符号类型相同。signed char 类型和 unsigned char 类型都可以存储256个唯一值。signed char 存储从 –128 到 127 的值，而 unsigned char 存储从 0 到 255 的 256 个值。内置的无符号类型与有符号类型存在同样的问题：它们在不同的平台上的字节数可能不一样。C++ 的 cinttypes 头文件提供了保证其存储大小的无符号类型。表 4-4 记录了这些类型。

表 4-4　cinttypes 头文件的无符号整数类型

类型名	字节数	最小值	最大值
uint8_t	1	0	255
uint16_t	2	0	65 535
uint32_t	4	0	4 294 967 295
uint64_t	8	0	18 446 744 073 709 551 615

现在，你已经在本章的开头看到了表示整数的标准方式，以及在不同的处理器中用 cinttypes 确保字节具有标准大小的方法，本章的其余部分将不会继续介绍 cinttypes，而是将重点放在实现数据类型的标准方法上。但是，这些方法都可以满足你的需求。

4.2　用关系运算符做决策

问题

你正在编写一个程序，必须根据两个值的比较结果来做出决定。

解决方案

C++ 提供了关系运算符，根据计算的结果返回 true 或 false。

工作原理

C++ 提供了四个主要的关系运算符，它们是：

❑　等式运算符

❑　不等式运算符

❑　大于运算符

❑　小于运算符

这些运算符可以快速比较两个值并确定结果是 true 还是 false。比较的结果可以存储在 C++ 提供的 `bool` 类型中。`bool` 类型只能表示 `true` 或 `false`。

等式运算符

清单 4-4 展示了等式运算符的使用情况。

清单4-4　C++的等式运算符==

```
#include <iostream>

using namespace std;

int main()
{
    int equal1 = 10;
    int equal2 = 10;
    bool isEqual = equal1 == equal2;
    cout << "Are the numbers equal? " << isEqual << endl;

    int notEqual1 = 10;
    int notEqual2 = 100;
    bool isNotEqual = notEqual1 == notEqual2;
    cout << "Are the numbers equal? " << isNotEqual << endl;

    return 0;
}
```

清单 4-4 中的代码输出结果如图 4-3 所示。

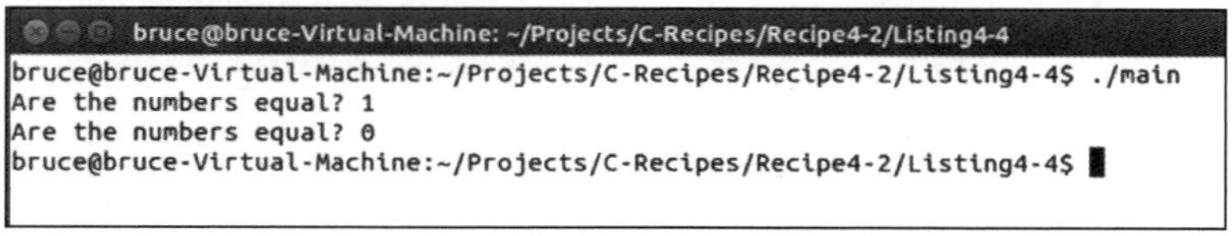

```
bruce@bruce-Virtual-Machine: ~/Projects/C-Recipes/Recipe4-2/Listing4-4
bruce@bruce-Virtual-Machine:~/Projects/C-Recipes/Recipe4-2/Listing4-4$ ./main
Are the numbers equal? 1
Are the numbers equal? 0
bruce@bruce-Virtual-Machine:~/Projects/C-Recipes/Recipe4-2/Listing4-4$
```

图 4-3　关系等式运算符的输出

如果运算符两边的值相同，等式运算符将 bool 变量的值设置为 true（在输出中用 1 表示）。清单 4-4 将 `equal1` 与 `equal2` 进行了比较。当运算符两边的值不同时，运算符的结果为 false，就像代码比较 `notEqual1` 和 `notEqual2` 时一样。对于等式的结果，0 表示 false，任何正整数（通常为 1）表示 true。

不等式运算符

不等式运算符用于确定数字是否不相等。清单 4-5 展示了不等式运算符的使用情况。

清单4-5 不等式运算符

```cpp
#include <iostream>

using namespace std;

int main()
{
    int equal1 =  10;
    int equal2 = 10;
    bool isEqual = equal1 != equal2;
    cout << "Are the numbers not equal? " << isEqual << endl;

    int notEqual1 = 10;
    int notEqual2 = 100;
    bool isNotEqual = notEqual1 != notEqual2;
    cout << "Are the numbers not equal? " << isNotEqual << endl;

    return 0;
}
```

清单 4-5 的输出结果如图 4-4 所示。

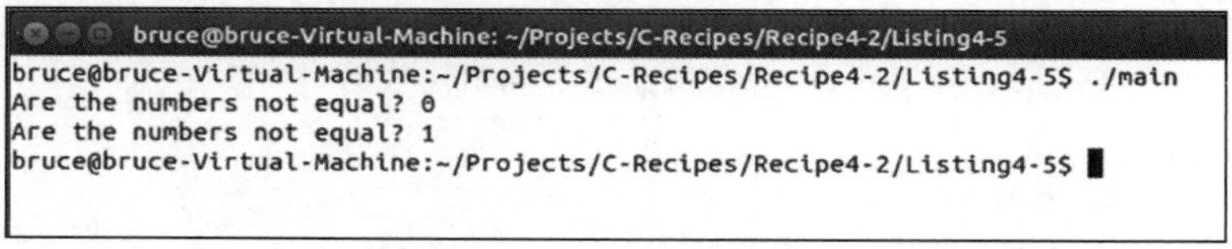

图 4-4　清单 4-5 的输出表示了不等式运算符的计算结果

从清单 4-5 和图 4-4 可以看出，当值不相等时，不等式运算符将返回 true，当值相等时，返回 false。

大于运算符

大于运算符可以告诉你左边的数字是否大于右边的数字，如清单 4-6 所示。

清单4-6 大于运算符

```cpp
#include <iostream>

using namespace std;

int main()
{
    int greaterThan1 = 10;
    int greaterThan2 =1;
    bool isGreaterThan = greaterThan1 > greaterThan2;
    cout << "Is the left greater than the right? " << isGreaterThan
    << endl;

    int notGreaterThan1 = 10 ;
```

```
    int notGreaterThan2 = 100;
    bool isNotGreaterThan = notGreaterThan1 > notGreaterThan2;
    cout << "Is the left greater than the right? " << isNotGreaterThan
    << endl;

    return 0;
}
```

大于运算符将 bool 的值设置为 true 或 false，当左边的数字大于右边的数字时，结果为 true，当右边的数字大于左边的数字时，结果为 false。图 4-5 展示了清单 4-6 的输出结果。

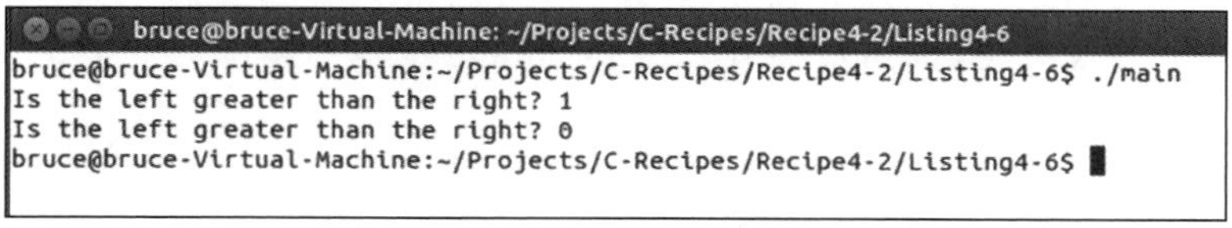

图 4-5　清单 4-6 的输出结果

小于运算符

小于运算符的结果与大于运算符的结果相反。当左边的数字小于右边的数字时，小于运算符返回 true。清单 4-7 显示小于运算符使用情况。

清单4-7　小于运算符

```
#include <iostream>

using namespace std;

int main()
{
    int lessThan1 = 1;
    int lessThan2 = 10;
    bool isLessThan = lessThan1 < lessThan2;
    cout << "Is the left less than the right? " << isLessThan << endl;

    int notLessThan1 = 100;
    int notLessThan2 = 10;
    bool isNotLessThan = notLessThan1 < notLessThan2;
    cout << "Is the left less than the right? " << isNotLessThan << endl;

    return 0;
}
```

图 4-6 展示了清单 4-7 的输出结果。

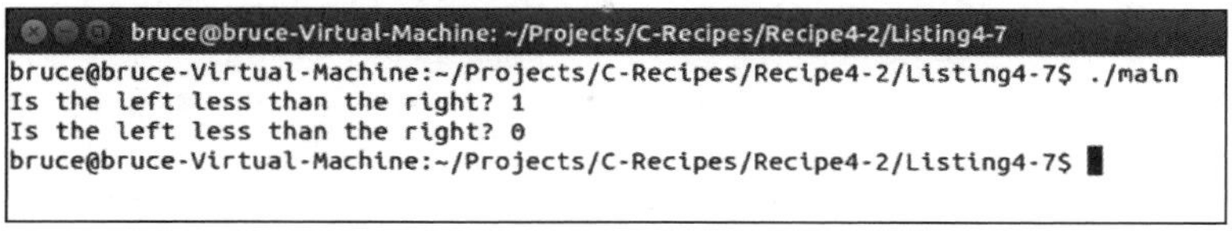

图 4-6　清单 4-7 使用小于运算符的输出结果

4.3 用逻辑运算符进行链式决策

问题

有时你的代码需要满足多个条件才能将布尔值设置为 true。

解决方案

C++ 提供了逻辑运算符，可以链接关系语句。

工作原理

C++ 提供了两个逻辑运算符，可以链式连接多个关系语句。这两个逻辑运算符是：

❑ &&（与）运算符
❑ ||（或）运算符

&& 运算符

当你想确定两个不同的关系运算符是否都为 true 时，可以使用 && 运算符。清单 4-8 展示了 && 运算符的使用情况。

清单4-8　逻辑运算符&&

```cpp
#include <iostream>

using namespace std;

int main()
{
    bool isTrue { (10 == 10) && (12 == 12) };
    cout << "True? " << isTrue << endl;

    bool isFalse = isTrue && (1 == 2);

    cout << "True? " << isFalse << endl;

    return 0;
}
```

isTrue 的值被设置为 true，因为两个关系运算的结果都是 true。isFalse 的值被设置为 false，因为两个关系语句都不会得出 true。这些运算的输出如图 4-7 所示。

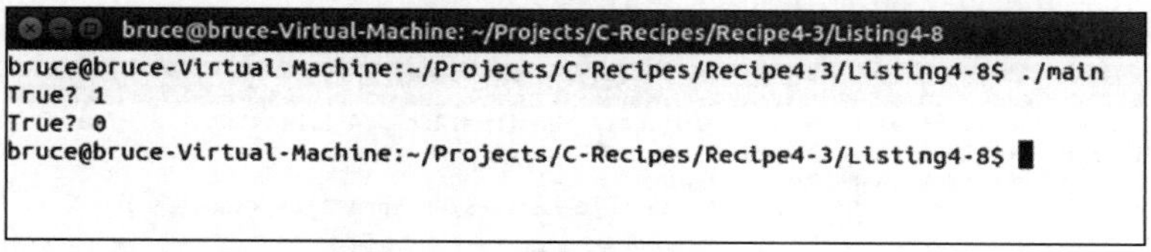

```
bruce@bruce-Virtual-Machine: ~/Projects/C-Recipes/Recipe4-3/Listing4-8
bruce@bruce-Virtual-Machine:~/Projects/C-Recipes/Recipe4-3/Listing4-8$ ./main
True? 1
True? 0
bruce@bruce-Virtual-Machine:~/Projects/C-Recipes/Recipe4-3/Listing4-8$
```

图 4-7　清单 4-8 中逻辑运算符 && 的输出

逻辑运算符 ||

逻辑运算符 ||（逻辑或）用于确定语句中是否至少有一个为 true。清单 4-9 为测试运算符 || 的代码。

清单4-9　逻辑运算符 ||

```cpp
#include <iostream>

using namespace std;

int main()
{
    bool isTrue { (1 == 1) || (0 == 1) };
    cout << "True? " << isTrue << endl;

    isTrue = (0 == 1) || (1 == 1);
    cout << "True? " << isTrue << endl;

    isTrue = (1 == 1) || (1 == 1);
    cout << "True? " << isTrue << endl;

    isTrue = (0 == 1) || (1 == 0);
    cout << "True? " << isTrue << endl;

    return 0;
}
```

代码的输出结果如图 4-8 所示。

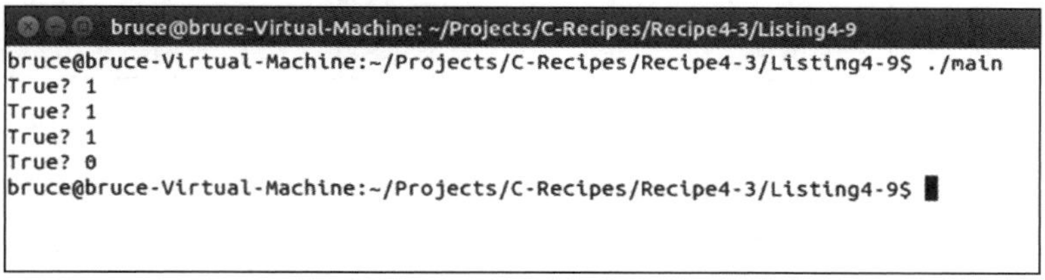

图 4-8　使用逻辑运算符 || 的输出结果

清单 4-9 证明了逻辑 || 运算符在一个或两个关系运算为 true 时返回 true。当两者都为 false 时，|| 运算符将返回 false。

> 🔲 **注意**　在使用逻辑运算符时，有一个常用的优化方法，名为"短路评估"。只要运算符的条件被满足，执行就会结束。这意味着当第一个运算符为 true 时，|| 运算符不会计算第二项，而当第一个运算符为 false 时，&& 运算符不会计算第二项。当右侧语句有调用函数时要注意这一点，这些函数在其布尔返回值之外有次要效果，例如在"if (x < 12) && (z = 13)"中，如果 x 不小于 12，由于短路评估，z 将永远不会被计算为等于 13。另外，如果不管逻辑是什么，都需要计算两边的值，则需要改用二进制逻辑运算符。

4.4　使用十六进制值

问题

你需要处理包含十六进制值的代码，因此需要了解它们的工作原理。

解决方案

C++ 允许在代码中使用十六进数（基数 16），程序员在编写二进制数字时经常使用十六进制值。

工作原理

计算机处理器使用二进制形式在内存中存储数字，并使用二进制指令来测试和修改这些值。由于其底层的性质，C++ 提供了位运算符，可以像处理器一样精确地对变量中的位进行运算。一个信息位可以是 1 或 0。我们可以使用位链来构造更大的数字。一个位可以表示数字 1 或 0，两个位可以代表 0、1、2 或 3。之所以可以实现这一点，是因为两个位可以代表四个唯一的信号：00、01、10 和 11。C++ 的 `int8_t` 数据类型是由 8 个位组成的。表 4-5 中的数据展示了如何用数字表示这些不同的位。

表 4-5　8 位变量中的位的数值

128	64	32	16	8	4	2	1
1	0	0	0	1	0	0	1

如表 4-4 所示，`uint8_t` 变量可包含数字 137。只需将表中下面有 "1" 的值相加即可得到 137。一个 8 位变量可以存储 256 个单独的值，即 $2^8 = 256$。

> **注意**　负数在有符号类型中使用与无符号类型相同的位数来表示。在表 4-5 中，有符号的值将 128 的位置改为符号位。你可以使用二进制补码将正数转换为负数。要做到这一点，你需要将所有的位翻转并加 1。两位数 1 的二进制表示形式为 01。要获取二进制补码，也就是负数，先将位翻转为 10，然后再加 1 得到 11。在 8 位值中，你需要进行相同的操作，例如 00000001 变为 1111110，加 1 得到 111111111。无论变量中的位数是多少，−1 在二进制补码中总要进行取反运算。这一点需要牢记。

在处理 16 位、32 位和 64 位数字时，程序员一般倾向于用十六进制形式而不是二进制形式。十六进制数用 0~9 和 A~F 来表示，A~F 代表 10~15。表示十六进制值需要 4 位，因此我们可以用十六进制 0x89 表示表 4-5 中的位模式——10001001，其中 9 表示低 4 位（9 = 8 + 1），8 表示高 4 位。

清单 4-10 展示了如何在代码中使用十六进制字面量，并使用 `cout` 将其输出到控制台。

清单4-10　使用十六进制字面量

```cpp
#include <iostream>

using namespace std;

int main(int argc, char* argv[])
{
    uint32_t hexValue{ 0x89 };
    cout << "Decimal: " << hexValue << endl;
    cout << hex << "Hexadecimal: " << hexValue << endl;
    cout << showbase << hex << "Hexadecimal (with base): " << hexValue << endl;

    return 0;
}
```

在 C++ 中，十六进制的字面量都以 0x 开头。这可以让编译器知道你打算使用十六进制而不是十进制来解释这个数字。图 4-9 展示了清单 4-10 中 cout 使用不同进制时的输出效果。

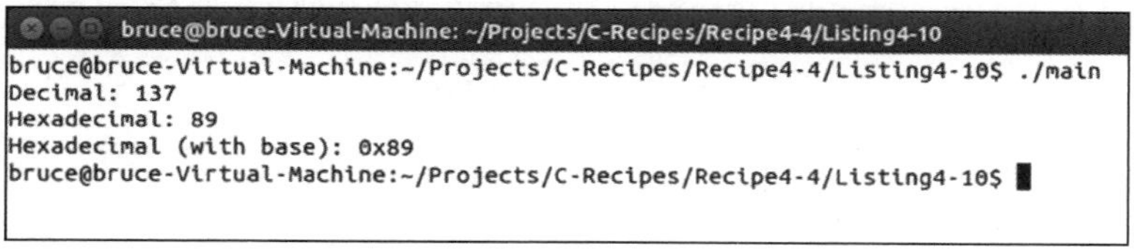

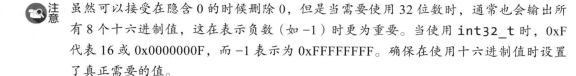

图 4-9　输出十六进制值

默认情况下，cout 流输出的整数变量默认为十进制表示形式，若要改变这种默认行为，你必须向 cout 传递标记。hex 标记将告诉 cout 它应该用十六进制输出数字，但是它并不会自动在数字前面加前缀 0x。如果你想使用十六进制数而不想让其他用户把值读成十进制数，你可以使用 showbase 标记，它使 cout 输出时在十六进制值前添加 0x。

清单 4-10 将 0x89 的值存储在一个 32 位的整数类型中，但其仍然只有 8 位值，其他 6 位隐式为 0。137 的 32 位表示形式实际上是 0x00000089。

> 注意　虽然可以接受在隐含 0 的时候删除 0，但是当需要使用 32 位数时，通常也会输出所有 8 个十六进制值，这在表示负数（如 −1）时更为重要。当使用 int32_t 时，0xF 代表 16 或 0x0000000F，而 −1 表示为 0xFFFFFFFF。确保在使用十六进制值时设置了真正需要的值。

4.5　二进制运算符的位运算

问题

你正在开发一个应用程序，想将数据打包成尽可能小的格式。

解决方案

你可以使用位运算符来设置和测试变量上的各个位。

工作原理

C++ 提供以下位运算符：

❏ &（按位与）运算符

❏ |（按位或）运算符

❏ ^（异或）运算符

❏ <<（左移）运算符

❏ >>（右移）运算符

❏ ~（按位非）运算符

& 运算符

按位与运算符返回一个值，将运算符左右两边都为 1 的位置 1。清单 4-11 展示了一个实例。

清单4-11   &运算符

```
#include <iostream>

using namespace std;

int main(int argc, char* argv[])
{
    uint32_t bits{ 0x00011000 };
    cout << showbase << hex;
    cout << "Result of 0x00011000 & 0x00011000: " << (bits & bits)
    << endl;
    cout << "Result of 0x00011000 & 0x11100111: " << (bits & ~bits)
    << endl;

    return 0;
}
```

清单 4-11 同时使用了 & 和 ~ 运算符。第一次使用 & 会将值 0x00011000 输出到控制台。第二次 & 与 ~ 结合使用，~ 运算符对所有位按位取反。因此，使用 & 后的输出为 0。如图 4-10 所示。

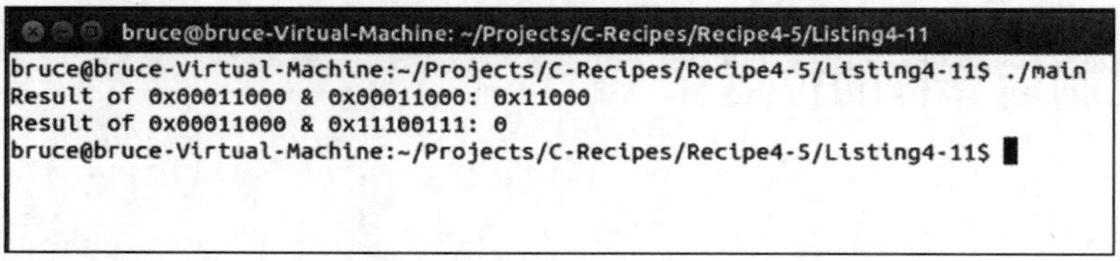

图 4-10   清单 4-11 的输出结果

| 运算符

按位或运算符返回一个值，将该运算符左右两边至少有一边为 1 的位置 1。只有当运算符的左侧和右侧均为 0 时，该位才会置 0。清单 4-12 展示了 | 运算符的使用情况。

清单4-12　| 运算符

```
#include <iostream>

using namespace std;

int main(int argc, char* argv[])
{
    uint32_t leftBits{ 0x00011000 };
    uint32_t rightBits{ 0x00010100 };
    cout << showbase << hex;
    cout << "Result of 0x00011000 | 0x00010100: " << (leftBits | rightBits)
    << endl;
    cout << "Result of 0x00011000 | 0x11100111: " << (leftBits | ~leftBits)
    << endl;

    return 0;
}
```

第一次使用 | 运算符会得到值 0x00011100，第二次使用会得到 0xFFFFFFFF，如图 4-11 所示。

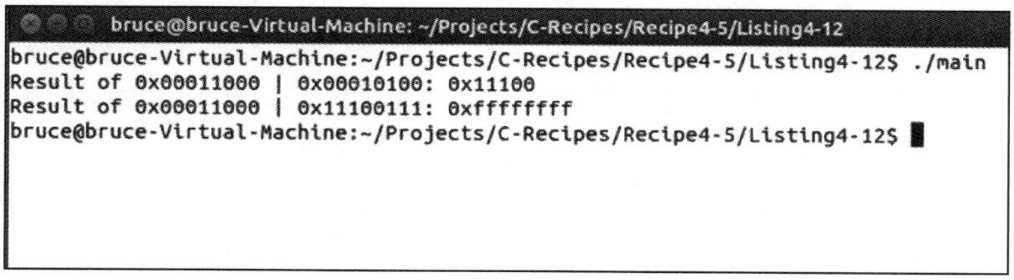

图 4-11　清单 4-12 的输出结果

存储在 **leftBits** 和 **rightBits** 中的值在一个位上同为 1，在另外两个位上，一个值为 1，另一个值为 0。在输出结果时，这三个位都设置为 1。

^ 运算符

在图 4-11 中，"^ 运算符"（异或运算符）与"| 运算符"（或运算符）的结果只有一个位不相同。这是因为在异或运算中，当左位和右位不相同时（要么左位为 1 右位为 0，要么左位为 0 右位为 1），异或运算的结果为 true，否则为 false（要么右位和右位均为 0，要么均为 1）。清单 4-12 中第一个 | 运算符的结果是 0x00011100，如果换成 ^ 运算符，结果将为 0x00001100，如清单 4-13 所示。

清单4-13 ^运算符

```cpp
#include <iostream>

using namespace std;

int main(int argc, char* argv[])
{
    uint32_t leftBits{ 0x00011000 };
    uint32_t rightBits{ 0x00010100 };
    cout << showbase << hex;
    cout << "Result of 0x00011000 ^ 0x00010100: " << (leftBits ^ rightBits)
    << endl;
    cout << "Result of 0x00011000 ^ 0x11100111: " << (leftBits ^ ~leftBits)
    << endl;

    return 0;
}
```

输出的结果如图 4-12 所示。

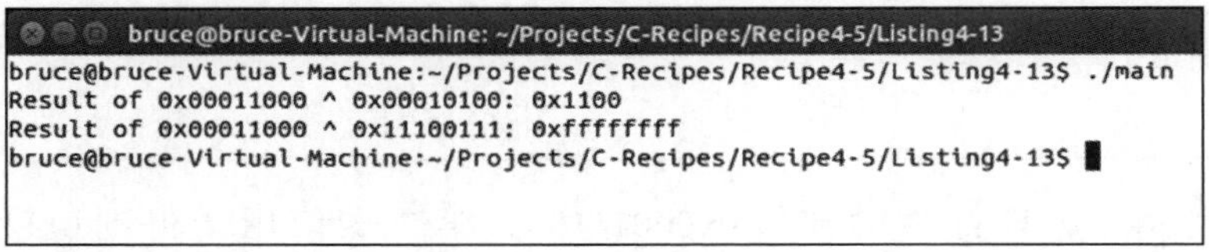

图 4-12　清单 4-13 中 ^ 运算符的输出结果

<< 运算符和 >> 运算符

左移和右移运算符是很方便的工具，你可以将较小的数据集打包成较大的变量。清单 4-14 展示了将值从 `uint32_t` 的低 16 位移到高 16 位的代码。

清单4-14　使用<<运算符

```cpp
#include <iostream>

using namespace std;

int main(int argc, char* argv[])
{
    uint32_t leftBits{ 0x00011000 };
    uint32_t rightBits{ 0x00010100 };
    cout << showbase << hex;
    cout << "Result of 0x00011000 ^ 0x00010100: " << (leftBits ^ rightBits)
    << endl;
    cout << "Result of 0x00011000 ^ 0x11100111: " << (leftBits ^ ~leftBits)
    << endl;

    return 0;
}
```

此代码会将值 0x10100000 存储在变量 **leftShifted** 中。这样释放了较低的 16 位，现在可以将其用于存储另一个 16 位值。清单 4-15 展示了使用 |= 和 & 运算符的情况。

注意　每个按位运算符都有一个赋值变量，用于清单 4-15 中的语句。

清单4-15　使用掩码将值打包到变量中

```cpp
#include <iostream>

using namespace std;

int main(int argc, char* argv[])
{
    const uint32_t maskBits{ 16 };
    uint32_t leftShifted{ 0x00001010 << maskBits };
    cout << showbase << hex;
    cout << "Left shifted: " << leftShifted << endl;

    uint32_t lowerMask{ 0x0000FFFF };
    leftShifted |= (0x11110110 & lowerMask);
    cout << "Packed left shifted: " << leftShifted << endl;

    return 0;
}
```

这段代码将两个独立的 16 位值打包到一个 32 位变量中。使用 & 运算符和掩码值（在本例中为 0x0000FFFF）屏蔽了高 16 位的所有值，这确保了 |= 运算符使高 16 位中的值保持不变，因为与 0 的或运算不会将高位置 1，如图 4-13 所示。

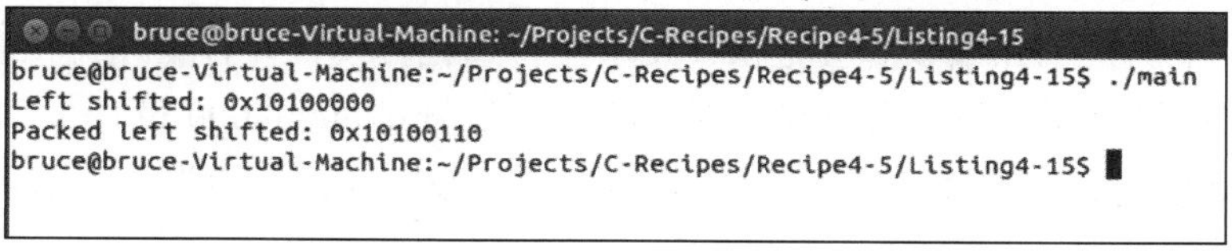

图 4-13　使用位运算符将值掩盖为整数的结果

图 4-13 中的最后两行的输出是对变量的低位和高位的值进行解码运算的结果。可以在清单 4-16 中看到其实现。

清单4-16　对打包数据进行解码

```cpp
#include <iostream>

using namespace std;

int main(int argc, char* argv[])
{
    const uint32_t maskBits{ 16 };
    uint32_t leftShifted{ 0x00001010 << maskBits };
```

```
    cout << showbase << hex;
    cout << "Left shifted: " << leftShifted << endl;

    uint32_t lowerMask{ 0x0000FFFF };
    leftShifted |= (0x11110110 & lowerMask);
    cout << "Packed left shifted: " << leftShifted << endl;

    uint32_t lowerValue{ (leftShifted & lowerMask) };
    cout << "Lower value unmasked: " << lowerValue << endl;

    uint32_t upperValue{ (leftShifted >> maskBits) };
    cout << "Upper value unmasked: " << upperValue << endl;

    return 0;
}
```

清单 4-16 中使用了 **&** 运算符和 **>>** 运算符来从打包变量中检索两个不同的值。然而，这段代码有一个问题尚未被发现。清单 4-17 提供了一个示例。

清单4-17　移位和窄化转换

```
#include <iostream>

using namespace std;

int main(int argc, char* argv[])
{
    const uint32_t maskBits{ 16 };
    uint32_t narrowingBits{ 0x00008000 << maskBits };

    return 0;
}
```

清单 4-17 中的代码在编译时会报错，要求进行窄化转换，并且编译器将阻止对可执行文件的构建，直到问题代码得到修复。现在的问题是值 0x00008000 设置了第 16 位，一旦右移 16 位，就会设置第 32 位，这会导致该值变为负数。在这个阶段，你有两种不同的选择来处理这种情况。

> **注意** 某些代码示例没有使用 = 运算符来初始化变量，例如 `uint32_t maskBits=16`。还有一种方法可以初始化变量，例如清单 4-17 中，使用的是 C++11 引入的统一初始化，即使用 {} 运算符进行初始化。统一初始化的主要优点是可以防止前面的代码中描述的移位窄化，但是两种方法都是完全可接受的。

清单 4-18 展示了如何使用无符号字面量来告诉编译器一个值应为无符号值。

清单4-18　使用无符号字面量

```
#include <iostream>

using namespace std;
```

```
int main(int argc, char* argv[])
{
    const uint32_t maskBits{ 16 };
    uint32_t leftShifted{ 0x00008080u << maskBits };
    cout << showbase << hex;
    cout << "Left shifted: " << leftShifted << endl;

    uint32_t lowerMask{ 0x0000FFFF };
    leftShifted |= (0x11110110 & lowerMask);
    cout << "Packed left shifted: " << leftShifted << endl;

    uint32_t lowerValue{ (leftShifted & lowerMask) };
    cout << "Lower value unmasked: " << lowerValue << endl;

    uint32_t upperValue{ (leftShifted >> maskBits) };
    cout << "Upper value unmasked: " << upperValue << endl;

    return 0;
}
```

在数字字面量的结尾添加一个 u 会使编译器将该字面量作为无符号值进行计算。另一种选择是使用有符号值。但是，这带来了一个新的问题：右移有符号值时，符号位会被放入从右侧输入的新值中。这可能会发生以下情况：

❑ 0x10100000 >> 16 变为 0x00001010。

❑ 0x80800000 >> 16 变为 0xFFFF8080。

清单 4-19 和图 4-14 展示了证明负符号位传播的代码和输出。

清单4-19　右移负值

```
#include <iostream>
using namespace std;
int main(int argc, char* argv[])
{
    const uint32_t maskBits{ 16 };
    int32_t leftShifted{ 0x00008080 << maskBits };
    cout << showbase << hex;
    cout << "Left shifted: " << leftShifted << endl;

    int32_t lowerMask{ 0x0000FFFF };
    leftShifted |= (0x11110110 & lowerMask);

    cout << "Packed left shifted: " << leftShifted << endl;

    int32_t rightShifted{ (leftShifted >> maskBits) };
    cout << "Right shifted: " << rightShifted << endl;
    cout << "Unmasked right shifted: " << (rightShifted & lowerMask)
    << endl;

    return 0;
}
```

你可以看到新的代码需要提取清单 4-19 中粗体行中的上掩码值（upper masked value）。当使用有符号整数时，单独的移位已经不适用了，如图 4-14 所示。

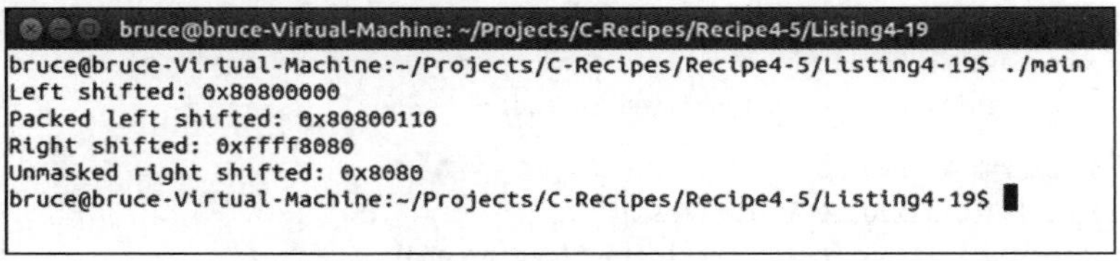

```
⊗ ⊙ ⊙    bruce@bruce-Virtual-Machine: ~/Projects/C-Recipes/Recipe4-5/Listing4-19
bruce@bruce-Virtual-Machine:~/Projects/C-Recipes/Recipe4-5/Listing4-19$ ./main
Left shifted: 0x80800000
Packed left shifted: 0x80800110
Right shifted: 0xffff8080
Unmasked right shifted: 0x8080
bruce@bruce-Virtual-Machine:~/Projects/C-Recipes/Recipe4-5/Listing4-19$ █
```

图 4-14　右移后符号位传播的输出

如你所见，必须将变量右移并屏蔽高位，以便从变量的高位部分检索初始值。经过移位，这个值包含了十进制值 −32 640（0xFFFF8080），但我们预期的值实际上是 32 896（0x00008080）。0x00008080 是使用 & 运算符（0xFFFF8080 & 0x0000FFFF = 0x00008080）检索出来的。

4.6　C++20 的宇宙飞船运算符

问题

你想在你的代码中使用宇宙飞船运算符，以从 C++20 版本的更新中获益。

解决方案

你可以使用宇宙飞船运算符让编译器自动生成比较运算符，而无须手动对其进行编码。

工作原理

截至 2019 年，C++20 实现了 Herb Sutter 提出的宇宙飞船运算符（也称为三路比较运算符）：

❑ 需要 <compare> 头文件。

❑ 并非所有编译器都支持新版本的 C++20 标准的所有特性（截至 2019 年底）。

❑ 你可以使用此运算符来优化代码。

宇宙飞船运算符是 C++20 的新增特性，它提供了简化比较运算的方法。C++20 的兼容编译器（如 MS Visual Studio 19）需要头文件 <compare>。

运算符 <=> 之所以称为宇宙飞船运算符，是因为它看起来像早期计算机游戏中的老式 ASCII 宇宙飞船。它被设计用于类、结构体或函数中，而不是像你之前看到的比较运算符那样作为独立的运算符使用。实际上，编译器会在后台自动生成你刚刚使用的所有比较运算符，因此，你的代码会在符合需求的情况下更加精简。

实现后，你可以选择各种比较方式：强比较、弱比较、偏序比较、强相等和弱相等。前两个比较方式包括所有六个关系运算符（==、!=、<、>、<=、>=）。

❑ 强比较。不允许有不可比较的值，意味着可替代性，等价值是无法区分的，成员常
量有 less、equivalent、equal 和 greater。

❑ 弱比较。不允许有不可比较的值，不意味着可替代性，等价值可能无法区分，成员
常量有 less、equivalent 和 greater。

❑ 偏序比较。允许有不可比较的值，不意味着可替代性，成员常量有 less、equivalent、
greater 和 unordered。

❑ 强相等。仅比较相等或不相等，没有 > 或 <，意味着可替代性，成员常量有
equivalent、equal、nonequivalent 和 nonequal。

❑ 弱相等。仅比较相等或不相等，不意味着可替代性，成员常量仅有 equivalent 和
nonequalent，等价值可能是可区分的。

基于对一些数值的简单计算，清单 4-20 使用弱比较来展示宇宙飞船运算符的使用。这
需要使用 Visual Studio 19 或更高版本，并确保在项目属性下将语言设置为"std latest"，而
不是 C++17 或更低版本。

清单4-20　宇宙飞船运算符的实现

```
#include <iostream>
#include <compare>
using namespace std;

struct num_value {
        int num;
};
constexpr weak_ordering operator<=>(num_value lhs, num_value rhs)
{
        return lhs.num <=> rhs.num;
}
void compare_them(weak_ordering value)
{
        if (value == 0)
                cout << "equal\n";
        else if (value < 0)
                cout << "less\n";
        else if (value > 0)
                cout << "greater\n";
        else
                cout << "Should not see this!";
}
int main()
{
        num_value x{ 11 };
        num_value y{ 2 };
        compare_them(x <=> y);

        return 0;
}
```

第 5 章

类

类是 C++ 区别于 C 语言的语言特性。C++ 中增加了类，使其可以用于面向对象编程（Object-Oriented Programming, OOP）范式设计的程序。OOP 很快成为世界范围内用于构建复杂应用程序的主要软件工程实践。当今大多数主流语言都支持类，包括 Java、C# 和 Objective-C。

5.1 定义一个类

问题

你的编程需要用到对象，因此需要在程序中定义类。

解决方案

C++ 提供类关键字和语法来创建类定义。

工作原理

C++ 中使用 class 关键字创建类定义。该关键字后跟类名，然后是类的主体。你可能会注意到它们看起来与结构体类似。但是类比结构体提供了更多的特性。清单 5-1 展示了一个类的定义。

清单5-1　一个类的定义

```
class Vehicle
{
};
```

清单 5-1 中的 **Vehicle** 类定义告诉编译器应将单词 **Vehicle** 识别为类。这意味着代码现在可以创建 **Vehicle** 类的变量。可以把类对象看作名词（例如人、地点或事物）。如清单 5-2 所示。

清单5-2　创建一个Vehicle变量

```
class Vehicle
{
};
int main(int argc, char* argv[])
{
    Vehicle myVehicle;
    return 0;
}
```

程序可以通过创建这样一个变量"**Vehicle myVehicle**"来创建一个对象。在关于类的常用术语中，类定义的本身被称为类，类的变量被称为对象，所以同一个类可以拥有多个对象。通常把用类创建一个对象的过程称为类的实例化。我们接下来将会看到，这些"名词"具有颜色或大小等属性，比如一辆车可能有"车门数量""发动机大小""车轮数量"等属性。请注意，Visual Studio 和其他的一些编译器可能会产生"unreferenced local variable"（声明了局部变量却没有使用）等类似的警告。

5.2　向类中添加数据

问题

你想在类中存储数据。

解决方案

C++ 允许类包含变量。每个对象都有自己唯一的变量，可以存储其值。

工作原理

C++ 具有成员变量的概念：成员变量存在于类定义中。类定义中的每个实例化对象都有其变量副本。清单 5-3 展示了包含单个成员变量的类。

清单5-3　具有成员变量的Vehicle类

```
#include <cinttypes>

class Vehicle
{
```

```
public:
    uint32_t m_NumberOfWheels;
};
```

Vehicle 类包含了一个 **uint32_t** 变量，用于存储车辆的车轮数。清单 5-4 展示了如何设置此值并输出它。

清单5-4　访问成员变量

```
#include <cinttypes>
#include <iostream>

using namespace std;

class Vehicle
{
public:
    uint32_t m_NumberOfWheels;
};

int main(int argc, char* argv[])
{
    Vehicle myCar;
    myCar.m_NumberOfWheels = 4;

    cout << "Number of wheels: " << myCar.m_NumberOfWheels << endl;

    return 0;
}
```

清单 5-4 展示了可以使用点（.）运算符来访问对象上的成员变量。此运算符在代码中使用了两次：第一次是将 **m_NumberOfWheels** 的值设置为 4，第二次是检索并输出该值。清单 5-5 添加了该类的另一个实例，以显示不同的对象可以在其成员中存储不同的值。

清单5-5　添加第二个对象

```
#include <cinttypes>
#include <iostream>

using namespace std;

class Vehicle
{
public:
    uint32_t m_NumberOfWheels;
};

int main(int argc, char* argv[])
{
    Vehicle myCar;
    myCar.m_NumberOfWheels = 4;
```

```
cout << "Number of wheels: " << myCar.m_NumberOfWheels << endl;
Vehicle myMotorcycle;
myMotorcycle.m_NumberOfWheels = 2;

cout << "Number of wheels: " << myMotorcycle.m_NumberOfWheels << endl;

return 0;
}
```

清单 5-5 添加了第二个对象，并将其命名为 **myMotorcycle**。该类实例的 m_
NumberOfWheels 变量被设置为 2。你可以在图 5-1 中看到不同的输出值。

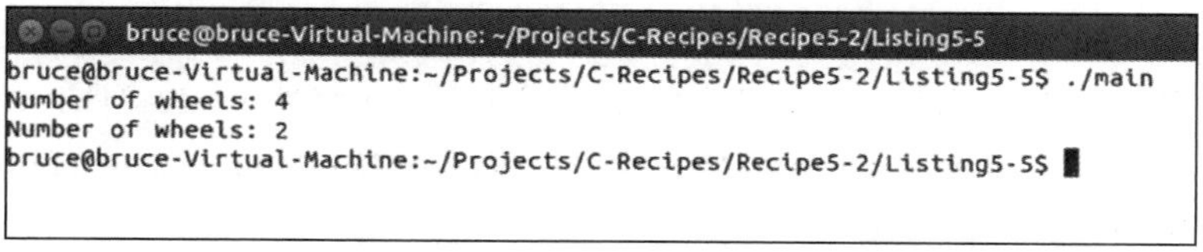

图 5-1　清单 5-5 的输出结果

5.3　向类中添加方法

问题

你需要在类上执行可重复的任务。

解决方案

C++ 允许程序员向类中添加函数。这些函数被称为成员方法，成员方法可以访问类成员变量。

工作原理

只需向类中添加函数，就可以将成员方法添加到该类中。你添加的任何函数都可以使用属于该类的成员变量。清单 5-6 展示了两个成员方法的使用情况。Set 和 Get 成员方法的命名原理如下：setter 将值放入一个变量中，否则可能无法从公共接口访问，以保护数据的完整性或确保数据的有效性。getter 从类中获取一个值并将其返回给公共接口。你无须像 setter 和 getter 这样命名，但出于可读性考虑，这样做会有所帮助。请注意该示例并没有强制执行数据的完整性。我们将在后面的示例中进一步讨论这个问题。

清单5-6　向类中添加成员方法

```
#include <cinttypes>

class Vehicle
{
```

```
public:
    uint32_t m_NumberOfWheels;

    void SetNumberOfWheels(uint32_t numberOfWheels)
    {
        m_NumberOfWheels = numberOfWheels;
    }

    uint32_t GetNumberOfWheels()
    {
        return m_NumberOfWheels;
    }
};
```

清单 5-6 中显示的 Vehicle 类包含两个成员方法：SetNumberOfWheels 方法带有一个参数，用于设置成员 m_NumberOfWheels；而 GetNumberOfWheels 方法用于检索 m_NumberOfWheels 的值。清单 5-7 用到了这些方法。

清单5-7　使用Vehicle类中的成员方法

```
#include <cinttypes>
#include <iostream>

using namespace std;

class Vehicle
{
private:
    uint32_t m_NumberOfWheels;

public:
    void SetNumberOfWheels(uint32_t numberOfWheels)
    {
        m_NumberOfWheels = numberOfWheels;
    }

    uint32_t GetNumberOfWheels()
    {
        return m_NumberOfWheels;
    }
};
int main(int argc, char* argv[])
{
    Vehicle myCar;
    myCar.SetNumberOfWheels(4);

    cout << "Number of wheels: " << myCar.GetNumberOfWheels() << endl;

    Vehicle myMotorcycle;
    myMotorcycle.SetNumberOfWheels(2);
```

```
cout << "Number of wheels: " << myMotorcycle.GetNumberOfWheels() << endl;

return 0;
}
```

成员方法用于更改和检索清单 5-7 中 **m_NumberOfWheels** 成员变量的值。该代码输出结果如图 5-2 所示。

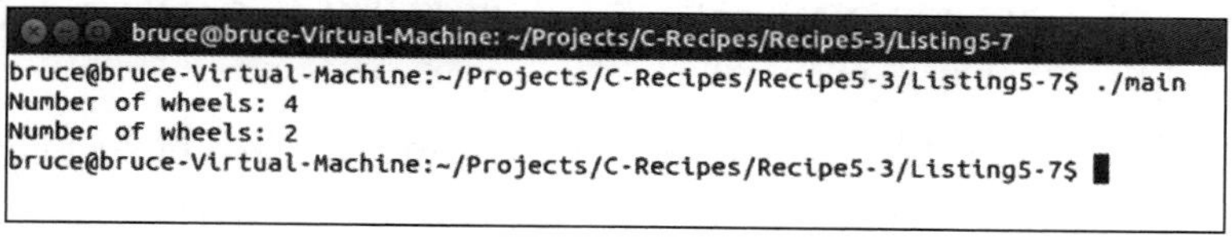

图 5-2　清单 5-7 中代码的输出结果

5.4　使用访问修饰符

问题

将所有成员变量暴露给调用代码会引起一些问题，包括高耦合和更高的维护成本。

解决方案

使用 C++ 访问修饰符来使用封装，并从调用代码中隐藏类的实现。

工作原理

C++ 提供了访问修饰符，用来控制代码是否可以访问内部成员变量和方法。清单 5-8 展示了如何使用 **private** 访问修饰符来限制对变量的访问，以及如何使用 **public** 访问修饰符提供间接访问成员的方法。

清单5-8　使用public和private访问修饰符

```
#include <cinttypes>

class Vehicle
{
private:
    uint32_t m_NumberOfWheels;

public:
    void SetNumberOfWheels(uint32_t numberOfWheels)
    {
        m_NumberOfWheels = numberOfWheels;
    }

    uint32_t GetNumberOfWheels()
```

```
    {
        return m_NumberOfWheels;
    }
};
```

如要使用访问修饰符，需要在类中插入关键字，后跟冒号。一旦被调用，访问修饰符将应用于所有的成员变量和后续方法中，直到指定另一个访问修饰符。在清单 5-8 中，用到了私有的 m_NumberOfWheels 变量，以及公共的 SetNumberOfWheels 和 GetNumberOfWheels 成员方法。

如果你试图在调用代码中直接访问 m_NumberOfWheels，编译器会产生一个访问错误。因为你必须通过成员方法来访问这个变量。清单 5-9 展示了一个私有成员变量的工作示例。

清单5-9　使用访问修饰符

```cpp
#include <cinttypes>
#include <iostream>

using namespace std;

class Vehicle
{
private:
    uint32_t m_NumberOfWheels;

public:
    void SetNumberOfWheels(uint32_t numberOfWheels)
    {
        m_NumberOfWheels = numberOfWheels;
    }

    uint32_t GetNumberOfWheels()
    {
        return m_NumberOfWheels;
    }
};

int main(int argc, char* argv[])
{
    Vehicle myCar;
    // myCar.m_NumberOfWheels = 4; -Access error
    myCar.SetNumberOfWheels(4);

    cout << "Number of wheels: " << myCar.GetNumberOfWheels() << endl;

    Vehicle myMotorcycle;
    myMotorcycle.SetNumberOfWheels(2);

    cout << "Number of wheels: " << myMotorcycle.GetNumberOfWheels() << endl;

    return 0;
}
```

你可以通过取消清单5-9中粗体行的注释来查看编译器产生的错误。用这种方式来封装数据，可以让你以后改变类的实现时不影响代码的其他部分。清单5-10更新了清单5-9中的代码，它使用了完全不同的方法来计算车辆的车轮数量。

清单5-10　更改Vehicle类的实现

```cpp
#include <vector>
#include <cinttypes>
#include <iostream>

using namespace std;

class Wheel
{

};

class Vehicle
{
private:
    using Wheels = vector<Wheel>;
    Wheels m_Wheels;

public:
    void SetNumberOfWheels(uint32_t numberOfWheels)
    {
        m_Wheels.clear();
        for (uint32_t i = 0; i < numberOfWheels; ++i)
        {
            m_Wheels.push_back({});
        }
    }

    uint32_t GetNumberOfWheels()
    {
        return m_Wheels.size();
    }
};

int main(int argc, char* argv[])
{
    Vehicle myCar;
    myCar.SetNumberOfWheels(4);

    cout << "Number of wheels: " << myCar.GetNumberOfWheels() << endl;

    Vehicle myMotorcycle;
    myMotorcycle.SetNumberOfWheels(2);

    cout << "Number of wheels: " << myMotorcycle.GetNumberOfWheels() << endl;

    return 0;
}
```

比较清单 5-9 和清单 5-10 中的 Vehicle 类，可以发现 SetNumberOfWheels 类和 GetNumberOfWheels 类的实现完全不同。清单 5-10 中的类并没有将值存储在 uint32_t 成员中，而是存储在一个 vector 中——vector 的元素是 Wheel 对象。SetNumber-OfWheels 方法将一个新的 Wheel 实例添加到 vector 中，以作为 numberOfWheels 参数提供的数字。GetNumberOfWheels 方法返回 vector 的大小。两个清单中的主函数是相同的，执行代码产生的输出也相同。

5.5　初始化类成员变量

问题

未初始化的变量可能会导致未定义的程序行为。

解决方案

C++ 类可以在实例化时初始化其成员变量，并为用户提供的值提供构造方法。

工作原理

统一初始化

C++ 中的类可以使用统一初始化，为类成员在实例化时提供默认值。统一初始化允许你在初始化类中创建的内置类型或对象时使用公共语法。C++ 使用大括号语法来支持这种形式的初始化。清单 5-11 展示了一个以这种方式初始化成员变量的类。

清单5-11　初始化类成员变量

```
#include <cinttypes>

class Vehicle
{
private:
    uint32_t m_NumberOfWheels{};
public:
    uint32 GetNumberOfWheels()
    {
        return m_NumberOfWheels;
    }
};
```

在清单 5-11 中，使用统一初始化来对类的 m_NumberOfWheels 成员进行了初始化。这是通过类名后的大括号实现的。如没有在初始化时提供任何值，编译器会将该值初始化为 0。清单 5-12 展示了这个类在上下文中的使用。

清单5-12　使用Vehicle类

```cpp
#include <cinttypes>
#include <iostream>

using namespace std;

class Vehicle
{
private:
    uint32_t m_NumberOfWheels{};

public:
    uint32_t GetNumberOfWheels()
    {
        return m_NumberOfWheels;
    }
};

int main(int argc, char* argv[])
{
    Vehicle myCar;
    cout << "Number of wheels: " << myCar.GetNumberOfWheels() << endl;

    Vehicle myMotorcycle;
    cout << "Number of wheels: " << myMotorcycle.GetNumberOfWheels() << endl;

    return 0;
}
```

图 5-3 展示了这段代码的输出结果。

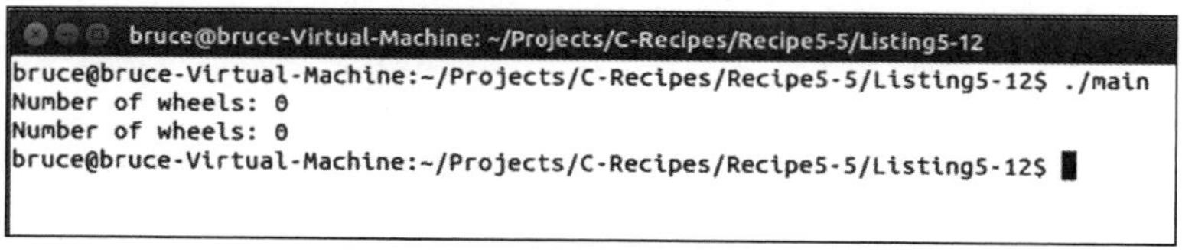

图 5-3　清单 5-12 中的代码的输出结果

图 5-3 展示的是每个类的输出为 0。这是对未初始化数据的代码的改进，如图 5-4 所示。

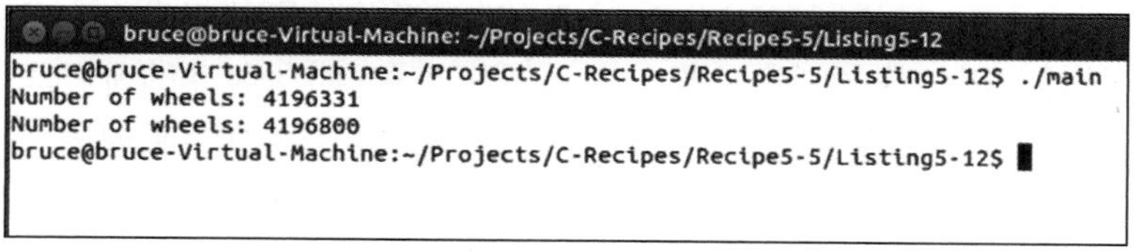

图 5-4　未初始化成员变量的输出结果

使用构造函数

图 5-3 展示的情况比图 5-4 更好，但两者都不理想。因为我们希望清单 5-12 中的

myCar 和 myMotorcycle 对象输出不同的值。清单 5-13 增加了一个显式构造函数，以便在实例化类时指定车轮的数量。默认构造函数是自动创建的，但如果你显式地定义它们，就可以更好地控制创建对象时会发生的情况。

清单5-13   向类中添加构造函数

```cpp
#include <cinttypes>
#include <iostream>

using namespace std;

class Vehicle
{
private:
    uint32_t m_NumberOfWheels{};

public:
    Vehicle(uint32_t numberOfWheels)
        : m_NumberOfWheels{ numberOfWheels }
    {

    }
    uint32_t GetNumberOfWheels()
    {
        return m_NumberOfWheels;
    }
};
int main(int argc, char* argv[])
{
    Vehicle myCar{ 4 };
    cout << "Number of wheels: " << myCar.GetNumberOfWheels() << endl;

    Vehicle myMotorcycle{ 2 };
    cout << "Number of wheels: " << myMotorcycle.GetNumberOfWheels() << endl;

    return 0;
}
```

清单 5-13 增加了在实例化时初始化 Vehicle 中车轮数量的功能。它通过在 Vehicle 类中添加一个显式构造函数来实现这一点，该构造函数将轮子的数量作为参数。使用显式构造函数可以通过调用函数来创建对象。此函数用于确保类所包含的所有成员变量都已正确初始化。未初始化的数据是导致意外程序行为（如崩溃）发生的常见原因。

myCar 和 myMotorcycle 对象在实例化时，它们的轮子数量是不同的。不幸的是，在类中添加一个显式构造函数意味着你不能再构造这个类的默认版本。你必须始终为清单 5-13 中的车轮数提供一个值。清单 5-14 克服了这个限制，它在没有给定值的情况下，在类中添加一个显式的默认运算符。

清单5-14 默认构造函数

```cpp
#include <cinttypes>
#include <iostream>

using namespace std;

class Vehicle
{
private:
    uint32_t m_NumberOfWheels{};
public:
    Vehicle() = default;

    Vehicle(uint32_t numberOfWheels)
        : m_NumberOfWheels{ numberOfWheels }
    {

    }

    uint32_t GetNumberOfWheels()
    {
        return m_NumberOfWheels;
    }
};
int main(int argc, char* argv[])
{
    Vehicle myCar{ 4 };
    cout << "Number of wheels: " << myCar.GetNumberOfWheels() << endl;

    Vehicle myMotorcycle{ 2 };
    cout << "Number of wheels: " << myMotorcycle.GetNumberOfWheels() << endl;

    Vehicle noWheels;
    cout << "Number of wheels: " << noWheels.GetNumberOfWheels() << endl;

    return 0;
}
```

清单 5-14 中的 Vehicle 类包含一个显式的 default 构造函数。default 关键字与 equals 运算符一起使用，让编译器给这个类添加一个 default 构造函数。由于已经对 m_NumberOfWheels 变量进行统一初始化，你可以创建一个 noWheels 类的实例，该实例的 m_NumberOfWheels 变量中包含 0。图 5-5 展示了这段代码的输出结果。

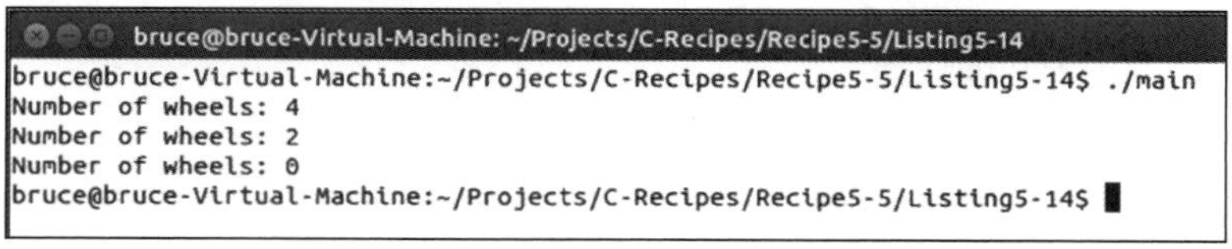

图 5-5 noWheels 类中的轮子数 0

5.6 类的清理

问题

有些类需要在对象被销毁时清理其成员。

解决方案

C++ 提供了将析构函数添加到类中的功能，它允许在销毁一个类的同时执行其代码。

工作原理

你可以使用 ~ 语法（波浪号）给 C++ 中的类添加一个特殊的析构函数方法。清单 5-15 展示了如何实现这一点。

清单5-15　在类中添加析构函数

```
#include <cinttypes>
#include <string>

using namespace std;

class Vehicle
{
private:
    string m_Name;
    uint32_t m_NumberOfWheels{};

public:
    Vehicle() = default;

    Vehicle(string name, uint32_t numberOfWheels)
        : m_Name{ name }
        , m_NumberOfWheels{ numberOfWheels }
    {
    }

    ~Vehicle()
    {
        cout << m_Name << " is being destroyed!" << endl;
    }

    uint32_t GetNumberOfWheels()
    {
        return m_NumberOfWheels;
    }
};
```

清单 5-15 中的 Vehicle 类包含一个析构函数。该析构函数仅输出要销毁的对象的名称。构造函数可以用对象的名称进行初始化，Vehicle 的默认构造函数会自动调用 string 类的默认构造函数。清单 5-16 展示了此类的使用情况。

清单5-16 使用带析构函数的类

```
#include <cinttypes>
#include <iostream>
#include <string>

using namespace std;

class Vehicle
{
private:
    string m_Name;
    uint32_t m_NumberOfWheels{};
public:
    Vehicle() = default;

    Vehicle(string name, uint32_t numberOfWheels)
        : m_Name{ name }
        , m_NumberOfWheels{ numberOfWheels }
    {
    }

    ~Vehicle()
    {
        cout << m_Name << " is being destroyed!" << endl;
    }

    uint32_t GetNumberOfWheels()
    {
        return m_NumberOfWheels;
    }
};

int main(int argc, char* argv[])
{
    Vehicle myCar{ "myCar", 4 };
    cout << "Number of wheels: " << myCar.GetNumberOfWheels() << endl;

    Vehicle myMotorcycle{ "myMotorcycle", 2 };
    cout << "Number of wheels: " << myMotorcycle.GetNumberOfWheels() << endl;

    Vehicle noWheels;
    cout << "Number of wheels: " << noWheels.GetNumberOfWheels() << endl;

    return 0;
}
```

如清单 5-16 中的主函数所示，你不必添加任何特殊的代码来调用类的析构函数。当对象超出作用域时，会自动调用析构函数。在本例中，**return** 参数之后才调用了 Vehicle 对象的析构函数。图 5-6 展示了这个程序的输出结果，以证明析构函数的代码已被执行。

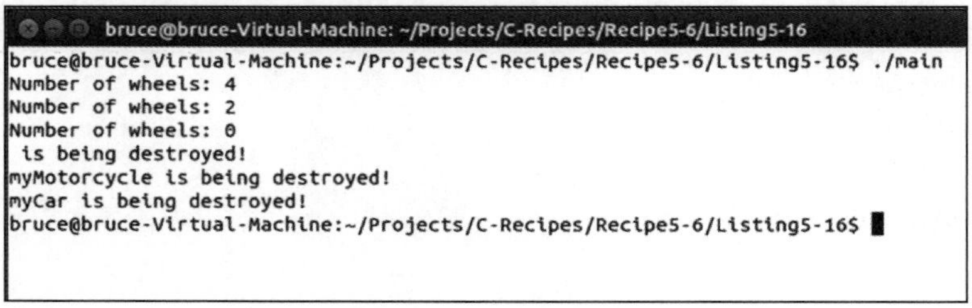

图 5-6　析构函数已被执行

注意这些析构函数的调用顺序，**Vehicle** 对象的销毁顺序与构建顺序相反。以正确的顺序对资源进行创建和销毁很重要。

如果你未定义自己的析构函数，编译器则会隐式地创建一个默认析构函数。你可以使用清单 5-17 中所示的代码显式地定义一个析构函数。

清单5-17　显式地定义析构函数

```cpp
#include <cinttypes>

class Vehicle
{
private:
        uint32_t m_NumberOfWheels{};

public:
        Vehicle() = default;

        Vehicle(uint32_t numberOfWheels)
                : m_NumberOfWheels{ numberOfWheels }
        {
        }

        ~Vehicle() = default;

        uint32_t GetNumberOfWheels()
        {
                return m_NumberOfWheels;
        }
};
```

最好始终显式地使用默认构造函数和默认析构函数。这样做可以消除代码中的歧义，让其他程序员知道你对此默认行为很满意。不使用这段代码可能会让其他人认为你忽略了它的存在。

5.7 类的拷贝

问题

你想确保以正确的方式将数据从一个对象拷贝到另一个对象。

解决方案

C++ 提供了拷贝构造函数和赋值运算符，可以用来在拷贝时将代码添加到类。

工作原理

你可以在多种情况下使用 C++ 拷贝对象。当你把一个对象传递到另一个同类型对象的构造函数时，这个对象就被拷贝了。当你把一个对象分配给另一个对象时，对象也会被拷贝。通过"值"将对象传递到函数或方法中，也会导致拷贝操作的发生。

隐式和默认的拷贝构造函数以及赋值运算符

C++ 的类通过拷贝构造函数和赋值运算符来支持许多操作。清单 5-18 展示了在主函数中调用这些方法的默认版本。

清单5-18　使用拷贝构造函数和赋值运算符

```
#include <cinttypes>
#include <iostream>
#include <string>

using namespace std;

class Vehicle
{
private:
    string m_Name;
    uint32_t m_NumberOfWheels{};

public:
    Vehicle() = default;

    Vehicle(string name, uint32_t numberOfWheels)
        : m_Name{ name }
        , m_NumberOfWheels{ numberOfWheels }
    {
    }

    ~Vehicle()
    {
        cout << m_Name << " at " << this << " is being destroyed!" << endl;
    }
```

```
        uint32_t GetNumberOfWheels()
        {
            return m_NumberOfWheels;
        }
    };
    int main(int argc, char* argv[])
    {
        Vehicle myCar{ "myCar", 4 };
        cout << "Number of wheels: " << myCar.GetNumberOfWheels() << endl;

        Vehicle myMotorcycle{ "myMotorcycle", 2 };
        cout << "Number of wheels: " << myMotorcycle.GetNumberOfWheels() << endl;

        Vehicle myCopiedCar{ myCar };
        cout << "Number of wheels: " << myCopiedCar.GetNumberOfWheels() << endl;

        Vehicle mySecondCopy;
        mySecondCopy = myCopiedCar;
        cout << "Number of wheels: " << mySecondCopy.GetNumberOfWheels() << endl;

        return 0;
    }
```

myCopiedCar 变量通过拷贝构造函数来构造。这通过将另一个同类型的对象传递到 myCopiedCar 的括号初始化函数来实现。mySecondCopy 变量是通过默认构造函数构造的。因此，该对象被初始化为一个空的名称并且轮子的数量为 0。然后，代码将 myCopiedCar 分配给 mySecondCopy。你可以在图 5-7 中看到清单 5-18 的运行结果。

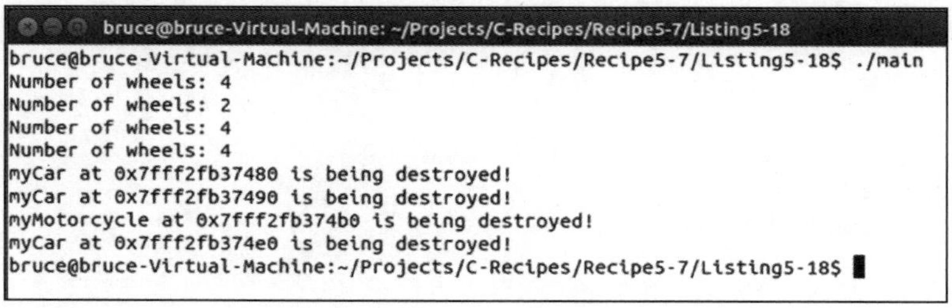

图 5-7　清单 5-18 的输出结果

正如预期一样，你有三个名为 myCar 的对象，每个对象都有 4 个轮子。当析构函数输出每个对象在内存中的地址时，你可以看到不同的对象。

显式拷贝构造函数和赋值运算符

清单 5-18 中的代码利用了隐式拷贝构造函数和赋值运算符。当 C++ 编译器遇到使用这些函数的代码时，它会自动将这些函数添加到你的类中。清单 5-19 展示了如何显式地创建这些函数。

清单5-19 显式创建拷贝构造函数和赋值运算符

```
#include <cinttypes>
#include <iostream>
#include <string>

using namespace std;

class Vehicle
{
private:
    string m_Name;
    uint32_t m_NumberOfWheels{};

public:
    Vehicle() = default;
    Vehicle(string name, uint32_t numberOfWheels)
        : m_Name{ name }
        , m_NumberOfWheels{ numberOfWheels }
    {

    }

    ~Vehicle()
    {
        cout << m_Name << " at " << this << " is being destroyed!" << endl;
    }

    Vehicle(const Vehicle& other) = default;
    Vehicle& operator=(const Vehicle& other) = default;

    uint32_t GetNumberOfWheels()
    {
        return m_NumberOfWheels;
    }
};
```

拷贝构造函数的签名类似于普通构造函数的签名，它没有返回类型。但是，拷贝构造函数会引用一个同类型的对象的常量作为参数。赋值运算符使用运算符来重载，当语句右边是另一个同类型的对象时，可以重载该类的 = 算术运算符，如 someVehicle=someOtherVehicle。default 关键字也很有用，它可以让你和其他程序员进行沟通。

不允许拷贝和分配

有时你会创建一个绝对不会使用拷贝构造函数和赋值运算符的类。对于这种情况，C++ 提供了 delete 关键字。清单 5-20 展示了如何实现这一点。

清单5-20 不允许拷贝和分配

```
#include <cinttypes>
```

```cpp
#include <iostream>
#include <string>

using namespace std;

class Vehicle
{
private:
    string m_Name;
    uint32_t m_NumberOfWheels{};

public:
    Vehicle() = default;
    Vehicle(string name, uint32_t numberOfWheels)
        : m_Name{ name }
        , m_NumberOfWheels{ numberOfWheels }

    {

    }

    ~Vehicle()
    {
        cout << m_Name << " at " << this << " is being destroyed!" << endl;
    }

    Vehicle(const Vehicle& other) = delete;
    Vehicle& operator=(const Vehicle& other) = delete;

    uint32_t GetNumberOfWheels()
    {
        return m_NumberOfWheels;
    }
};

int main(int argc, char* argv[])
{
    Vehicle myCar{ "myCar", 4 };
    cout << "Number of wheels: " << myCar.GetNumberOfWheels() << endl;

    Vehicle myMotorcycle{ "myMotorcycle", 2 };
    cout << "Number of wheels: " << myMotorcycle.GetNumberOfWheels() << endl;

    Vehicle myCopiedCar{ myCar };
    cout << "Number of wheels: " << myCopiedCar.GetNumberOfWheels() << endl;

    Vehicle mySecondCopy;
    mySecondCopy = myCopiedCar;
    cout << "Number of wheels: " << mySecondCopy.GetNumberOfWheels() << endl;

    return 0;
}
```

delete 关键字用来代替 default，以告知编译器你不希望这个类可以使用拷贝和赋值运算。**主函数中的代码将不再编译和运行。**

自定义拷贝运算符和赋值运算符

除了使用这些运算的默认版本外，还可以提供自己的版本。这是通过对类定义中的方法使用相同的签名来实现的，但要提供一个方法体来代替默认的赋值。

通常在现代 C++ 中，重载这些运算符的地方有限。但是要注意你迟早都会用到此操作。

默认的拷贝和赋值运算进行的是浅拷贝。它们对对象的每个成员调用赋值运算符，并从传入的类中赋值。有时，你有一个手动管理资源（如内存）的类，而浅拷贝的结果是两个类中的指针都指向内存中的同一地址。如果该内存在类的析构函数中被释放，就会出现一个对象指向已经被另一个对象释放的内存的情况。在这种情况下，你的程序很可能会崩溃或表现出其他奇怪的行为。清单 5-21 展示了一个可能会发生这种情况的示例。

 注意　清单 5-21 中的代码是有意构造的，目的是创建一个可以通过 STL 字符串类解决问题的情况。这个代码只是一个简单易懂的示例，说明问题可能出现在哪里。

清单5-21　浅拷贝C风格字符串成员

```cpp
#include <cinttypes>
#include <cstring>
#include <iostream>

using namespace std;

class Vehicle
{
private:
    char* m_Name{};
    uint32_t m_NumberOfWheels{};

public:
    Vehicle() = default;

    Vehicle(const char* name, uint32_t numberOfWheels)
        : m_NumberOfWheels{ numberOfWheels }
    {
        const uint32_t length = strlen(name) + 1; // Add space for null
                                                  terminator
        m_Name = new char[length]{};
        strcpy(m_Name, name);  //note warning if using VS 2019
    }

    ~Vehicle()
    {
        delete m_Name;
        m_Name = nullptr;
    }
```

```
        Vehicle(const Vehicle& other) = default;
        Vehicle& operator=(const Vehicle& other) = default;

        char* GetName()
        {
            return m_Name;
        }

        uint32_t GetNumberOfWheels()
        {
            return m_NumberOfWheels;
        }
};

int main(int argc, char* argv[])
{
    Vehicle myAssignedCar;

    {
        Vehicle myCar{ "myCar", 4 };
        cout << "Vehicle name: " << myCar.GetName() << endl;

         myAssignedCar = myCar;
         cout << "Vehicle name: " << myAssignedCar.GetName() << endl;
    }

        cout << "Vehicle name: " << myAssignedCar.GetName() << endl;

        return 0;
}
```

清单 5-21 中的主函数创建了 **Vehicle** 类的两个实例。第二个实例是在块中创建的。当块结束并且对象超出范围时，此块会导致 **myCar** 对象被销毁。这是个问题，因为块的最后一行调用了赋值运算符，并对类成员进行了浅拷贝。发生这种情况后，**myCar** 和 **myAssignedCar** 对象都指向它们的 **m_Name** 变量的同一内存地址。在代码试图输出 **myAssignedCar** 的名称之前，此内存在 **myCar** 的析构函数中被释放。你可以在图 5-8 中看到这个错误的结果。

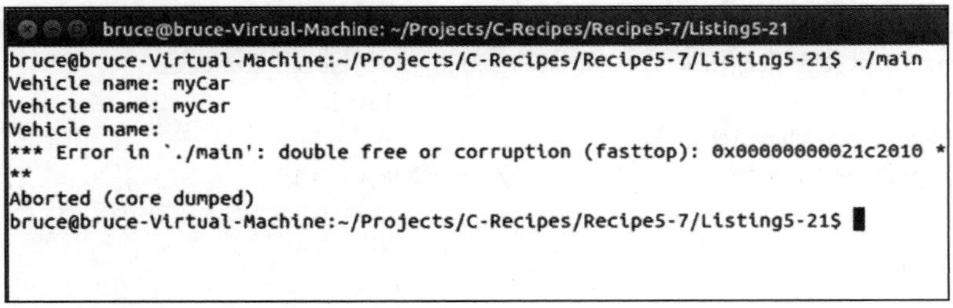

图 5-8　在对象被销毁之前，浅拷贝对象的错误输出

图 5-8 证明了浅拷贝导致的危险。一旦 **myCar** 变量被销毁，**myAssignedCar** 中的

m_Name 变量所指向的内存就不再有效。清单 5-22 通过提供一个拷贝构造函数和一个赋值运算符来解决这个问题，该运算符进行了类的**深拷贝**。它实际上是拷贝数据，而不是指向一个地址。

清单5-22　进行深拷贝

```
#include <cinttypes>
#include <cstring>
#include <iostream>

using namespace std;

class Vehicle
{
private:
    char* m_Name{};
    uint32_t m_NumberOfWheels{};

public:
    Vehicle() = default;
    Vehicle(const char* name, uint32_t numberOfWheels)
        : m_NumberOfWheels{ numberOfWheels }
    {
        const uint32_t length = strlen(name) + 1; // Add space for null
                                                   terminator
        m_Name = new char[length]{};
        strcpy(m_Name, name);  // line will generate warning with Visual
                               Studio
    }

    ~Vehicle()
    {
        delete m_Name;
        m_Name = nullptr;
    }

    Vehicle(const Vehicle& other)
    {
        const uint32_t length = strlen(other.m_Name) + 1; // Add space
                                                           for null
                                                           terminator
        m_Name = new char[length]{};
        strcpy(m_Name, other.m_Name);
        m_NumberOfWheels = other.m_NumberOfWheels;
    }

    Vehicle& operator=(const Vehicle& other)
    {
        if (m_Name != nullptr)
        {
            delete m_Name;
```

```
        }
        const uint32_t length = strlen(other.m_Name) + 1; // Add space
                                                           for null
                                                           terminator

        m_Name = new char[length]{};
        strcpy(m_Name, other.m_Name);

        m_NumberOfWheels = other.m_NumberOfWheels;

        return *this;
    }
    char* GetName()
    {
        return m_Name;
    }

    uint32_t GetNumberOfWheels()
    {
        return m_NumberOfWheels;
    }
};
int main(int argc, char* argv[])
{
    Vehicle myAssignedCar;

    {
        Vehicle myCar{ "myCar", 4 };
        cout << "Vehicle name: " << myCar.GetName() << endl;

        myAssignedCar = myCar;
        cout << "Vehicle name: " << myAssignedCar.GetName() << endl;
    }

    cout << "Vehicle name: " << myAssignedCar.GetName() << endl;

    return 0;
}
```

这次，代码提供了拷贝或赋值时要执行的方法。拷贝旧对象来创建新对象时，将调用拷贝构造函数，因此你无须担心会删除旧数据。另一方面，赋值运算符不能保证现有的类不存在。当赋值运算符删除为 m_Name 变量分配的内存时，你可以在赋值运算符中看到这个操作的影响。这些深拷贝的结果如图 5-9 所示。

```
bruce@bruce-Virtual-Machine: ~/Projects/C-Recipes/Recipe5-7/Listing5-22
bruce@bruce-Virtual-Machine:~/Projects/C-Recipes/Recipe5-7/Listing5-22$ ./main
Vehicle name: myCar
Vehicle name: myCar
Vehicle name: myCar
bruce@bruce-Virtual-Machine:~/Projects/C-Recipes/Recipe5-7/Listing5-22$ ▮
```

图 5-9　使用深拷贝的结果

由于使用了深拷贝，现在输出是正确的。这为 `myAssignedCar` 变量提供了 `name` 字符串的副本，而不是简单地将指针分配给与 `myCar` 类相同的地址。在这种情况下，解决此问题的正确方法是使用 STL 字符串来代替 C 风格的字符串，但是如果你必须编写可能最终指向同一动态分配的内存或栈内存的类，那么该示例会对你有所帮助。

5.8 使用移动语义优化代码

问题

你的代码运行缓慢，你认为问题是由拷贝临时对象引起的。

解决方案

C++ 以移动构造函数和移动赋值运算符的形式提供了对移动语义的支持。

工作原理

清单 5-23 所示的代码执行了对象的深拷贝，以避免出现另一个对象指向无效内存地址的情况。

清单5-23　使用深拷贝避免无效指针

```cpp
#include <cinttypes>
#include <cstring>
#include <iostream>

using namespace std;

class Vehicle
{
private:
    char* m_Name{};
    uint32_t m_NumberOfWheels{};

public:
    Vehicle() = default;

    Vehicle(const char* name, uint32_t numberOfWheels)
        : m_NumberOfWheels{ numberOfWheels }
    {
    const uint32_t length = strlen(name) + 1; // Add space for null
                                              terminator
    m_Name = new char[length]{};
    strcpy(m_Name, name);  //warning generated if using Visual Studio
}

~Vehicle()
```

```cpp
{
    delete m_Name;
    m_Name = nullptr;
}
Vehicle(const Vehicle& other)
{
    const uint32_t length = strlen(other.m_Name) + 1; // Add space
                                                      // for null
                                                      // terminator

    m_Name = new char[length]{};
    strcpy(m_Name, other.m_Name);

    m_NumberOfWheels = other.m_NumberOfWheels;
}
Vehicle& operator=(const Vehicle& other)
{
    if (m_Name != nullptr)
    {
        delete m_Name;
    }
    const uint32_t length = strlen(other.m_Name) + 1; // Add space
                                                      // for null
                                                      // terminator

    m_Name = new char[length]{};
    strcpy(m_Name, other.m_Name);

    m_NumberOfWheels = other.m_NumberOfWheels;

    return *this;
}
    char* GetName()
    {
        return m_Name;
    }

    uint32_t GetNumberOfWheels()
    {
        return m_NumberOfWheels;
    }
};
int main(int argc, char* argv[])
{
    Vehicle myAssignedCar;

    {
        Vehicle myCar{ "myCar", 4 };
        cout << "Vehicle name: " << myCar.GetName() << endl;

        myAssignedCar = myCar;
```

```
        cout << "Vehicle name: " << myAssignedCar.GetName() << endl;
    }

    cout << "Vehicle name: " << myAssignedCar.GetName() << endl;

    return 0;
}
```

当你知道两个对象可能会存活相当长的时间，但其中一个对象可能会在另一个对象之前被销毁，即使这是正确的解决方案，也很有可能会导致程序崩溃。然而，有时候你可以知道你要拷贝的对象即将被销毁。C++ 允许你使用移动语义来优化这种情况。清单 5-24 在类中添加了一个移动构造函数和一个移动赋值运算符，并使用 move 函数来调用它们。

清单5-24　移动构造函数和移动赋值运算符

```cpp
#include <cinttypes>
#include <cstring>
#include <iostream>
using namespace std;
class Vehicle
{
private:
    char* m_Name{};
    uint32_t m_NumberOfWheels{};

public:
    Vehicle() = default;

    Vehicle(const char* name, uint32_t numberOfWheels)
        : m_NumberOfWheels{ numberOfWheels }
    {
        const uint32_t length = strlen(name) + 1; // Add space for null
                                                  terminator
        m_Name = new char[length]{};
        strcpy(m_Name, name);  //warning generated if using Visual Studio
    }

    ~Vehicle()
    {
        if (m_Name != nullptr)
        {
            delete m_Name;
            m_Name = nullptr;
        }
    }

    Vehicle(const Vehicle& other)
    {
        const uint32_t length = strlen(other.m_Name) + 1; // Add space
```

```
                                                                for null
                                                                terminator
        m_Name = new char[length]{};
        strcpy(m_Name, other.m_Name);

        m_NumberOfWheels = other.m_NumberOfWheels;
    }
    Vehicle& operator=(const Vehicle& other)
    {
        if (m_Name != nullptr)
        {
            delete m_Name;
        }

        const uint32_t length = strlen(other.m_Name) + 1; // Add space
                                                           for null
                                                           terminator

        m_Name = new char[length]{};
        strcpy(m_Name, other.m_Name);

        m_NumberOfWheels = other.m_NumberOfWheels;

        return *this;
    }
    Vehicle(Vehicle&& other)
    {
        m_Name = other.m_Name;
        other.m_Name = nullptr;

        m_NumberOfWheels = other.m_NumberOfWheels;
    }
    Vehicle& operator=(Vehicle&& other)
    {
        if (m_Name != nullptr)
        {
            delete m_Name;
        }

        m_Name = other.m_Name;
        other.m_Name = nullptr;

        m_NumberOfWheels = other.m_NumberOfWheels;

        return *this;
    }
    char* GetName()
    {
        return m_Name;
    }

    uint32_t GetNumberOfWheels()
```

```
    {
        return m_NumberOfWheels;
    }
};
int main(int argc, char* argv[])
{
    Vehicle myAssignedCar;
    {
        Vehicle myCar{ "myCar", 4 };
        cout << "Vehicle name: " << myCar.GetName() << endl;

        myAssignedCar = move(myCar);
        //cout << "Vehicle name: " << myCar.GetName() << endl;
        cout << "Vehicle name: " << myAssignedCar.GetName() << endl;
    }
    cout << "Vehicle name: " << myAssignedCar.GetName() << endl;

    return 0;
}
```

移动语义通过提供类方法来工作，这些方法将 rvalue 引用作为参数。rvalue 引用通过在参数类型上使用双 & 运算符来表示。我们可以使用移动函数来调用移动操作，可以在 main 函数中看到这一点。

这里可以使用 move 函数，因为你知道 myCar 即将被销毁。调用移动赋值运算符，指针地址被浅拷贝到 myAssignedCar。移动赋值运算符释放了该对象可能已经被用于 m_Name 的内存。重要的是，在将 other.m_Name 设置为 nullptr 之前，它会从 other 拷贝地址。将 other 对象的指针设置为 nullptr 可以防止该对象删除其析构函数中的内存。在这种情况下，代码能够将 m_Name 的值从 other 移到 this，不需要分配更多的内存，并将值从一个对象深拷贝到另一个对象。最终的结果是你不能再使用 myCar 存储的 m_Name 的值（清单 5-24 的 main 函数中被注释掉的一行会导致程序崩溃）。

5.9 实现虚函数

问题

你希望使用抽象基类来构建其他派生类，而不使用内存存储非抽象基类。

解决方案

C++ 提供了对虚函数的支持，这些函数不能被实例化，但可以为后续子类重写。

工作原理

虚函数是无法实例化的抽象类，但它们被设计成可以被实例化的派生类。因此可以把它们看作是之后派生类中会被重写的构件模块。基类是抽象类，不能用于直接创建新对象。使用"virtual"关键字可以对结构体进行类似的操作。清单 5-25 展示了一个虚基类的简单实现。

清单5-25　虚函数

```cpp
#include <iostream>
using namespace std;
// Abstract base class
class Invoice
{
public:
    float sub_total;
    void get_sub()
    {
        cin >> sub_total;
    }
    //Virtual Function
    virtual float do_math() = 0;
};
class Discount : public Invoice
{
public:
    float do_math()
    {   //.10% discount
        return (sub_total * 1 - (sub_total * .10)); // warning of
                                                    narrowing
                                                    conversion
    }
};
class No_discount : public Invoice {
public:
    float do_math()
    {
        return sub_total * 1;
    }
};
int main()
{
    Discount d;
    No_discount n;
    cout << "Enter subtotal for discount: \n";
    d.get_sub();
    cout << "Discount amount is: " << d.do_math() << endl;

    cout << "Enter subtotal for no discount: ";
    n.get_sub();
    cout << "No Discount cost is: " <<n.do_math() << endl;
    return 0;
}
```

第 6 章 *Chapter 6*

继　承

　　C++ 提供了多种方式来构建复杂的软件应用程序。其中最常见的是面向对象编程范式。C++ 中的类为包含数据的对象和相关操作提供了蓝图。

　　继承可以在类的基础上，让你构建更复杂的类层次结构。在第 5 章中，我们以虚函数结束，本章则对这部分内容进行补充。C++ 语言提供了各种不同的特性，你可以通过 OOP 特性来有逻辑地组织你的代码。

6.1　类的继承

问题

　　程序的对象之间有自然的 is-a 关系，你想减少代码的重复。

解决方案

　　从父类继承一个类，它可以将你的代码添加到父类中，并在多个派生类型之间共享它。

工作原理

　　在 C++ 中，你可以从另一个类继承一个类。继承的类可以获得基类的所有属性。清单 6-1 展示了两个从共享父类继承的类的示例。

清单6-1　类的继承

```
#include <cinttypes>
#include <iostream>
```

```cpp
using namespace std;

class Vehicle
{
private:
    uint32_t m_NumberOfWheels{};

public:
    Vehicle(uint32_t numberOfWheels)
        : m_NumberOfWheels{ numberOfWheels }
    {

    }

    uint32_t GetNumberOfWheels() const
    {
        return m_NumberOfWheels;
    }
};

class Car : public Vehicle
{
public:
    Car()
        : Vehicle(4)
    {

    }
};

class Motorcycle : public Vehicle
{
public:
    Motorcycle()
        : Vehicle(2)
    {

    }
};

int main(int argc, char* argv[])
{
    Car myCar{};
    cout << "A car has " << myCar.GetNumberOfWheels() << " wheels." << endl;

    Motorcycle myMotorcycle;
    cout << "A motorcycle has " << myMotorcycle.GetNumberOfWheels()
    << " wheels." << endl;

    return 0;
}
```

Vehicle 类包含一个成员变量，用于存储车辆的车轮数量。默认情况下，该值被初始化为 0，或者在构造函数中设置。Vehicle 类之后还有一个名为 Car 的类。Car 类只包含一个构造函数，用来调用 Vehicle 类的构造函数。Car 构造函数将数字 4 传递给 Vehicle 构造函数，因此将 m_NumberOfWheels 设置为 4。

　　Motorcycle 类也只包含一个构造函数，但它将数字 2 传递给 Vehicle 构造函数。因为 Car 类和 Motorcycle 类都继承自 Vehicle 类，所以它们都继承了其属性。它们都包含一个用于保存车轮数量的变量，并且它们都会有一个方法来检索车轮的数量。你可以在 main 函数中看到，myCar 对象和 myMotorcycle 对象都调用 GetNumberOfWheels。图 6-1 展示了这段代码的输出结果。

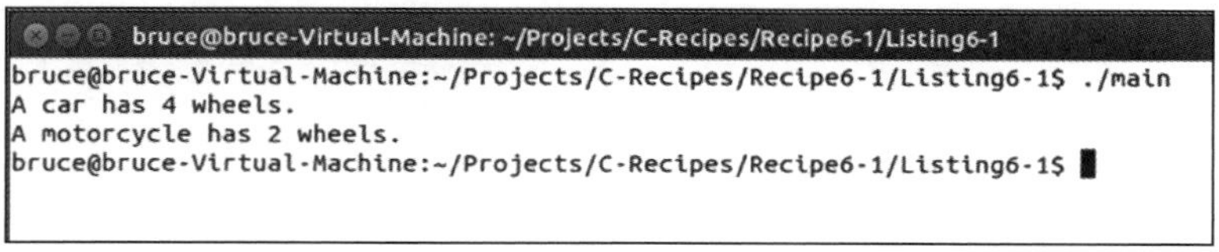

图 6-1　清单 6-1 中的代码的输出结果

　　Car 类和 Motorcycle 类都继承了 Vehicle 类的属性，并且都在其构造函数中设置了相应的车轮数量。

6.2　对派生类中的成员变量和方法进行访问控制

问题

　　你的派生类需要能够访问其父类中的字段。

解决方案

　　C++ 访问修饰符会影响到派生类中访问变量的方式。使用正确的访问修饰符对正确构建类的层次结构是非常重要的，它可以防止意外的修改。

工作原理

public 访问修饰符

public 访问修饰符授予对类中的变量或方法的公共访问权，这同样适用于成员变量和方法。如果变量或方法（函数）被标记为 public，那么任何东西都可以访问它们。清单 6-2 中清楚地展示了这一点。

清单6-2　public访问修饰符

```
#include <cinttypes>
#include <iostream>

using namespace std;
```

```cpp
class Vehicle
{
public:
    uint32_t m_NumberOfWheels{};

    Vehicle() = default;
};
class Car : public Vehicle
{
public:
    Car()
    {
        m_NumberOfWheels = 4;
    }
};

class Motorcycle : public Vehicle
{
public:
    Motorcycle()
    {
        m_NumberOfWheels = 2;
    }
};

int main(int argc, char* argv[])
{
    Car myCar{};
    cout << "A car has " << myCar.m_NumberOfWheels << " wheels." << endl;
    myCar.m_NumberOfWheels = 3;
    cout << "A car has " << myCar.m_NumberOfWheels << " wheels." << endl;
    Motorcycle myMotorcycle;
    cout << "A motorcycle has " << myMotorcycle.m_NumberOfWheels
    << " wheels." << endl;
    myMotorcycle.m_NumberOfWheels = 3;
    cout << "A motorcycle has " << myMotorcycle.m_NumberOfWheels << " wheels."
    << endl;

    return 0;
}
```

派生类可以访问任何具有 public 访问权限的变量。Car 构造函数和 Motorcycle 构造函数都利用了这一点，并适当地设置了它们的轮子数量。但缺点是其他代码也可以访问 public 成员变量。你可以在 main 函数中看到这一点，其中 m_NumberOfWheels 被读取并分配给 myCar 对象和 myMotorcycle 对象。图 6-2 展示了这段代码的输出结果。

private 访问修饰符

你可以将变量设为 private 变量并为其提供公共访问符，而不是将其设为公共变量。

Set 和 Get 方法可以用来强制执行数据的完整性，例如，确保一个变量只被赋予一个正值，密码需要一定的长度或复杂度等。对于 Get 方法，它需要返回一个公共变量，否则就无法访问。清单 6-3 展示了 private 成员变量的使用。

```
bruce@bruce-Virtual-Machine: ~/Projects/C-Recipes/Recipe6-2/Listing6-2
bruce@bruce-Virtual-Machine:~/Projects/C-Recipes/Recipe6-2/Listing6-2$ ./main
A car has 4 wheels.
A car has 3 wheels.
A motorcycle has 2 wheels.
A motorcycle has 3 wheels.
bruce@bruce-Virtual-Machine:~/Projects/C-Recipes/Recipe6-2/Listing6-2$ 
```

图 6-2　清单 6-2 的输出结果

清单6-3　private访问修饰符

```cpp
#include <cinttypes>
#include <iostream>

using namespace std;

class Vehicle
{
private:
    uint32_t m_NumberOfWheels{};

public:
    Vehicle(uint32_t numberOfWheels)
        : m_NumberOfWheels{ numberOfWheels }
    {

    }

    uint32_t GetNumberOfWheels() const
    {
        return m_NumberOfWheels;
    }
};

class Car : public Vehicle
{
public:
    Car()
        : Vehicle(4)
    {

    }
};

class Motorcycle : public Vehicle
{
public:
    Motorcycle()
        : Vehicle(2)
```

```
    {
    }
};
int main(int argc, char* argv[])
{
    Car myCar{};
    cout << "A car has " << myCar.GetNumberOfWheels() << " wheels." << endl;

    Motorcycle myMotorcycle;
    cout << "A motorcycle has " << myMotorcycle.GetNumberOfWheels()
    << " wheels." << endl;

    return 0;
}
```

清单 6-3 展示了 m_NumberOfWheels 变量 private 访问修饰符的使用。Car 类和 Motorcycle 类不能直接访问 m_NumberOfWheels 变量。因此，Vehicle 类提供了一种通过其构造函数初始化变量的方法。这使得类的工作更加复杂，但是增加了外部代码无法直接访问成员变量的优点。你可以在 main 函数中看到这一点，其中代码必须通过 GetNumberOfWheels 访问符方法获取车轮数量。

protected 访问修饰符

protected 访问修饰符允许 public 和 private 访问修饰符一起使用。对于从当前类派生出来的类来说，它就像 public 修饰符，而对于外部代码，或者对"公共接口"来说，它就像 private 修饰符。如清单 6-4 所示。

清单6-4　protected访问修饰符

```
#include <cinttypes>
#include <iostream>

using namespace std;

class Vehicle
{
protected:
    uint32_t m_NumberOfWheels{};

public:
    Vehicle() = default;

    uint32_t GetNumberOfWheels() const
    {
        return m_NumberOfWheels;
    }
};

class Car : public Vehicle
```

```cpp
{
public:
    Car()
    {
        m_NumberOfWheels = 4;
    }
};
class Motorcycle : public Vehicle
{
public:
    Motorcycle()
    {
        m_NumberOfWheels = 2;
    }
};
int main(int argc, char* argv[])
{
    Car myCar{};
    cout << "A car has " << myCar.GetNumberOfWheels() << " wheels." << endl;

    Motorcycle myMotorcycle;
    cout << "A motorcycle has " << myMotorcycle.GetNumberOfWheels()
        << " wheels." << endl;

    return 0;
}
```

清单 6-4 展示了 Car 类和 Motorcycle 类都可以直接从其父类 Vehicle 上访问 m_
NumberOfWheels 变量。这两个类都在其构造函数中设置了 m_NumberOfWheels 变量。main
函数中的代码无权访问此变量，因此必须调用 GetNumberOfWheels 方法才能输出此值。

6.3　隐藏派生类中的方法

问题

你有一个派生类，该派生类需要使用与父类不同的方法来执行一些操作。

解决方案

C++ 允许在派生类中定义一个具有相同签名的方法来隐藏父类中的方法。

工作原理

通过在基类中定义一个具有完全相同签名的方法，你就可以隐藏父类中的方法。此例显示派生类如何使用显式的方法来隐式地提供不同于父类的功能。继承是一个需要理解的关键概念，因为它是用来区分类的类型层次的主要方法。

清单 6-5 包含一个 **Vehicle** 类、一个 **Car** 类和一个 **Motorcycle** 类，**Vehicle** 类定义了一个名为 **GetNumberOfWheels** 的方法，该方法返回 0。**Car** 类和 **Motorcycle** 类中也定义了相同的方法，这些版本的方法分别返回 4 和 2。

清单6-5　隐藏方法

```cpp
#include <cinttypes>
#include <iostream>

using namespace std;

class Vehicle
{
public:
    Vehicle() = default;

    uint32_t GetNumberOfWheels() const
    {
        return 0;
    }
};

class Car : public Vehicle
{
public:
    Car() = default;

    uint32_t GetNumberOfWheels() const
    {
        return 4;
    }
};

class Motorcycle : public Vehicle
{
public:
    Motorcycle() = default;

    uint32_t GetNumberOfWheels() const
    {
        return 2;
    }
};

int main(int argc, char* argv[])
{
    Vehicle myVehicle{};
    cout << "A vehicle has " << myVehicle.GetNumberOfWheels() << " wheels."
    << endl;
```

```
    Car myCar{};
    cout << "A car has " << myCar.GetNumberOfWheels()
    << " wheels." << endl;

    Motorcycle myMotorcycle;
    cout << "A motorcycle has " << myMotorcycle.GetNumberOfWheels()
    << " wheels." << endl;

    return 0;
}
```

清单 6-5 中的 main 函数调用了 GetNumberOfWheels 的三个不同版本，每个版本返回相应的值。你可以在图 6-3 中看到这段代码的输出结果。

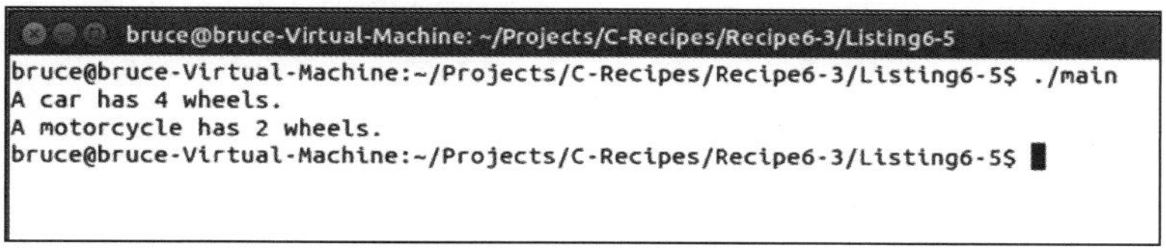

图 6-3　清单 6-5 中代码的输出结果

通过对象或指向类的指针来直接访问这些方法可以得到正确的输出。

> **注意**　在使用多态性时，方法隐藏（method hiding）不能正常工作。通过指向基类的指针访问派生类会调用基类的方法，而这与我们的期望不一样。当使用多态时，正确的解决方案见 8.5 节。

6.4　使用多态基类

问题

你想编写通用的抽象基代码，该基代码可与指向基类的指针一起使用，并且在派生类中调用适当的方法。

解决方案

使用 virtual 关键字可创建被派生类重写的方法。

工作原理

virtual 关键字告诉 C++ 编译器你希望类包含一个虚拟方法表（v-table，v 表）。一个 v 表包含方法的查找，即使是通过指向其父类之一的指针访问对象，该查找也允许为给定类型调用正确的方法。清单 6-6 展示了一个类层次结构，它使用 virtual 关键字来指定一个方法应该包含在类的 v 表中。

清单6-6　创建虚方法

```cpp
#include <cinttypes>

class Vehicle
{
public:
    Vehicle() = default;

    virtual uint32_t GetNumberOfWheels() const
    {
        return 2;
    }
};
class Car : public Vehicle
{
public:
    Car() = default;

    uint32_t GetNumberOfWheels() const override
    {
        return 4;
    }
};
class Motorcycle : public Vehicle
{
public:
    Motorcycle() = default;
};
```

清单 6-6 中的 **Car** 和 **Motorcycle** 类派生自 **Vehicle** 类。**Vehicle** 类中的 **GetNumber-OfWheels** 方法被列为虚方法，这导致通过指针对该方法的任何调用都是通过 v 表进行的。清单 6-7 展示了一个完整的示例，其 **main** 函数通过 **Vehicle** 指针访问对象。

清单6-7　通过基指针访问虚方法

```cpp
#include <cinttypes>
#include <iostream>

using namespace std;

class Vehicle
{
public:
    Vehicle() = default;

    virtual uint32_t GetNumberOfWheels() const
    {
```

```
        return 2;
    }
};
class Car : public Vehicle
{
public:
    Car() = default;

    uint32_t GetNumberOfWheels() const override
    {
        return 4;
    }
};
class Motorcycle : public Vehicle
{
public:
    Motorcycle() = default;
};
int main(int argc, char* argv[])
{
    Vehicle* pVehicle{};

    Vehicle myVehicle{};
    pVehicle = &myVehicle;
    cout << "A vehicle has " << pVehicle->GetNumberOfWheels() << " wheels."
    << endl;

    Car myCar{};
    pVehicle = &myCar;
    cout << "A car has " << pVehicle->GetNumberOfWheels() << " wheels." << endl;

    Motorcycle myMotorcycle;
    pVehicle = &myMotorcycle;
    cout << "A motorcycle has " << pVehicle->GetNumberOfWheels()
    << " wheels." << endl;

    return 0;
}
```

main 函数的第一行定义了一个指向 Vehicle 对象的指针。这个指针在每一个 cout 语句中都被用来访问当前对象的 GetNumberOfWheels 方法。Vehicle 和 Motorcycle 对象在它们的 v 表中都有 Vehicle::GetNumberOfWheels 方法的地址，因此，它们的车轮数量都返回 2。

Car 类重写了 GetNumberOfWheels 方法。这使 Car 类将查找表中 Vehicle:: GetNumberOfWheels 的地址替换为 Car::GetNumberOfWheels。因此，当同一个 Vehicle 指针被分配到 myCar 的地址并随后调用 GetNumberOfWheels 时，它将调用 Car 类中定义的方法，而不是 Vehicle 类中定义的方法。图 6-4 展示了清单 6-7 中的代码

的输出结果，我们可以看到这一点。

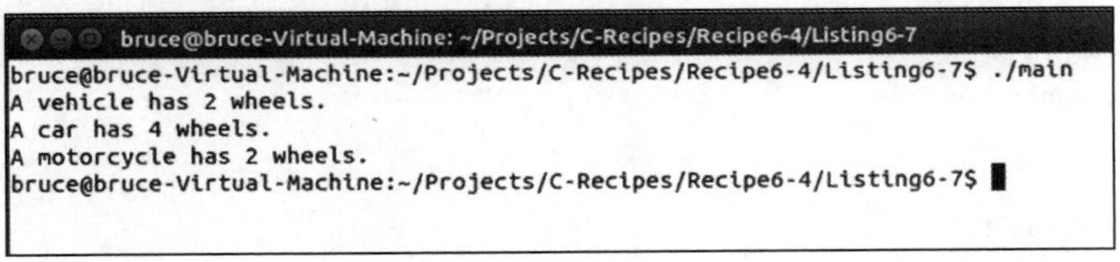

图 6-4　执行清单 6-7 中代码的输出结果

override 关键字用在 Car 类中 GetNumberOfWheels 方法的签名结尾。此关键字暗示编译器你希望此方法可以重写父类中的虚方法。如果你输入的签名不正确，或者你要重写的方法的签名被更改，编译器则会弹出一个错误。这个特性非常有用，我建议你也使用它（尽管 override 关键字本身是可选的）。

6.5　防止方法重写

问题

你不想让方法被派生类重写。

解决方案

可以使用 final 关键字来防止类重写方法。

工作原理

final 关键字告诉编译器，你不希望虚方法被派生类重写。清单 6-8 展示了一个使用 final 关键字的示例。

清单6-8　使用final关键字

```cpp
#include <cinttypes>
#include <iostream>

using namespace std;

class Vehicle
{
public:
    Vehicle() = default;

    virtual uint32_t GetNumberOfWheels() const final
    {
        return 2;
```

```
    }
};
class Car : public Vehicle
{
public:
    Car() = default;

    uint32_t GetNumberOfWheels() const override
    {
        return 4;
    }
};
class Motorcycle : public Vehicle
{
public:
    Motorcycle() = default;
};
int main(int argc, char* argv[])
{
    Vehicle* pVehicle{};

    Vehicle myVehicle{};
    pVehicle = &myVehicle;
    cout << "A vehicle has " << pVehicle->GetNumberOfWheels() << " wheels."
    << endl;

    Car myCar{};
    pVehicle = &myCar;
    cout << "A car has " << pVehicle->GetNumberOfWheels() << " wheels." << endl;

    Motorcycle myMotorcycle;
    pVehicle = &myMotorcycle;
    cout << "A motorcycle has " << pVehicle->GetNumberOfWheels()
    << " wheels." << endl;

    return 0;
}
```

Vehicle 类中的 GetNumberOfWheels 方法使用 final 关键字来防止派生类试图重写它。这将导致清单 6-8 中的代码无法编译，因为 Car 类试图重写 GetNumberOfWheels。你可以注释掉这个方法使代码得以编译。

final 关键字也可以阻止在较长的链中进一步重写一个方法。清单 6-9 展示了如何实现这一点。

清单6-9　防止在继承层次中重写

```
#include <cinttypes>

class Vehicle
```

```
{
public:
    Vehicle() = default;

    virtual uint32_t GetNumberOfWheels() const
    {
        return 2;
    }
};
class Car : public Vehicle
{
public:
    Car() = default;

    uint32_t GetNumberOfWheels() const final
    {
        return 4;
    }
};
class Ferrari : public Car
{
public:
    Ferrari() = default;

    uint32_t GetNumberOfWheels() const override
    {
        return 5;
    }
};
```

Vehicle 定义了一个名为 GetNumberOfWheels 的虚方法，该返回值为 2。Car 重写了这个方法，并返回 4（这个例子忽略了并非所有的汽车都有 4 个轮子的事实），并声明此方法为 final。它不允许其他派生自 Car 的类重写相同的方法。如果只需要支持四轮汽车，那么这对该应用程序来说是有意义的。当编译器到达任何派生自 Car 的类或派生自其层次结构中有 Car 的其他类并试图覆盖 GetNumberOfWheels 方法时，编译器将弹出一个错误。

6.6 创建接口

问题

你有一个基方法，它不应该定义任何行为，而应该简单地被派生类重写。

解决方案

你可以在 C++ 中创建不定义方法体的纯虚方法。

工作原理

在 C++ 中可以通过在方法签名的结尾添加 =0 来定义纯虚方法。清单 6-10 展示了一个示例。

清单6-10　创建纯虚方法

```cpp
#include <cinttypes>
#include <iostream>

using namespace std;

class Vehicle
{
public:
    Vehicle() = default;

    virtual uint32_t GetNumberOfWheels() const = 0;
};
class Car : public Vehicle
{
public:
    Car() = default;

    uint32_t GetNumberOfWheels() const override
    {
        return 4;
    }
};

class Motorcycle : public Vehicle
{
public:
    Motorcycle() = default;

    uint32_t GetNumberOfWheels() const override
    {
        return 2;
    }
};
int main(int argc, char* argv[])
{
    Vehicle* pVehicle{};

    Car myCar{};
    pVehicle = &myCar;
    cout << "A car has " << pVehicle->GetNumberOfWheels() << " wheels." << endl;

    Motorcycle myMotorcycle;
    pVehicle = &myMotorcycle;
    cout << "A motorcycle has " << pVehicle->GetNumberOfWheels()
        << " wheels." << endl;
```

```
    return 0;
}
```

Vehicle 类将 GetNumberOfWheels 定义为一个纯虚方法。这样可以确保永远无法创建一个 Vehicle 类型的对象。但编译器不允许这样做，因为它没有调用 GetNumber-OfWheels 的方法。Car 和 Motorcycle 都重写了这个方法，并且可以被实例化。你可以在 main 函数中看到这种情况。图 6-5 显示，Car 和 Motorcycle 的方法返回了正确的值。

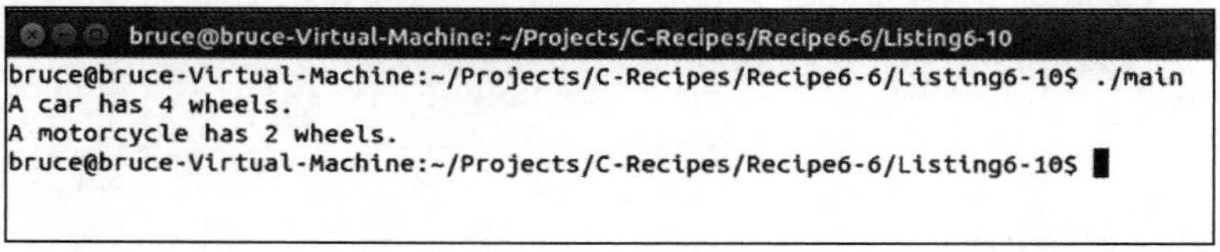

图 6-5   执行清单 6-10 中代码的输出结果

包含纯虚方法的类被称为接口。如果一个类继承自一个接口，而你想实例化这个类，必须重写父类中的所有纯虚方法。可以从接口派生而不重写这些方法，但这个派生类就只能作为接口来进一步派生类。

6.7   多重继承

问题

你想从多个父类中派生出一个类。

解决方案

C++ 支持多重继承。

工作原理

在 C++ 中，你可以使用逗号分隔的父类列表，来从多个父类派生出一个类。清单 6-11 展示了如何实现这一点。

清单6-11   多重继承

```
#include <cinttypes>
#include <iostream>

using namespace std;

class Printable
{
public:
```

```cpp
    virtual void Print() = 0;
};

class Vehicle
{
public:
    Vehicle() = default;

    virtual uint32_t GetNumberOfWheels() const = 0;
};

class Car
    : public Vehicle
    , public Printable
{
public:
    Car() = default;

    uint32_t GetNumberOfWheels() const override
    {
        return 4;
    }

    void Print() override
    {
        cout << "A car has " << GetNumberOfWheels() << " wheels." << endl;
    }
};

class Motorcycle
    : public Vehicle
    , public Printable
{
public:
    Motorcycle() = default;

    uint32_t GetNumberOfWheels() const override
    {
        return 2;
    }

    void Print() override
    {
        cout << "A motorcycle has " << GetNumberOfWheels() << " wheels." << endl;
    }
};

int main(int argc, char* argv[])
{
    Printable* pPrintable{};

    Car myCar{};
    pPrintable = &myCar;
```

```
    pPrintable->Print();

    Motorcycle myMotorcycle;
    pPrintable = &myMotorcycle;
    pPrintable->Print();

    return 0;
}
```

Car 类和 Motorcycle 类都继承自多个类。这些类既是 Vehicle 类又是 Printable 类。你可以在重写的 Print 方法中看到这两个父类之间相互作用的结果。这些方法都调用了 Car 类和 Motorcycle 类中重写的 GetNumberOfWheels 方法。main 函数通过指向 Printable 对象的指针访问重写的 Print 方法，并使用多态调用 Print 中正确的 Print 方法以及正确的 GetNumberOfWheels 方法。图 6-6 显示该程序正确的输出结果。

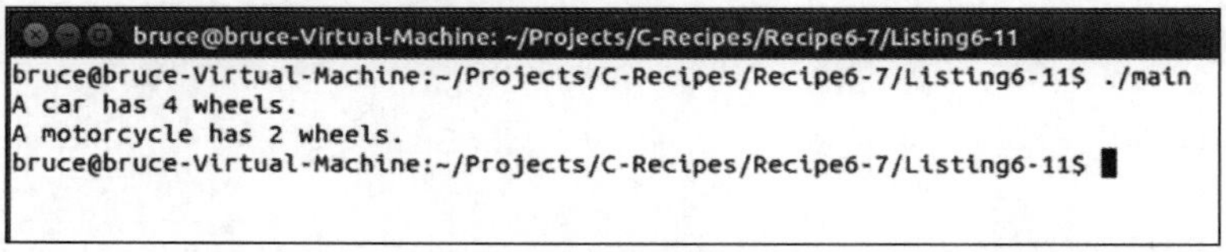

图 6-6　多重继承与多态协同工作的输出结果

第 7 章 Chapter 7

标准模板库的容器

标准模板库由一套标准功能组成。创建一个标准的目的在于只要提供的代码符合该标准，代码在不同的平台和操作系统上都可以正常的运行。该标准定义了一组可用于存储数据结构的容器。本章将介绍每个 STL 容器的使用场景。

 注意　字符串容器在第 3 章中有介绍。

7.1　存储固定数量的对象

问题

你需要在程序中存储固定数量的对象。

解决方案

C++ 提供了内置的数组，可以用于解决这个问题。但与其他的 STL 容器相比，STL 数组提供了更灵活的接口。

工作原理

C++ 支持内置的数组，这种数组自 C 语言形成以来就已经存在。如果你以前用 C 或 C++ 编程，你会很熟悉这些数组。清单 7-1 展示了一个标准的 C 语言风格的数组。

清单7-1　C语言风格的数组

```cpp
#include <cinttypes>
#include <iostream>

using namespace std;

int main(int argc, char* argv[])
{
    const uint32_t numberOfElements{ 5 };
    int32_t normalArray[numberOfElements]{ 10, 65, 3000, 2, 49 };

    for (uint32_t i{ 0 }; i < numberOfElements; ++i)
    {
        cout << normalArray[i] << endl;
    }
    return 0;
}
```

这段代码展示了在 C++ 中使用 C 语言风格的数组的方法。该数组包含 5 个整数，main 函数有一个 for 循环，用于迭代数组并输出每个位置的值。也可以使用基于范围的 for 循环来迭代 C 语言风格的数组。清单 7-2 展示了如何实现这一点。

清单7-2　使用基于范围的for循环来迭代C语言风格的数组

```cpp
#include <cinttypes>
#include <iostream>

using namespace std;

int main(int argc, char* argv[])
{
    const uint32_t numberOfElements{ 5 };
    int32_t normalArray[numberOfElements]{ 10, 65, 3000, 2, 49 };

    for (auto&& number : normalArray)
    {
        cout << number << endl;
    }
    return 0;
}
```

清单 7-2 中的 main 函数利用一个基于范围的 for 循环来迭代数组。当你不需要数组的索引值时，这种结构很有用。

> 🛈 注意　清单 7-2 中基于范围的 for 循环使用的语法看起来像右值引用。如果你不确定这段代码的工作原理，或者不确定左值和右值之间的区别，请阅读第 2 章。

C 语言风格的数组在很多情况下都很有用，而且，现代 C++ 还提供了另一种版本的数组，它可以与 STL 迭代器和算法一起使用。清单 7-3 展示了如何定义一个 STL array。

清单7-3　使用STL array

```cpp
#include <array>
#include <cinttypes>
#include <iostream>

int main(int argc, char* argv[])
{
    const uint32_t numberOfElements{ 5 };
    std::array<int32_t, numberOfElements> stlArray{ 10, 65, 3000, 2, 49 };

    for (uint32_t i = 0; i < numberOfElements; ++i)
    {
        std::cout << stlArray[i] << std::endl;
    }

    for (auto&& number : stlArray)
    {
        std::cout << number << std::endl;
    }

    return 0;
}
```

清单 7-3 展示了将 **array** 中存储的类型及其包含的元素数量传递到类模板中，以便定义 STL **array** 的方法。一旦定义了 **array**，它就可以与普通的 C 语言风格的数组互换使用。

这是因为基于范围的 **for** 循环可以迭代这两种类型的数组，而且 STL 数组定义了一个数组运算符来重载，它允许使用 **[ ]** 符号来访问元素。

 注
意　相比于 C 语言风格的数组，使用 STL 数组容器的主要优势在于它允许访问 STL 迭代器和算法。

数组将其对象存储在连续的内存块中。这意味着每个数组元素的地址在内存中彼此相邻，使得数组的迭代效率非常高。数组缓存一致性都很不错，因此，当处理器从 RAM 读入本地缓存时，会造成较少的停顿。对于性能至上且对象数量固定的算法，数组是一个很好的选择。

7.2　存储更多的对象

问题

有时在编译时并不知道需要在数组中存储多少个对象。

解决方案

STL 提供了允许数组长度动态增长的向量模板。

工作原理

vector 的工作方式与 array 非常相似。清单 7-4 展示了 vector 的定义和两种 for 循环。

清单7-4　使用STL vector

```
#include <cinttypes>
#include <iostream>
#include <vector>

using namespace std;

int main(int argc, char* argv[])
{
    vector<int32_t> stlVector{ 10, 65, 3000, 2, 49 };

    for (uint32_t i = 0; i < stlVector.size(); ++i)
    {
        std::cout << stlVector[i] << std::endl;
    }

    for (auto&& number : stlVector)
    {
        std::cout << number << endl;
    }

    return 0;
}
```

向量与数组定义的主要区别是：向量没有定义大小。vector 可调整大小，因此设置其可以包含的元素数量没有意义。这体现在 main 函数里传统的 for 循环中。你可以看到，循环结束条件时通过比较索引和 size 方法返回的值来检查是否完成循环。在这种情况下，size 将返回 5，因为 vector 包含 5 个元素。如清单 7-5 所示，与 array 不同，vector 可以在运行时调整大小。

清单7-5　调整vector的大小

```
#include <cinttypes>
#include <iostream>
#include <vector>
using namespace std;

int main(int argc, char* argv[])
{
    vector<int32_t> stlVector{ 10, 65, 3000, 2, 49 };
    cout << "The size is: " << stlVector.size() << endl;
    stlVector.emplace_back( 50 );
    cout << "The size is: " << stlVector.size() << endl;
    for (auto&& number : stlVector)
```

```
    {
        std::cout << number << endl;
    }
    return 0;
}
```

清单 7-5 的输出结果如图 7-1 所示。

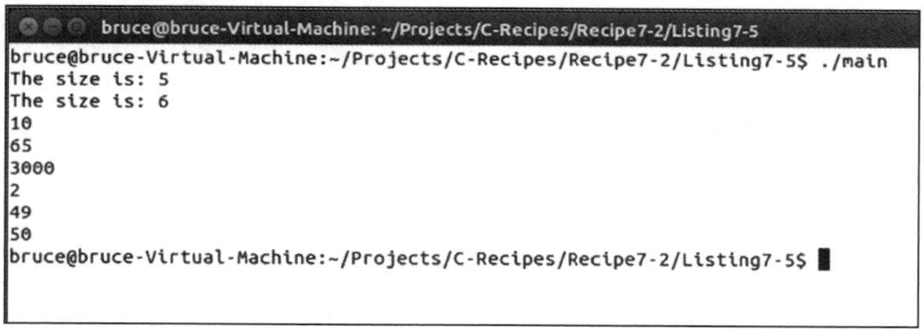

图 7-1 清单 7-5 的输出结果展示的一个不断增长的 vector

图 7-1 显示，在调用 emplace_back 之后，vector 的大小从 5 增加到了 6。基于范围的 for 循环输出所有存储在 vector 中的值。你可以看到 emplace_back 把值添加到了 vector 的结尾。

vector 调整大小的方式是由实现定义的，这意味着由供应商创建你正在使用的库。所有的实现都通过类似的方法进行操作。它们通常倾向于在内部为新 array 分配内存，该 array 包括了 vector 的当前大小以及为新值准备的可变数量的槽。清单 7-6 使用了通过 capacity 方法来确定 vector 在调整大小之前能够存储多少个元素的代码。

清单7-6 调整大小的vector

```
#include <cinttypes>
#include <iostream>
#include <vector>

using namespace std;

int main(int argc, char* argv[])
{
    vector<int32_t> stlVector
    {
        1,
        2,
        3,
        4,
        5,
        6,
        7,
```

```
        8,
        9,
        10,
        11,
        12,
        13,
        14,
        15,
        16
    };

    cout << "The size is: " << stlVector.size() << endl;
    cout << "The capacity is: " << stlVector.capacity() << endl;

    stlVector.emplace_back(17);

    cout << "The size is: " << stlVector.size() << endl;
    cout << "The capacity is: " << stlVector.capacity() << endl;

    for (auto&& number : stlVector)
    {
        std::cout << number << std::endl;
    }

    return 0;
}
```

清单 7-6 中的代码创建了一个包含 16 个元素的向量。图 7-2 展示了添加 1 个新元素对 vector 容量的影响。

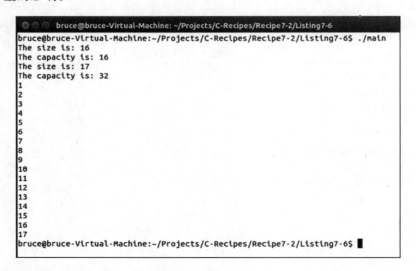

图 7-2　使用 Microsoft Visual Studio 2013 STL 时增加 vector 容量的输出结果

图 7-2 显示，在 vector 中添加值并不会导致元素的大小增加。微软公司决定，将

STL 中的 **vector** 容量增加 50%。在一个大小为 16 的 **vector** 中添加 1 个新元素，就会增加 8 个新元素的容量。

也可以在 **vector** 末端以外的地方添加元素。清单 7-7 展示了如何使用 **emplace** 方法来实现这一操作。

清单7-7　在vector的任意点上添加元素

```
#include <cinttypes>
#include <iostream>
#include <vector>

using namespace std;

int main(int argc, char* argv[])
{
    vector<int32_t> stlVector
    {
        1,
        2,
        3,
        4,
        5
    };

    auto iterator = stlVector.begin() + 2;
    stlVector.emplace(iterator, 6);

    for (auto&& number : stlVector)
    {
        std::cout << number << std::endl;
    }

    return 0;
}
```

清单 7-7 使用迭代器将值 6 放入向量的第三个位置。此操作会在必要的时候增加向量的容量，并将所有元素向右移动一位。图 7-3 展示了该操作的输出结果。

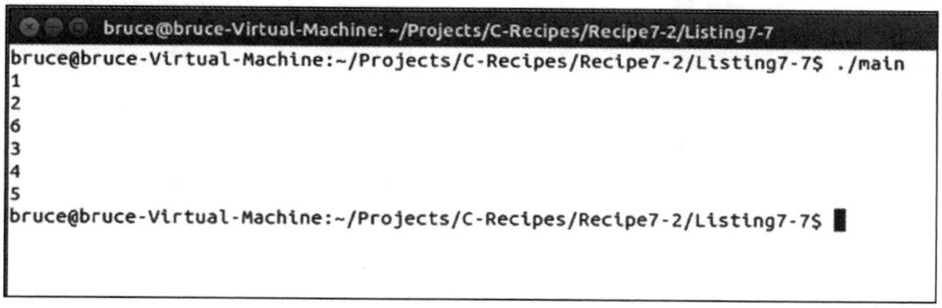

图 7-3　清单 7-7 的输出结果展示的插入到 **vector** 第 3 个位置的元素

也可以从向量中删除元素，清单 7-8 展示了使用迭代器删除 **vector** 中每个元素的代码。

清单7-8　从向量中删除元素

```cpp
#include <cinttypes>
#include <iostream>
#include <vector>

using namespace std;

int main(int argc, char* argv[])
{
    vector<int32_t> stlVector
    {
        1,
        2,
        3,
        4,
        5,
        6,
        7,
        8,
        9,
        10,
        11,
        12,
        13,
        14,
        15,
        16
    };

    cout << "The size is: " << stlVector.size() << endl;
    cout << "The capacity is: " << stlVector.capacity() << endl << endl;

    for (auto&& number : stlVector)
    {
        std::cout << number << ", ";
    }

    while (stlVector.size() > 0)
    {
        auto iterator = stlVector.end() - 1;
        stlVector.erase(iterator);
    }

    cout << endl << endl << "The size is: " << stlVector.size() << endl;
    cout << "The capacity is: " << stlVector.capacity() << endl << endl;

    for (auto&& number : stlVector)
    {
        std::cout << number << ", ";
    }

    std::cout << std::endl;
```

```
        return 0;
    }
```

清单 7-8 的 main 函数中的 while 循环从 vector 中逐一删除每个元素。这将改变向量的大小，但不会改变容量。清单 7-9 添加了减少 vector 容量的代码。

清单7-9　减小vector的容量

```
#include <cinttypes>
#include <iostream>
#include <vector>

using namespace std;

int main(int argc, char* argv[])
{
    vector<int32_t> stlVector
    {
        1,
        2,
        3,
        4,
        5,
        6,
        7,
        8,
        9,
        10,
        11,
        12,
        13,
        14,
        15,
        16
    };

    while (stlVector.size() > 0)
    {
        auto iterator = stlVector.end() - 1;
        stlVector.erase(iterator);

        if ((stlVector.size() * 2) == stlVector.capacity())
        {
            stlVector.shrink_to_fit();
        }
        cout << "The size is: " << stlVector.size() << endl;
        cout << "The capacity is: " << stlVector.capacity() << endl << endl;
    }

    return 0;
}
```

当 while 循环删除元素时，它会检查 vector 的大小是否达到容量的一半，当满足此条件时，就会调用 shrink_to_fit 方法。图 7-4 展示了 shrink_to_fit 对 vector 容量的影响。

```
bruce@bruce-Virtual-Machine: ~/Projects/C-Recipes/Recipe7-2/Listing7-9
bruce@bruce-Virtual-Machine:~/Projects/C-Recipes/Recipe7-2/Listing7-9$ ./main
The size is: 15
The capacity is: 16
The size is: 14
The capacity is: 16
The size is: 13
The capacity is: 16
The size is: 12
The capacity is: 16
The size is: 11
The capacity is: 16
The size is: 10
The capacity is: 16
The size is: 9
The capacity is: 16
The size is: 8
The capacity is: 8
The size is: 7
The capacity is: 8
The size is: 6
The capacity is: 8
The size is: 5
The capacity is: 8
The size is: 4
The capacity is: 4
The size is: 3
The capacity is: 4
The size is: 2
The capacity is: 2
The size is: 1
The capacity is: 1
The size is: 0
The capacity is: 1
bruce@bruce-Virtual-Machine:~/Projects/C-Recipes/Recipe7-2/Listing7-9$
```

图 7-4 shrink_to_fit 对 vector 容量的影响

调整一个 vector 的大小，无论是调大还是调小，都以性能作为代价。它必须分配新的内存，而且内部数组中的元素必须从一个数组转移到另一个数组。在这种情况下，建议做以下两件事情：

❑ 计算出在运行时可以添加到 vector 中的元素的最大数量，并使用 reserve 方法分配一次所需的内存量。

❑ 确定是否可以避免完全使用 vector，并使用 array 来创建对象池。这可以通过使用"最近最少使用算法"（least recently used algorithm）等方案重用数组中的元素来实现。

7.3 存储一组不断变化的元素

问题

你有一组数据，并需要不断地在任意位置输入和删除元素。

解决方案

STL 提供了两个容器，从容器中间高效地插入和删除。这两个容器是 list 和 forward_list。

工作原理

array 和 vector 容器将元素存储在连续的内存中。由于它们发挥了现代 CPU 架构的优势，因此可以在集合上进行快速迭代。array 容器在运行时不能添加或删除元素，只能改变元素。vector 容器可以添加和删除元素，但需要新的内存分配，并将所有元素从旧内存块传输到新内存块。

另一方面，list 容器并不将元素存储在连续的内存块中，而是将 list 中的每个元素存储在独立的节点中，这些节点包含指向 list 中下一个和最后一个元素的指针。这允许在 list 容器中进行双向遍历。forward_list 只存储指向下一个元素的指针，不存储指向最后一个元素的指针，因此只能从前向后遍历。在更新引用 list 结构中下一个和最后一个节点的指针时，从列表中添加和删除元素就仅仅是简单的重复工作。

这种非连续存储在遍历 list 时会导致性能下降。CPU 缓存不可能总是预先加载 list 中的下一个元素。因此，对于定期遍历的数据集，应该避免使用这些结构。它们的优势来自节点的快速插入和删除。清单 7-10 展示了一个 list 容器。

清单7-10　使用list容器

```
#include <cinttypes>
#include <iostream>
#include <list>

using namespace std;

int main(int argv, char* argc[])
{
    list<int32_t> myList{ 1, 2, 3, 4, 5 };

    myList.emplace_front(6);
    myList.emplace_back(7);

    auto forwardIter = myList.begin();
    ++forwardIter;
    ++forwardIter;
    myList.emplace(forwardIter, 9);

    auto reverseIter = myList.end();
    --reverseIter;
    --reverseIter;
    --reverseIter;
    myList.emplace(reverseIter, 8);
    for (auto&& number : myList)
```

```
    {
        cout << number << endl;
    }

    return 0;
}
```

清单 7-10 的 main 函数中使用的 list 容器可以从开始或结束返回的迭代器进行向前和向后遍历。图 7-5 展示了遍历列表 list 的输出结果,可以看到添加元素的顺序。

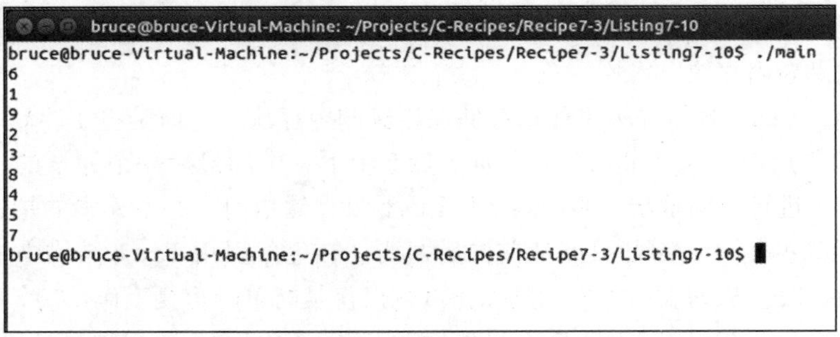

图 7-5 遍历清单 7-10 中的 list 容器的输出结果

清单 7-11 展示了类似的代码和一个 forward_list 容器

清单7-11 使用forward_list容器

```
#include <cinttypes>
#include <forward_list>
#include <iostream>

using namespace std;

int main(int argv, char* argc[])
{
    forward_list<int32_t> myList{ 1, 2, 3, 4, 5 };

    myList.emplace_front(6);

    auto forwardIter = myList.begin();
    ++forwardIter;
    ++forwardIter;
    myList.emplace_after(forwardIter, 9);

    for (auto&& number : myList)
    {
        cout << number << endl;
    }

    return 0;
}
```

清单 7-11 与清单 7-10 相比有一些不同。`forward_list` 不包含 `emplace` 和 `emplace_back` 方法。它包含了 `emplace_front` 和 `emplace_after` 方法，这两个方法允许你将元素添加到 `forward_list` 的开头或者 `forward_list` 中的某个特定位置之后。

7.4　将排序对象存储在容器中以便快速查找

问题

有一个大的对象集合，你想对集合中的对象进行排序，并且经常需要查找特定的信息。

解决方案

STL 提供的 `set` 和 `map` 容器，可以自动对其对象进行排序，并提供非常快速的搜索功能。

工作原理

`set` 和 `map` 容器是关联容器。这意味着它们的数据元素与一个键相关联。对于 `set`，键是对象或值本身，而 `map` 的键是与对象或值一起提供的值。

这些容器使用二进制搜索树实现，这就是为什么它们提供自动排序和快速搜索功能。二进制搜索树通过比较对象的键来运算。如果一个对象的键小于当前节点的键，则将其添加到搜索树左侧。否则，将其添加到右侧。

注意　其实你可以为这两个容器提供一个函数，这样你自己可以指定排序顺序。

清单 7-12 创建了一个元素从小到大排序的**集合**。

清单7-12　使用set容器

```
#include <cinttypes>
#include <iostream>
#include <set>
#include <string>

using namespace std;

class SetObject
{
private:
    string m_Name;
    int32_t m_Key{};

public:
    SetObject(int32_t key, const string& name)
        : m_Name{ name }
```

```cpp
            , m_Key{ key }
    {

    }
    SetObject(int32_t key)
        : SetObject(key, "")
    {

    }
    const string& GetName() const
    {
        return m_Name;
    }
    int32_t GetKey() const
    {
        return m_Key;
    }
    bool operator<(const SetObject& other) const
    {
        return m_Key < other.m_Key;
    }
    bool operator>(const SetObject& other) const
    {
        return m_Key > other.m_Key;
    }
};
int main(int argv, char* argc[])
{
    set<SetObject> mySet
    {
        { 6, "Six" },
        { 3, "Three" },
        { 4, "Four" },
        { 1, "One" },
        { 2, "Two" }
    };
    for (auto&& number : mySet)
    {
        cout << number.GetName() << endl;
    }
    auto iter = mySet.find(3);
    if (iter != mySet.end())
    {
        cout << "Found: " << iter->GetName() << endl;
    }
```

```
        return 0;
    }
```

清单 7-12 的主函数中定义的 set 用五个 SetObject 实例将其初始化。每个实例都存储了一个整数键和该键的字符串表示形式。默认情况下，**集合**的初始化是将它所包含的元素从低到高排列。如图 7-6 所示。

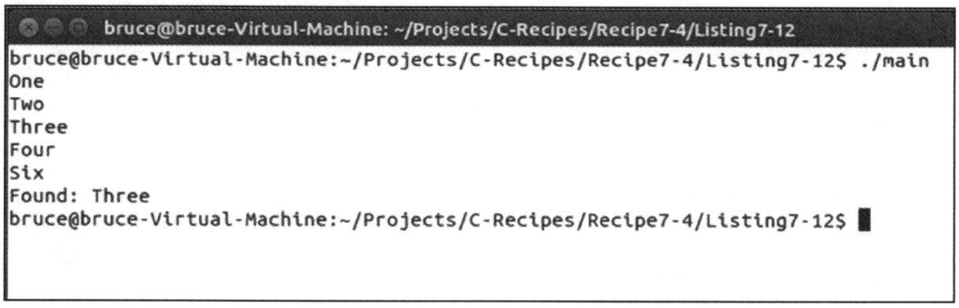

图 7-6　清单 7-12 中代码的输出结果

类对象的排序通过运算符重载实现。SetObject 类重载了 < 和 > 运算符，这样该类能够与这些运算符一起使用。当添加一个新元素时，**集合**将调用一个比较函数来决定元素在 set 中出现的顺序。**默认情况**下，要求对元素使用 < 运算符。如你所见，SetObject 类会比较运算符中的 m_Key 变量，以确定它们的存储顺序。

清单 7-13 展示了如何改变默认 set，使元素的顺序从最高到最低排序。

清单7-13　将set中的元素从最高到最低排序

```cpp
#include <cinttypes>
#include <functional>
#include <iostream>
#include <set>
#include <string>

using namespace std;

class SetObject
{
private:
    string m_Name;
    int32_t m_Key{};

public:
    SetObject(int32_t key, const string& name)
        : m_Name{ name }
        , m_Key{ key }
    {
    }

    SetObject(int32_t key)
```

```cpp
            : SetObject(key, "")
    {
    }
    const string& GetName() const
    {
        return m_Name;
    }
    int32_t GetKey() const
    {
        return m_Key;
    }
    bool operator<(const SetObject& other) const
    {
        return m_Key < other.m_Key;
    }
    bool operator>(const SetObject& other) const
    {
        return m_Key > other.m_Key;
    }
};
using namespace std;
int main(int argv, char* argc[])
{
    set<SetObject, greater<SetObject>> mySet
    {
        { 6, "Six" },
        { 3, "Three" },
        { 4, "Four" },
        { 1, "One" },
        { 2, "Two" }
    };

    for (auto&& number : mySet)
    {
        cout << number.GetName() << endl;
    }

    auto iter = mySet.find(3);
    if (iter != mySet.end())
    {
        cout << "Found: " << iter->GetName() << endl;
    }

    return 0;
}
```

清单 7-12 和清单 7-13 的唯一区别是将第二个模板参数添加到 set 中。清单 7-13 提供了来自头函数 functional（#include <functional>）的较大模板，此模板将从一个函数创建一个方法，该函数可以在两个 SetObject 实例上调用"> 运算符"，该运算符相当于默认集合中包含一个隐含的 less 参数：

set<SetObject, less<SetObject>>

图 7-7 展示了 set 元素从高到低排序的集合的输出。

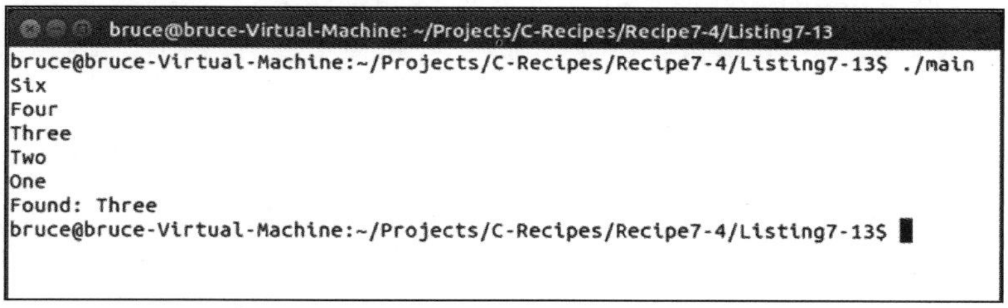

图 7-7 使用 greater 操作对 set 从高到低排序

清单 7-14 展示了如何在初始化后向 set 中添加元素。

清单7-14 向set中添加元素

```cpp
#include <cinttypes>
#include <functional>
#include <iostream>
#include <set>
#include <string>

using namespace std;

class SetObject
{
private:
    string m_Name;
    int32_t m_Key{};

public:
    SetObject(int32_t key, const string& name)
        : m_Name{ name }
        , m_Key{ key }
    {
    }

    SetObject(int32_t key)
        : SetObject(key, "")
    {
    }

    const string& GetName() const
```

```cpp
    {
        return m_Name;
    }

    int32_t GetKey() const
    {
        return m_Key;
    }

    bool operator<(const SetObject& other) const
    {
        return m_Key < other.m_Key;
    }

    bool operator>(const SetObject& other) const
    {
        return m_Key > other.m_Key;
    }
};

int main(int argv, char* argc[])
{
    set<SetObject, greater<SetObject>> mySet
    {
        { 6, "Six" },
        { 3, "Three" },
        { 4, "Four" },
        { 1, "One" },
        { 2, "Two" }
    };

    for (auto&& number : mySet)
    {
        cout << number.GetName() << endl;
    }

    cout << endl;

    mySet.emplace(SetObject( 5, "Five" ));

    for (auto&& number : mySet)
    {
        cout << number.GetName() << endl;
    }

    cout << endl;

    auto iter = mySet.find(3);
    if (iter != mySet.end())
    {
        cout << "Found: " << iter->GetName() << endl;
```

```
    }

    return 0;
}
```

如清单 7-14 所示，可以使用 emplace 方法向 set 中添加新元素。图 7-8 展示了给定 greater 排序后，新元素被插入到 set 的正确位置。

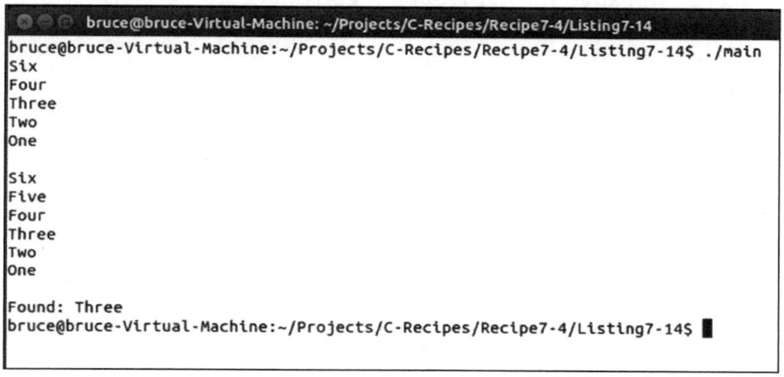

图 7-8　新元素已添加到 set 的正确位置

map 容器与 set 容器非常相似，只是键独立于对象值存储。清单 7-15 展示了创建 map 容器的代码。

清单7-15　创建map容器

```cpp
#include <cinttypes>
#include <functional>
#include <iostream>
#include <map>
#include <string>

using namespace std;

class MapObject
{
private:
    string m_Name;

public:
    MapObject(const string& name)
        : m_Name{ name }
    {
    }

    const string& GetName() const
    {
        return m_Name;
```

```cpp
        }
    };
    int main(int argv, char* argc[])
    {
        map<int32_t, MapObject, greater<int32_t>> myMap
        {
            pair<int32_t, MapObject>(6, MapObject("Six")),
            pair<int32_t, MapObject>(3, MapObject("Three")),
            pair<int32_t, MapObject>(4, MapObject("Four")),
            pair<int32_t, MapObject>(1, MapObject("One")),
            pair<int32_t, MapObject>(2, MapObject("Two"))
        };
        for (auto&& number : myMap)
        {
            cout << number.second.GetName() << endl;
        }

        cout << endl;

        myMap.emplace(pair<int32_t, MapObject>(5, MapObject("Five")));

        for (auto&& number : myMap)
        {
            cout << number.second.GetName() << endl;
        }

        cout << endl;
        auto iter = myMap.find(3);
        if (iter != myMap.end())
        {
            cout << "Found: " << iter->second.GetName() << endl;
        }

        return 0;
    }
```

清单 7-15 使用 map 代替 set 实现了与清单 7-14 中代码完全相同的结果。MapObject 类不包含键，也不包含任何重载运算符来比较使用该类实例化的对象。这是因为 map 的键独立于数据存储。元素使用 pair 模板添加到 map 中，每个 pair 都会给对象关联一个键值。

map 的代码比 set 的代码更加冗长，但 map 包含的对象更简单。当键与类中的其他数据不相关时，map 比 set 更好。具有自然顺序且具有可比性的对象是存储在 set 中的良好候选对象。

map 的迭代器也是 pair。它所包含的 MapObject 可以使用**迭代器**上的**第二个字段**进行检索，而第一个字段存储的是键值。在 map 或 set 上迭代要运算很久，因为元素并不在连续的内存中。关联容器的好处主要是快速查找，其次是排序，但出于性能的考虑，应谨慎使用关联容器。

7.5　将未排序的元素存储在容器中以便快速查找

问题

你有一组数据，它虽不需要排序，但需要执行频繁的查找操作和数据检索操作。

解决方案

STL 为此提供了 `unordered_set` 和 `unordered_map` 容器。

工作原理

`unordered_set` 和 `unordered_map` 容器以哈希图的形式实现。哈希图提供了对象的恒定时间插入、移除和搜索。恒定时间意味着无论容器中的元素有多少，这些运算都需要花费一样长的时间。

由于 `unordered_set` 和 `unordered_map` 容器是哈希图，它们依赖于提供的哈希函数，该函数可以将数据转换为数值。清单 7-16 展示了如何创建一个集合来存储可以哈希和比较的用户自定义类。

清单7-16　使用 `unordered_set`

```
#include <cinttypes>
#include <functional>
#include <iostream>
#include <string>
#include <unordered_set>

using namespace std;

class SetObject;

namespace std
{
    template <>
    class hash<SetObject>
    {
    public:
        template <typename... Args>
        size_t operator()(Args&&... setObject) const
        {
            return hash<string>()((forward<Args...>(setObject...)).GetName());
        }
    };
}
class SetObject
{
private:
```

```cpp
        string m_Name;
        size_t m_Hash{};
public:
        SetObject(const string& name)
            : m_Name{ name }
            , m_Hash{ hash<SetObject>()(*this) }
        {

        }

        const string& GetName() const
        {
            return m_Name;
        }

        const size_t& GetHash() const
        {
            return m_Hash;
        }

        bool operator==(const SetObject& other) const
        {
            return m_Hash == other.m_Hash;
        }
};

int main(int argv, char* argc[])
{
        unordered_set<SetObject> mySet;
        mySet.emplace("Five");
        mySet.emplace("Three");
        mySet.emplace("Four");
        mySet.emplace("One");
        mySet.emplace("Two");

        cout << showbase << hex;

        for (auto&& number : mySet)
        {
            cout << number.GetName() << " - " << number.GetHash() << endl;
        }

        auto iter = mySet.find({ "Three" });
        if (iter != mySet.end())
        {
            cout << "Found: " << iter->GetName() << " with hash: "
            << iter->GetHash() << endl;
        }

        return 0;
}
```

使用 unordered_set 来存储类对象中一些难以理解的代码。首先，我们对 hash 模板进行了偏特化（partial specialization）。这样我们可以创建一个能为 SetObject 类创建哈希值的函数。这通过传递一个 SetObject 实例并为 string 调用 STL hash 函数来实现。使用万能引用（universal reference）和 forward 函数将 SetObject 实例传递给 () 运算符，以实现完美转发。

> **注意**　第 9 章介绍了模板，第 2 章介绍了全局引用以及左值引用、右值引用和完美转发。

SetObject 类需要重载的 == 运算符才能在 unordered_set 中正常运行。如果缺少这个，代码将无法编译。我们不需要 m_Hash 成员变量。之所以包含这个变量，是为了向你们展示 hash 创建的值，以及如何调用 hash 函数。如果 m_Hash 变量不存在，可以比较 m_Name 字符串是否相等。图 7-9 展示了这段代码的输出结果。

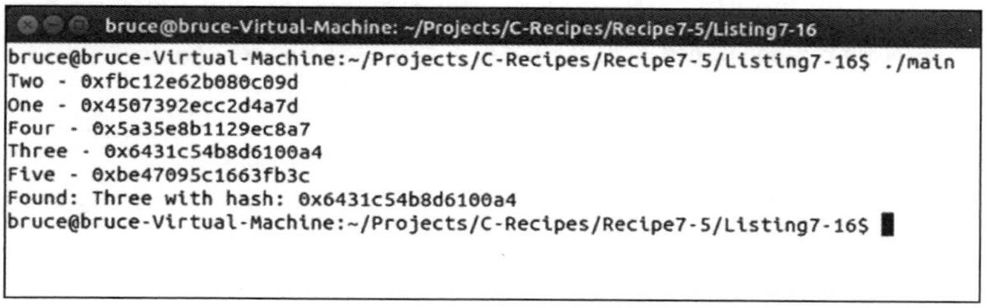

图 7-9　清单 7-16 的输出结果

unordered_map 不需要创建自己的哈希函数，因为 STL 已经将哈希类型作为键。清单 7-17 展示了一个使用整数作为键的 unordered_map。

清单7-17　使用unordered_map

```cpp
#include <cinttypes>
#include <iostream>
#include <string>
#include <unordered_map>

using namespace std;

class MapObject
{
private:
    string m_Name;

public:
    MapObject(const string& name)
        : m_Name{ name }
    {

    }
```

```
    const string& GetName() const
    {
        return m_Name;
    }
};

int main(int argv, char* argc[])
{
    unordered_map<int32_t, MapObject> myMap;
    myMap.emplace(pair<int32_t, MapObject>(5, MapObject("Five")));
    myMap.emplace(pair<int32_t, MapObject>(3, MapObject("Three")));
    myMap.emplace(pair<int32_t, MapObject>(4, MapObject("Four")));
    myMap.emplace(pair<int32_t, MapObject>(1, MapObject("One")));
    myMap.emplace(pair<int32_t, MapObject>(2, MapObject("Two")));

    cout << showbase << hex;

    for (auto&& number : myMap)
    {
        cout << number.second.GetName() << endl;
    }

    auto iter = myMap.find(3);
    if (iter != myMap.end())
    {
        cout << "Found: " << iter->second.GetName() << endl;
    }

    return 0;
}
```

清单 7-17 显示 unordered_map 容器将键值作为其元素进行存储。pair 的第一个字段存储键，pair 的第二个字段存储值，在本例中是 MapObject 的实例。

7.6 使用 C++20 的"指定初始化"特性

问题

你想尝试使用 C++20 的新特性"指定初始化"（Designated Initialization）。

解决方案

Visual Studio 2019 版本 16.4 或更高版本支持新的 C++ 特性"指定初始化"。你需要进入项目设置，并选择 C++ 语言标准的 C++ Latest Working Draft，而不是 ISO C++17，因为旧版本不支持此特性。

工作原理

此特性引入了一种新语法，它通过指定成对的公共数据成员标识符来初始化集合，然后通过直接初始化或大括号两种方法初始化对象属性。C++20 提案中列出了一些项目来证明这个新特性的合理性。

1）提高可读性和明确性。赋予数据成员名称。

2）更灵活和可持续性的集合初始化。如果数据成员未直接初始化，它会收到一个默认值，而且必须按顺序初始化。

3）增加了 C 和 C++ 之间的互操作性。通过与 C 的指定初始化兼容，C++ 与 C 代码的互操作性增强。

使用 Visual Studio 2019 16.4 或更高版本尝试运行以下代码，以查看此特性的运行情况。

清单7-18　C++20中的指定初始化

```
//Designated Initialization C++ 20
//Don't forget to set Visual Studio 19 to C++ Latest working draft C++ version
// 20 and not ISO 17!
#include <iostream>
#include <string>
using namespace std;

struct person { string name; int age; int weight; float height; };

int main()
{
    //Two ways to set values equal initializers or via brace initializers.
    person bill{ .name{"Bill"}, .age = 22, .weight = 180, .height{6.2} };
    // you get an error if designator order does not match declaration order
    person sally{ .name= "Sally", .age = 19, .weight = 120 };
    // var. height initialized to 0 since left out

    //print data
cout << "Person " << bill.name << " has a height of " << bill.height << endl;
cout << "Person " << sally.name << " has a height of " << sally.height << endl;

    return 0;
}
```

标准模板库的算法

STL 提供了一套算法,该算法可以和 STL 提供的容器以及迭代器一起使用。迭代器是一种抽象机制,它允许在许多不同的 STL 集合上进行遍历。本章介绍了迭代器和一些算法以及它们的用途。

8.1 在容器中使用迭代器定义序列

问题

你有一个 STL 容器,想在该容器内标记一个在特定点开始和结束的序列。

解决方案

STL 提供了适用于所有容器的迭代器,并且迭代器可用于表示容器内序列的开始和结束。这个序列可以包括容器中的每个节点,也可以包括容器中节点的子集。

工作原理

迭代器的工作方式类似于指针。它们的语法也非常相似。你可以在清单 8-1 中看到迭代器的使用。

清单8-1　在vector中使用iterator

```
#include <cinttypes>
#include <iostream>
#include <vector>
```

```
using namespace std;

int main(int arcg, char* argv[])
{
    using IntVector = vector<int32_t>;
    using IntVectorIterator = IntVector::iterator;

    IntVector myVector{ 0, 1, 2, 3, 4 };
    for (IntVectorIterator iter = myVector.begin();
    iter != myVector.end(); ++iter)
    {
        cout << "The value is: " << *iter << endl;
    }

    return 0;
}
```

清单 8-1 的 `main` 函数中创建了一个 `int` 类型的 `vector`。第一个类型别名用于生成一个新的 `IntVector` 类型，以表示这种集合的类型。第二个别名表示用于这个集合的 `iterator` 的类型。你可以看到，`iterator` 类型需要通过初始 `vector` 类型来访问。这很有必要，因为 `iterator` 还需要在向量进行操作的同一类型的对象上进行操作。将迭代器类型包含在向量类型中，可以让你一起指定要对其进行操作的类型，在本例中为 `int32_t`。

`iterator` 类型用于获取 `for` 循环 `myVector` 集合的开始和结束的引用。向量返回迭代器的 `begin` 和 `end` 方法。如果表示集合开始的 `iterator` 与表示集合结束的 `iterator` 相等，则该集合为空。这是 `iterator` 与指针的第一个共同属性：它们具有可比性。

`for` 循环中的 `iter` 变量初始化值为 `vector::begin` 方法所返回的值。`for` 循环一直执行，直到 `iter` 变量等于 `vector::end` 方法所返回的 `iterator`。这表明集合中的值序列可以由两个 `iterator` 来表示，一个在序列的开始，一个在序列的结束。`iterator` 提供了一个自增运算符（increment operator），它允许迭代器移动到序列中的下一个元素。这就是为什么 `for` 循环中的 `iter` 变量可以被初始化为 `begin` 返回的 `iterator`，并且可以在序列遍历完成之前对 `end` 进行测试。这也恰好是 `iterator` 与指针的另一个共同属性：自增或自减将把迭代器移动到序列中的下一个或最后一个元素。

> **注意**　并非所有迭代器都支持自增和自减运算。在下面的段落中，你会看到一些不一样的情况。

对 `iterator` 来说，最后一个重要的运算是解引用运算符。你可能熟悉指针中的这个操作，这也是迭代器与指针最后一个共同属性。你可以从清单 8-1 中看到，解引用运算符用于检索 `iterator` 代表的值。在这个例子中，解引用被用来从集合中检索迭代器并将其发送到控制台。如图 8-1 所示。

```
bruce@bruce-Virtual-Machine: ~/Projects/C-Recipes/Recipe8-1/Listing8-1
bruce@bruce-Virtual-Machine:~/Projects/C-Recipes/Recipe8-1/Listing8-1$ ./main
The value is: 0
The value is: 1
The value is: 2
The value is: 3
The value is: 4
bruce@bruce-Virtual-Machine:~/Projects/C-Recipes/Recipe8-1/Listing8-1$
```

图 8-1　在遍历 myVector 集合的输出结果

如果不使用解引用运算符而试图输出 iterator，会导致编译错误，因为 cout::<< 运算符不支持 iterator 类型。

清单 8-1 中的代码使用的是标准的前向迭代器。这种类型的迭代器提供了对容器中每个元素的非常量访问。清单 8-2 展示了这个属性的含义。

清单8-2　使用非常量迭代器

```
#include <cinttypes>
#include <iostream>
#include <vector>

using namespace std;

int main(int arcg, char* argv[])
{
    using IntVector = vector<int32_t>;
    using IntVectorIterator = IntVector::iterator;

    IntVector myVector(5, 0);
    int32_t value{ 0 };
    for (IntVectorIterator iter = myVector.begin(); iter != myVector.end();
        ++iter)
    {
        *iter = value++;
    }

    for (IntVectorIterator iter = myVector.begin(); iter != myVector.end();
        ++iter)
    {
        cout << "The value is: " << *iter << endl;
    }

    return 0;
}
```

如果你将清单 8-2 与清单 8-1 进行比较，你会发现 myVector 集合的初始化方式不同。清单 8-2 将 vector 初始化为包含值 0 的 5 份副本。然后使用 for 循环遍历该 vector，并使用 iterator 解引用运算符将递增的值变量分配给 myVector 中的每个位置。由于 iterator 类型的非常量性质，这可以实现。如果你想使用一个 iterator，而你知道该 iterator 对其值不具有写访问权限，那么你可以使用 const_iterator，如清单 8-3 所示。

清单8-3 使用const_iterator

```
#include <cinttypes>
#include <iostream>
#include <vector>

using namespace std;

int main(int arcg, char* argv[])
{
    using IntVector = vector<int32_t>;
    using IntVectorIterator = IntVector::iterator;
    using ConstIntVectorIterator = IntVector::const_iterator;

    IntVector myVector(5, 0);
    int32_t value{ 0 };
    for (IntVectorIterator iter = myVector.begin(); iter != myVector.end();
        ++iter)
    {
        *iter = value++;
    }

    for (ConstIntVectorIterator iter = myVector.cbegin(); iter != myVector.
        cend(); ++iter)
    {
        cout << "The value is: " << *iter << endl;
    }

    return 0;
}
```

清单 8-3 在第二个 for 循环中使用 vector::cbegin 和 vector::cend 方法来获得对 myVector 元素的访问权限，而不提供写权限。任何试图给 const_iterator 赋值的行为都会导致你在构建程序时被提示存在编译错误。由 C++ 集合提供的 iterator 和 const_iterator 类型都是前向迭代器的例子。这意味着它们都按照你猜想的顺序从头到尾遍历集合。STL 集合还支持 reverse_iterator 和 const_reverse_iterator 类型，这些类型允许从后往前遍历序列。清单 8-4 展示了使用 reverse_iterator 来从高位到低位初始化 myVector 集合。

清单8-4 使用reverse_iterator初始化myVector

```
#include <cinttypes>
#include <iostream>
#include <vector>

using namespace std;

int main(int arcg, char* argv[])
{
    using IntVector = vector<int32_t>;
```

```
    using IntVectorIterator = IntVector::iterator;
    using ConstIntVectorIterator = IntVector::const_iterator;

    using ReverseIntVectorIterator = IntVector::reverse_iterator;
    using ConstReverseIntVectorIterator = IntVector::const_reverse_iterator;

    IntVector myVector(5, 0);
    int32_t value { 0 };
    for (ReverseIntVectorIterator iter = myVector.rbegin(); iter !=
        myVector.rend(); ++iter)
    {
        *iter = value++;
    }

    for (ConstIntVectorIterator iter = myVector.cbegin(); iter != myVector.
        cend(); ++iter)
    {
        cout << "The value is: " << *iter << endl;
    }

    return 0;
}
```

清单 8-4 展示了 **reverse_iterator** 应该和 **vector** 提供的 **rbegin** 和 **rend** 方法一起使用。增加 **reverse_iterator** 使它在集合中向后移动。图 8-2 展示了 **myVector** 集合以相反的顺序存储了值。

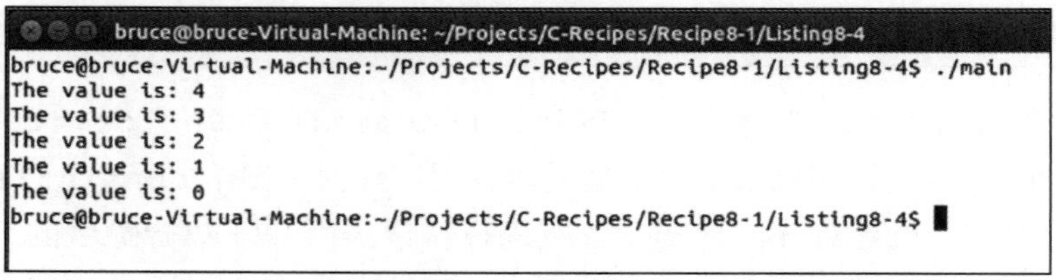

图 8-2　**myVector** 中的值顺序为反

图 8-2 中的输出也可以通过清单 8-5 中的代码来实现，该代码使用 **const_reverse_iterator** 来输出数值。

清单8-5　使用**const_reverse_iterator**反向输出**myVector**的值

```
#include <cinttypes>
#include <iostream>
#include <vector>

using namespace std;

int main(int arcg, char* argv[])
{
    using IntVector = vector<int32_t>;
```

```
using IntVectorIterator = IntVector::iterator;
using ConstIntVectorIterator = IntVector::const_iterator;

using ReverseIntVectorIterator = IntVector::reverse_iterator;
using ConstReverseIntVectorIterator = IntVector::const_reverse_iterator;

IntVector myVector(5, 0);
int32_t value{ 0 };
for (IntVectorIterator iter = myVector.begin(); iter != myVector.end();
    ++iter)
{
    *iter = value++;
}

for (ConstReverseIntVectorIterator iter = myVector.crbegin();
    iter != myVector.crend();
    ++iter)
{
    cout << "The value is: " << *iter << endl;
}

return 0;
}
```

清单 8-5 使用 const_reverse_iterator 以及 crbegin 和 crend 方法将集合从最后一个遍历到第一个，并以相反的顺序输出值。

迭代器将在本章的其余部分扮演重要角色，因为它们是 STL 提供的算法的输入部分。

8.2　对容器中的每个元素都调用函数

问题

你有一个容器，并想用一个简单的方法对每个元素都调用一个函数。

解决方案

STL 提供了 for_each 函数，该函数需要一个开始迭代器、一个结束迭代器和一个调用这两个迭代器之间元素的函数。

工作原理

可以将 for_each 函数传递给两个迭代器。这些迭代器定义了容器中应被遍历的起点和终点。第三个参数是为每个元素调用的函数。元素本身被传递到函数中。清单 8-6 展示

了 **for_each** 函数的使用情况。

清单8-6　for_each算法

```cpp
#include <algorithm>
#include <cinttypes>
#include <iostream>
#include <vector>

using namespace std;

int main(int argc, char* argv[])
{
    vector<int32_t> myVector
    {
        1,
        2,
        3,
        4,
        5
    };
    for_each(myVector.begin(), myVector.end(),
        [](int32_t value)
        {
            cout << value << endl;
        });

    return 0;
}
```

清单 8-6 中的代码创建了一个包含五个元素（数字 1 到 5）的 **vector**。将 begin 方法和 end 方法返回的迭代器传递给 **for_each** 函数，目的是指定传递给这个函数（参数 3 提供的函数）的值的范围。参数 3 是未命名的函数或 lambda。

lambda 的方括号表示捕获列表。此列表允许 lambda 访问创建它的函数中的变量。在这种情况下，我们不从函数中捕获任何变量。括号表示参数列表。清单 8-1 中的 lambda 需要将 **int32_t** 作为参数，因为它是存储在 **vector** 中的类型。大括号表示函数体，就像标准函数体那样。这段代码的输出结果如图 8-3 所示。

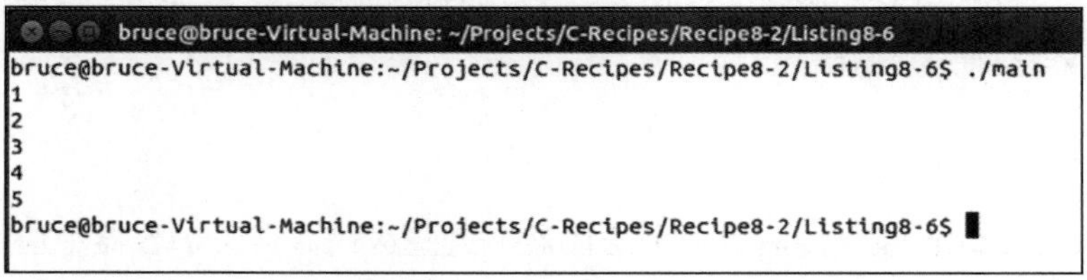

图 8-3　清单 8-6 中 **for_each** 和 lambda 的输出结果

之所以生成这个输出，是因为 `for_each` 算法将 `myVector` 中的每个整数传递到提供的函数中，在本例中是 lambda 函数。

8.3　查找容器中的最大值和最小值

问题

有时你需要找到容器中最大或最小的值。

解决方案

STL 提供了查找 STL 容器中的最大值和最小值的算法，即 `min_element` 和 `max_element` 函数。

工作原理

查找容器中的最小值

`min_element` 函数通过将 `iterator` 放到给定序列的开头和结尾，来遍历这个序列并找到其中的最小值。如清单 8-7 所示。

清单8-7　使用min_element算法

```cpp
#include <algorithm>
#include <iostream>
#include <vector>

using namespace std;

int main(int argc, char* argv[])
{
    vector<int> myVector{ 4, 10, 6, 9, 1 };
    auto minimum = min_element(myVector.begin(), myVector.end());

    cout << "Minimum value: " << *minimum << std::endl;

    return 0;
}
```

在这个例子中，你可以看到一个用于存储 `integer` 元素的 `vector`。`min_element` 函数被传递给 `iterator`，该 `iterator` 表示 `vector` 包含序列的开始和结束。该算法返回一个 `iterator` 到包含最小值的元素。本书在这里使用 `auto` 是为了避免写出迭代器的所有类型（即 `vector<int>::iterator`）。显然，输出值那行代码会返回一个迭代器。在迭代器中检索 `integer` 值需要指针解引用运算符。可以在图 8-4 中看到代码的输出结果。

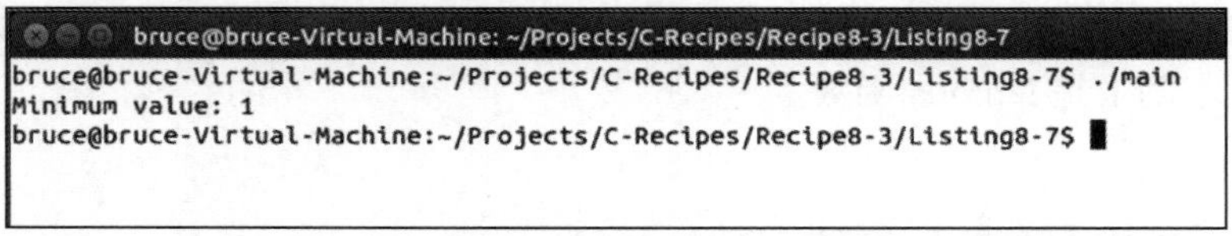

图 8-4　清单 8-7 的输出结果显示检索到的最小值

清单 8-7 中的容器存储了整数值。其中两个 int 变量可以使用 < 运算符进行比较。你可以在你的类中提供一个重写的 < 运算符，来使用 min_element 函数。如清单 8-8 所示。

清单8-8　在包含<运算符的类中使用min_element

```cpp
#include <algorithm>
#include <iostream>
#include <vector>

using namespace std;

class MyClass
{
private:
    int m_Value;

public:
    MyClass(const int value)
        : m_Value{ value }
    {
    }

    int GetValue() const
    {
        return m_Value;
    }

    bool operator <(const MyClass& other) const
    {
        return m_Value < other.m_Value;
    }
};

int main(int argc, char* argv[])
{
    vector<MyClass> myVector{ 4, 10, 6, 9, 1 };
    auto minimum = min_element(myVector.begin(), myVector.end());

    if (minimum != myVector.end())
    {
        cout << "Minimum value: " << (*minimum).GetValue() << std::endl;
    }

    return 0;
}
```

清单 8-8 与清单 8-7 不同的是，它使用了 `MyClass` 对象的 `vector`，而不是 `integer` 值的 `vector`。但是对 `min_element` 的调用仍然完全相同。在这种情况下，`min_element` 将遍历序列，并使用添加到 `MyClass` 类中的 `<` 运算符来查找最小值。在这种情况下，还有必要防止移动到序列的末端，因为末端元素不会指向一个有效的对象，因此解引用和调用 `GetValue` 很可能会导致崩溃。

比较非基本类型的另一方法是直接向 `min_element` 函数提供一个比较函数。该选项如清单 8-9 所示。

清单8-9 在`min_element`单独使用函数

```cpp
#include <algorithm>
#include <iostream>
#include <vector>

using namespace std;

class MyClass
{
private:
    int m_Value;

public:
    MyClass(const int value)
        : m_Value{ value }
    {

    }

    int GetValue() const
    {
        return m_Value;
    }
};

bool CompareMyClasses(const MyClass& left, const MyClass& right)
{
    return left.GetValue() < right.GetValue();
}

int main(int argc, char* argv[])
{
    vector<MyClass> myVector{ 4, 10, 6, 9, 1 };
    auto minimum = min_element(myVector.begin(), myVector.end(),
    CompareMyClasses);
    if (minimum != myVector.end())
    {
        cout << "Minimum value: " << (*minimum).GetValue() << std::endl;
    }

    return 0;
}
```

在清单 8-9 中，我们为 `min_element` 函数提供了一个指向比较函数的指针。此函数用于比较从 `MyClass GetValue` 方法返回的值。这个比较函数是以一种非常特殊的方式构造的，它需要两个参数，且都是对 `MyClass` 对象的常数引用。如果第一个参数的值小于第二个参数，该函数应返回 `true`。选择 `left` 和 `right` 的名称可以使得 `<` 运算符更美观。调用 `min_element` 被修改为需要包含第三个参数，即指向 `CompareMyClasses` 函数的指针。清单 8-8 和清单 8-9 中代码的输出结果与图 8-4 一致。

查找容器中的最大值

`min_element` 函数可以用来查找序列中的最小值，`max_element` 函数可以用来查找最大值。该函数的使用方法与 `min_element` 函数完全相同，如清单 8-10 所示。

清单8-10　使用max_element

```cpp
#include <algorithm>
#include <iostream>
#include <vector>

using namespace std;

class MyClass
{
private:
    int m_Value;
public:
    MyClass(const int value)
        : m_Value{ value }
    {

    }

    int GetValue() const
    {
        return m_Value;
    }

    bool operator <(const MyClass& other) const
    {
        return m_Value < other.m_Value;
    }
};

bool CompareMyClasses(const MyClass& left, const MyClass& right)
{
    return left.GetValue() < right.GetValue();
}

int main(int argc, char* argv[])
{
    vector<int> myIntVector{ 4, 10, 6, 9, 1 };
```

```
    auto intMinimum = max_element(myIntVector.begin(), myIntVector.end());
    if (intMinimum != myIntVector.end())
    {
        cout << "Maxmimum value: " << *intMinimum << std::endl << std::endl;
    }

    vector<MyClass> myMyClassVector{ 4, 10, 6, 9, 1 };
    auto overrideOperatorMinimum = max_element(myMyClassVector.begin(),
        myMyClassVector.end());
    if (overrideOperatorMinimum != myMyClassVector.end())
    {
        cout << "Maximum value: " << (*overrideOperatorMinimum).GetValue()
            << std::endl << std::endl;
    }

    auto functionComparisonMinimum = max_element(myMyClassVector.begin(),
        myMyClassVector.end(),
        CompareMyClasses);
    if (functionComparisonMinimum != myMyClassVector.end())
    {
        cout << "Maximum value: " << (*functionComparisonMinimum).GetValue()
            << std::endl << std::endl;
    }

    return 0;
}
```

清单 8-10 展示了可以使用 max_element 函数来代替 min_element 函数。重要的是要意识到 max_element 函数仍然使用 < 运算符。看起来 max_element 应该使用 > 运算符来代替，但是使用 < 运算符并返回 false 而不是 true 也同样有效，结果表示一个值大于另一个值。

8.4 计算序列中某个值的出现次数

问题

有时你可能想知道一个序列中存在多少个特定值。

解决方案

STL 提供了一种名为 count 的算法。这个算法可以在序列中搜索，并返回所提供的值被发现的次数。

工作原理

count 函数需要 3 个参数：开始 iterator、结束 iterator 和要找的值。给定这 3

个参数，该算法将返回该值出现的次数。如清单 8-11 所示。

清单8-11　使用计数算法

```
#include <algorithm>
#include <iostream>
#include <vector>

using namespace std;

int main(int argc, char* argv[])
{
    vector<int> myVector{ 3, 2, 3, 7, 3, 8, 9, 3 };
    auto number = count(myVector.begin(), myVector.end(), 3);
    cout << "The number of 3s in myVector is: " << number << endl;

    return 0;
}
```

清单 8-11 中的代码使用 count 函数来遍历序列，并返回遇到值 3 的次数。你可以在图 8-5 中看到运行的结果为 4。

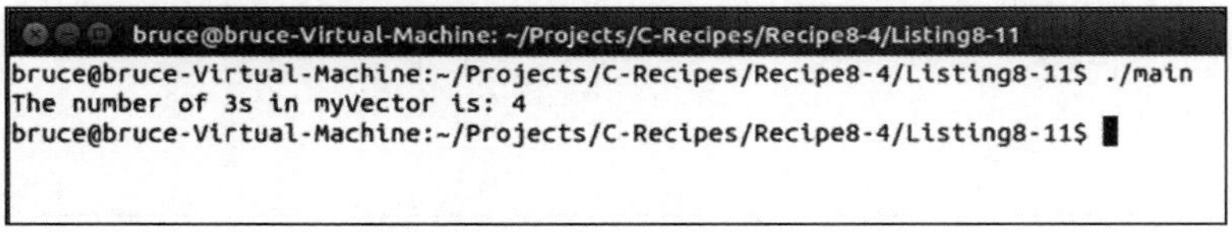

图 8-5　清单 8-11 的输出结果

C++ 还提供了一些特殊的谓词函数，它们可以与字符数据以及 count_if 函数一起使用。这些函数可以用来计算大写或小写字母的数量，以及判断一个字符是字母数字、空白字符还是标点符号。你可以在清单 8-12 中看到这些函数的应用。

清单8-12　对字符谓词使用count函数

```
#include <algorithm>
#include <cctype>
#include <iostream>
#include <string>

using namespace std;

int main(int argc, char* argv[])
{
    string myString{ "Bruce Sutherland!" };

    auto numberOfCapitals = count_if(
        myString.begin(),
        myString.end(),
        [](auto&& character)
        {
```

```
            return static_cast<bool>(isupper(character));
        });
    cout << "The number of capitals: " << numberOfCapitals << endl;

    auto numberOfLowerCase = count_if(
        myString.begin(),
        myString.end(),
        [](auto&& character)
        {
            return static_cast<bool>(islower(character));
        });
    cout << "The number of lower case letters: " << numberOfLowerCase << endl;
    auto numberOfAlphaNumerics = count_if(
        myString.begin(),
        myString.end(),
        [](auto&& character)
        {
            return static_cast<bool>(isalpha(character));
        });
    cout << "The number of alpha numeric characters:
" << numberOfAlphaNumerics << endl;

    auto numberOfPunctuationMarks = count_if(
        myString.begin(),
        myString.end(),
        [](auto&& character)
        {
            return static_cast<bool>(ispunct(character));
        });
    cout << "The number of punctuation marks: " << numberOfPunctuationMarks
         << endl;

    auto numberOfWhiteSpaceCharacters = count_if(
        myString.begin(),
        myString.end(),
        [](auto&& character)
        {
            return static_cast<bool>(isspace(character));
        });
    cout << "The number of white space characters:
" << numberOfWhiteSpaceCharacters << endl;

    return 0;
}
```

在清单 8-12 中，可以看到使用 lambda 将谓词传递给 count_if 函数。count_if 模板必须使用 lambda 函数，这样才能确保提供的函数返回 bool 类型的谓词。count_if 函数返回所提供函数返回 true 值的次数。你可以在图 8-6 中看到对 count_if 多次调用的结果。

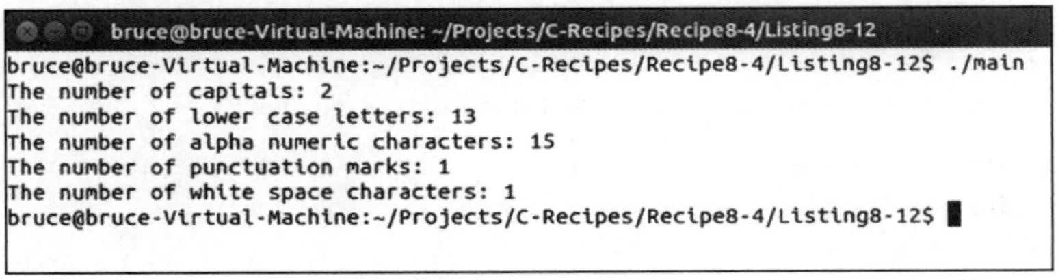

图 8-6 清单 8-12 中代码的输出结果

清单 8-12 中提供的字符串很简单，因此很容易确认字符谓词是否按预期工作。你可以仔细检查图 8-6 中的结果，以确认情况属实。

8.5 查找序列中的值

问题

你可能想查找序列中与特定值匹配的第一个元素的迭代器。

解决方法

STL 提供了 `find` 函数来检索序列中与所提供的值匹配的第一个元素的迭代器。

工作原理

`find` 函数可用于检索与你提供的值相匹配的第一个元素的迭代器。你可以使用它从头到尾遍历整个序列。清单 8-13 展示了如何使用 `while` 循环并用它遍历整个序列。

清单8-13 使用find函数

```cpp
#include <algorithm>
#include <iostream>
#include <string>

using namespace std;

int main(int argc, char* argv[])
{
    string myString{ "Bruce Sutherland" };

    auto found = find(myString.begin(), myString.end(), 'e');
    while (found != myString.end())
    {
        cout << "Found: " << *found << endl;

        found = find(found+1, myString.end(), 'e');
    }

    return 0;
}
```

清单 8-13 中的代码输出两次字母 e，因为在变量 myString 中存储的 string 有两个字母 e。第一次调用 find 会返回一个迭代器，指向字符串中 e 的第一个实例。while 循环中的调用从该迭代器之后的位置开始。这样 find 函数在所提供的数据集中逐步搜索，并最终到达结尾。到达结尾后，while 循环就会终止。清单 8-13 中代码的输出结果如图 8-7 所示。

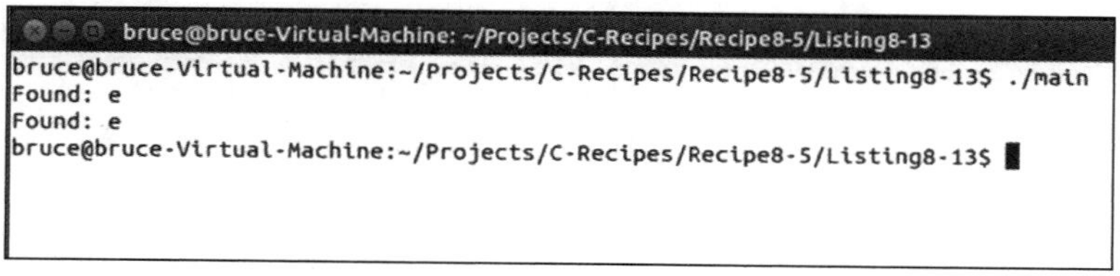

图 8-7　清单 8-13 代码的输出结果

8.6　排序序列中的元素

问题

有时容器中的数据会变得无序，你想对这些数据重新排序。

解决方案

STL 提供了排序算法来重新排列序列中的数据。

工作原理

排序函数将迭代器放到序列的开头以及结尾。它会自动把两个迭代器之间的值按升序排序。你可以在清单 8-14 中看到这个功能的相关代码。

清单8-14　使用sort算法

```cpp
#include <algorithm>
#include <iostream>
#include <vector>

using namespace std;

int main(int argc, char* argv[])
{
    vector<int> myVector{ 10, 6, 4, 7, 8, 3, 9 };
    sort(myVector.begin(), myVector.end());

    for (auto&& element : myVector)
    {
        cout << element << ", ";
```

```
    }
    cout << endl;
    return 0;
}
```

清单 8-14 中的代码将把 myVector 中的值重新按升序排序。代码输出如图 8-8 所示。

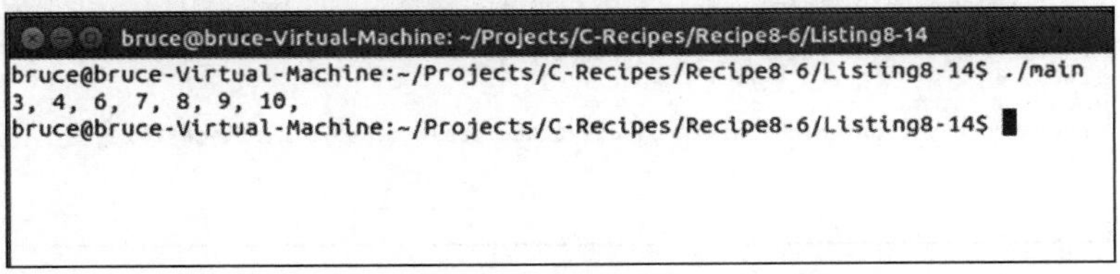

图 8-8　按升序排序的 myVector 元素

如果你想自定义数据的排列顺序（如降序），那么你必须为 sort 算法提供一个谓词函数。清单 8-15 展示了使用谓词将数字 vector 按降序排序。

清单8-15　在 sort 中使用谓词

```cpp
#include <algorithm>
#include <iostream>
#include <vector>
using namespace std;
bool IsGreater(int left, int right)
{
    return left > right;
}
int main(int argc, char* argv[])
{
    vector<int> myVector{ 10, 6, 4, 7, 8, 3, 9 };
    sort(myVector.begin(), myVector.end(), IsGreater);
    for (auto&& element : myVector)
    {
        cout << element << ", ";
    }
    return 0;
}
```

清单 8-15 中 myVector 的数据与清单 8-14 中存储的数据相同。这两个清单的不同之处在于清单 8-15 使用了 IsGreater 函数。它被传递给 sort 函数，来比较 myVector 中的值。正如图 8-8 中所示，标准的 sort 函数会将数值从低到高排序。而图 8-9 显示清单 8-15 中的代码将把数字从高到低排序。

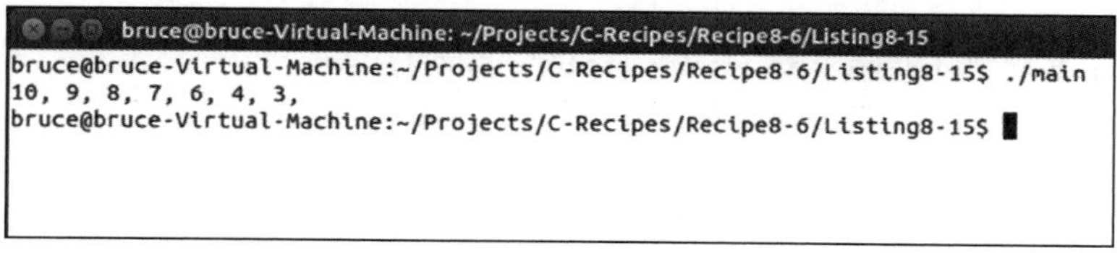

图 8-9　清单 8-15 输出的数字从高到低排序

8.7　查找集合中的值

问题

你想在有序的 `set` 中查找值。

解决方案

`set` 容器存储了键值，它是一个很方便的工具。

工作原理

`find` 函数检查你要搜索的键的集。如果找到了，它返回一个 `true`，并执行 `if` 语句。否则返回 `else`，意味着没有找到这个键。此示例还在初始化创建后在有序集中插入了一条新记录。请尝试清单 8-16 中相关的代码。

清单8-16　使用Ordered set.XE "排序算法: : : : :"

```
//Example of simple lookup of an ordered set
#include <iostream>
#include <string>
#include <set>
using namespace std;
struct Inventory
{
    string Name;
    int SKU;
    string Description;
    float Price;
};
bool operator<(const Inventory& p1, const Inventory& p2)
{
    return p1.Name < p2.Name;
}

set<Inventory> items
{
```

```cpp
    { "hammer", 100, "standard regular hammer", 10.00 },
    { "saw", 200,  "wood saw with plastic handle", 5.99 },
    { "nails", 300, "12 size nails, 10 ct.", 2.99 },
    { "saw", 400, "metal cutting saw", 13.99 }
};
int main()
{
    items.insert({ "glue", 500, "sticky", 1.99 });
    if (items.find({ "glue", 0, "", 0.0 }) != items.end())
        cout << "We have your part in stock!\n";
    else
        cout << "We could not find that part.\n";
    return 0;
}
```

第 9 章 Chapter 9

模 板

标准模板库是一个 C++ 软件库，模板是 C++ 编程语言中的一个重要特性，而标准模板库正是基于此特性编写的。模板提供了一种方法，你可以使用该方法编写通用代码，这些代码可以在编译时特化，以创建不同类型的函数和类。对模板代码的唯一要求是，使用特化模板可以生成所有类型的输出。换句话说，你有一个模板，它可以比较 3 个整数、3 个字符或 3 个浮点数，但不管怎样，它都接受 3 种要比较的数据类型。本章的其余部分将进一步解释这个重要的知识点。

9.1 创建模板函数

问题

你想创建一个可以传递不同类型的参数并返回不同类型的值的函数。

解决方案

可以使用方法重载来为不同类型的数据提供不同版本的函数，但这仍然对使用特定类型的函数有所限制。更好的方法是创建一个模板函数，专门用于处理有多种输入输出类型的工作。

工作原理

C++ 包含了一个模板编译器，它可以在编译时将通用函数的定义转换成具体的函数。

创建一个模板函数
模板允许你在编写代码时无须指定具体类型。代码中通常包含你想使用的类型。清单 9-1 展示了在这种常见的情况下编写的一个函数。

清单9-1　非模板函数

```
#include <iostream>
using namespace std;
int Add(int a, int b)
{
    return a + b;
}
int main(int argc, char* argv[])
{
    const int number1{ 1 };
    const int number2{ 2 };
    const int result{ Add(number1, number2) };

    cout << "The result of adding" << endl;
    cout << number1 << endl;
    cout << "to" << endl;
    cout << number2 << endl;
    cout << "is" << endl;
    cout << result;

    return 0;
}
```

清单 9-1 中的 Add 函数是一个标准的 C++ 函数。它接受两个 int 参数并返回一个 int 值。你可以编写这个函数的 float 版本，方法是拷贝这个函数并将 int 的每个引用替换为 float。然后可以对 string 或你希望函数支持的其他类型执行相同的操作。这种方法的问题在于，即使函数的主体保持不变，也必须为每种参数类型拷贝该函数。另一种解决方案是使用模板函数。你可以在清单 9-2 中看到模板版本的 Add 函数。

清单9-2　Add的模板函数

```
template <typename T>
T Add(const T& a, const T& b)
{
    return a + b;
}
```

如你所见，Add 的模板版本没有使用具体类型 int。而是在模板块中定义函数。关键字 template 用来告诉编译器下一个代码块应被视为模板。其后是一个尖括号部分（<>），该部分定义了模板可使用的任何类型。此示例定义了一个由字符 T 表示的单一模板类型。然后 T 指定了返回类型以及传递给该函数的两个参数类型。

注 意 最好将参数作为 `const` 引用传递给模板函数。`Add` 最初按值传递 `int` 类型，但是无法保证模板按值传递（例如值是拷贝的对象）时，要传递的对象不会造成性能损失。

现在你已经将 `Add` 函数模板化了，如清单 9-3 所示，`main` 函数中的调用代码与清单 9-1 没有什么不同。

清单9-3 调用模板化的Add函数

```cpp
#include <iostream>

using namespace std;

template <typename T>
T Add(const T& a, const T& b)
{
    return a + b;
}

int main(int argc, char* argv[])
{
    const int number1{ 1 };
    const int number2{ 2 };
    const int result{ Add(number1, number2) };

    cout << "The result of adding" << endl;
    cout << number1 << endl;
    cout << "to" << endl;
    cout << number2 << endl;
    cout << "is" << endl;
    cout << result;

    return 0;
}
```

清单 9-3 对 `Add` 函数进行了调用，调用的位置与清单 9-1 中的代码完全相同。因为编译器可以隐式地计算出能与模板一起使用的正确类型。

显式与隐式模板特化

有时你想明确声明模板可以使用的类型。清单 9-4 展示了一个显式模板特化的例子。

清单9-4 显式和隐式模板特化

```cpp
#include <iostream>

using namespace std;

template <typename T>
T Add(const T& a, const T& b)
{
    return a + b;
```

```
}
template <typename T>
void Print(const T& value1, const T& value2, const T& result)
{
    cout << "The result of adding" << endl;
    cout << value1 << endl;

    cout << "to" << endl;

    cout << value2 << endl;

    cout << "is" << endl;

    cout << result;

    cout << endl << endl;
}
int main(int argc, char* argv[])
{
    const int number1{ 1 };
    const int number2{ 2 };
    const int intResult{ Add(number1, number2) };
    Print(number1, number2, intResult);

    const float floatResult{ Add(static_cast<float>(number1),
    static_cast<float>(number2)) };
    Print<float>(number1, number2, floatResult);

    return 0;
}
```

清单 9-4 添加了一个模板 Print 函数，它带有 3 个模板化的参数。这个函数在主函数中被调用了两次。第一次，模板类型是隐式推导出来的，这有可能实现，因为传递给函数的 3 个参数都是 int 类型，因此，编译器计算出你打算调用模板的 int 版本。对 Print 的第二次调用是显式的，这是通过在函数名后面添加包含要使用的类型（在本例中为 float）的尖括号来实现的，这很有必要，因为传递给函数的变量类型不同，这里的 number1 和 number2 都是 int 类型，但 floatResult 是 float 类型。因此，编译器不能推导出与模板一起使用的正确类型。当我试图用隐式特化来编译这段代码时，Visual Studio 产生了以下错误：

```
error C2782: 'void Print(const T &,const T &,const T &)' : template
parameter 'T' is ambiguous
```

9.2　模板偏特化

问题

你有一个模板函数，它不能用特定的类型进行编译。

解决方案

你可以使用模板偏特化来创建模板重载。

工作原理

模板函数的函数体包含了需要隐式属性的代码,这些隐式属性来自你用来特化该模板的类型。思考清单 9-5 中的代码。

清单9-5　模板函数

```cpp
#include <iostream>

using namespace std;

template <typename T>
T Add(const T& a, const T& b)
{
    return a + b;
}

template <typename T>
void Print(const T& value1, const T& value2, const T& result)
{
    cout << "The result of adding" << endl;
    cout << value1 << endl;
    cout << "to" << endl;
    cout << value2 << endl;
    cout << "is" << endl;
    cout << result;

    cout << endl << endl;
}
int main(int argc, char* argv[])
{
    const int number1{ 1 };
    const int number2{ 2 };
    const int intResult{ Add(number1, number2) };
    Print(number1, number2, intResult);

    return 0;
}
```

此代码需要 Add 函数和 Print 函数使用的类型的两个隐式属性。Add 函数要求所使用的类型也可以与 + 运算符一起使用。Print 函数要求所使用的类型可以传递给 << 运算符。main 函数将这些函数与 int 变量一起使用,因而满足这两个条件。如果对自己创建的类使用 Add 或 Print 运算符,那么编译器很可能无法将该类与 + 或 << 运算符一起使用。

注 意 在这种情况下，"正确的" 解决方案是添加重载的 + 和 << 运算符，以便原代码按预期工作。这个例子展示了你如何使用偏特化来实现同样的结果。

可以更新清单 9-5 以使用一个简单的类，如清单 9-6 所示。

清单9-6　对类使用模板

```cpp
#include <iostream>

using namespace std;

class MyClass
{
private:
    int m_Value{ 0 };

public:
    MyClass() = default;

    MyClass(int value)
        : m_Value{ value }
    {

    }

    MyClass(int number1, int number2)
        : m_Value{ number1 + number2 }
    {

    }

    int GetValue() const
    {
        return m_Value;
    }
};

template <typename T>
T Add(const T& a, const T& b)
{
    return a + b;
}

template <typename T>
void Print(const T& value1, const T& value2, const T& result)
{
    cout << "The result of adding" << endl;
    cout << value1 << endl;
    cout << "to" << endl;
    cout << value2 << endl;
    cout << "is" << endl;
    cout << result;
```

```
        cout << endl << endl;
    }

    int main(int argc, char* argv[])
    {
        const MyClass number1{ 1 };
        const MyClass number2{ 2 };
        const MyClass intResult{ Add(number1, number2) };
        Print(number1, number2, intResult);

        return 0;
    }
```

清单 9-6 中的代码无法被编译。因为编译器无法找到能与 + 和 << 的 **MyClass** 类型一起使用的运算符。你可以使用模板偏特化来解决这个问题，如清单 9-7 所示。

清单9-7　使用模板偏特化

```
#include <iostream>

using namespace std;

class MyClass
{
private:
    int m_Value{ 0 };

public:
    MyClass() = default;

    MyClass(int value)
        : m_Value{ value }
    {

    }

    MyClass(int number1, int number2)
        : m_Value{ number1 + number2 }
    {

    }

    int GetValue() const
    {
        return m_Value;
    }
};

template <typename T>
T Add(const T& a, const T& b)
{
    return a + b;
}
```

```cpp
template <>
MyClass Add(const MyClass& myClass1, const MyClass& myClass2)
{
    return MyClass(myClass1.GetValue(), myClass2.GetValue());
}
template <typename T>
void Print(const T& value1, const T& value2, const T& result)
{
    cout << "The result of adding" << endl;
    cout << value1 << endl;
    cout << "to" << endl;
    cout << value2 << endl;
    cout << "is" << endl;
    cout << result;

    cout << endl << endl;
}
template <>
void Print(const MyClass& value1, const MyClass& value2, const MyClass& result)
{
    cout << "The result of adding" << endl;
    cout << value1.GetValue() << endl;
    cout << "to" << endl;
    cout << value2.GetValue() << endl;
    cout << "is" << endl;
    cout << result.GetValue();

    cout << endl << endl;
}
int main(int argc, char* argv[])
{
    const MyClass number1{ 1 };
    const MyClass number2{ 2 };
    const MyClass intResult{ Add(number1, number2) };
    Print(number1, number2, intResult);

    return 0;
}
```

清单 9-7 中的代码添加了 **Add** 和 **Print** 的特化版本。它通过在函数签名中使用空的模板类型修饰符和具体的 **MyClass** 类型来实现。你可以在 **Add** 函数中看到，该函数传递的参数是 **MyClass** 类型，返回值也是 **MyClass** 类型。偏特化的 **Print** 函数还将 **const** 引用传递给 **MyClass** 变量。模板函数仍然可用于 **int** 和 **float** 变量，现在还显示支持 **MyClass** 类型。

为了完整起见，清单 9-8 展示了一个首选的方法，该方法向 **MyClass** 添加了 **+** 和 **<<** 运算符支持。

清单9-8　向MyClass添加+和<<运算符支持

```cpp
#include <iostream>

using namespace std;

class MyClass
{
    friend ostream& operator <<(ostream& os, const MyClass& myClass);
private:
    int m_Value{ 0 };
public:
    MyClass() = default;

    MyClass(int value)
        : m_Value{ value }
    {
    }
    MyClass(int number1, int number2)
        : m_Value{ number1 + number2 }
    {
    }

    MyClass operator +(const MyClass& other) const
    {
        return m_Value + other.m_Value;
    }
};

ostream& operator <<(ostream& os, const MyClass& myClass)
{
    os << myClass.m_Value;
    return os;
}

template <typename T>
T Add(const T& a, const T& b)
{
    return a + b;
}

template <typename T>
void Print(const T& value1, const T& value2, const T& result)
{
    cout << "The result of adding" << endl;
    cout << value1 << endl;
    cout << "to" << endl;
    cout << value2 << endl;
    cout << "is" << endl;
    cout << result;
```

```
        cout << endl << endl;
}
int main(int argc, char* argv[])
{
        const MyClass number1{ 1 };
        const MyClass number2{ 2 };
        const MyClass intResult{ Add(number1, number2) };
        Print(number1, number2, intResult);

        return 0;
}
```

这段代码直接为 MyClass 添加了对 + 运算符的支持。还为 << 运算符指定了一个与 ostream 类型一起使用的函数。这是因为 cout 与 ostream（代表输出流）兼容。这个函数签名作为 MyClass 的 friend（友元）被添加，以便该函数可以访问 MyClass 的内部数据。你也可以留下 GetValue 访问器，而不把运算符添加为 friend 函数。friend 函数可以访问私有成员和受保护成员，即使成员不在函数范围内，所以它只扩展了公共和私有访问修饰符的功能。

9.3 创建类模板

问题

你想创建一个类，该类可以存储不同类型的变量，而无须拷贝所有代码。

解决方案

C++ 支持创建抽象类型的模板类。

工作原理

你可以使用 template 修饰符将一个 class 定义为模板。template 修饰符将类型和值作为参数，编译器使用这些参数来构建模板代码的特化。清单 9-9 展示了一个使用抽象类型和值来构建模板类的例子。

清单9-9　创建模板类

```
#include <iostream>
using namespace std;

template <typename T, int numberOfElements>
class MyArray
{
private:
```

```
        T m_Array[numberOfElements];
public:
    MyArray()
        : m_Array{}
    {

    }

    T& operator[](const unsigned int index)
    {
        return m_Array[index];
    }
};

int main(int argc, char* argv[])
{
    const unsigned int ARRAY_SIZE{ 5 };
    MyArray<int, ARRAY_SIZE> myIntArray;
    for (unsigned int i{ 0 }; i < ARRAY_SIZE; ++i)
    {
        myIntArray[i] = i;
    }

    for (unsigned int i{ 0 }; i < ARRAY_SIZE; ++i)
    {
        cout << myIntArray[i] << endl;
    }

    cout << endl;
    MyArray<float, ARRAY_SIZE> myFloatArray;
    for (unsigned int i{ 0 }; i < ARRAY_SIZE; ++i)
    {
        myFloatArray[i] = static_cast<float>(i)+0.5f;
    }

    for (unsigned int i{ 0 }; i < ARRAY_SIZE; ++i)
    {
        cout << myFloatArray[i] << endl;
    }

    return 0;
}
```

MyArray 类创建了一个类型为 T 的 C 语言风格的数组和许多元素。在编写这个类的时候它们都是抽象的，因为只有当你在代码中使用它们时才会被指定。现在你可以使用 **MyArray** 类创建任意大小的数组，并包含可以由 int 表示的任意数量的元素。你可以在 **main** 函数中看到这一点，其中 **MyArray** 类的模板被特化来创建一个 **int** 数组和一个 **float** 数组。图 9-1 展示了运行这段代码的输出结果：这两个数组包含不同类型的变量。

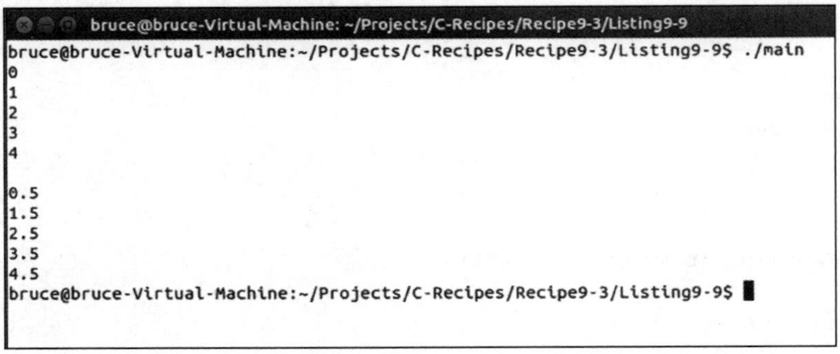

```
bruce@bruce-Virtual-Machine: ~/Projects/C-Recipes/Recipe9-3/Listing9-9
bruce@bruce-Virtual-Machine:~/Projects/C-Recipes/Recipe9-3/Listing9-9$ ./main
0
1
2
3
4

0.5
1.5
2.5
3.5
4.5
bruce@bruce-Virtual-Machine:~/Projects/C-Recipes/Recipe9-3/Listing9-9$ █
```

图 9-1　清单 9-9 中代码的输出结果

> **注意**　创建数组模板包装器是一个简单的示例，它展示了 STL 提供的 `std::array` 模板的基础。STL 版本支持 STL 迭代器和算法，这比自己编写实现更方便。

9.4　创建单例

问题

你想创建一个系统的单一实例（单例），并可以从应用程序中的许多位置访问这个单例。

解决方案

你可以使用模板来创建一个 `Singleton` 基类。

工作原理

单例的基础是一个类模板。`Singleton` 类模板包含一个指向抽象类型的 `static` 指针，该抽象类型可以用来表示任何类型的类。使用 `static` 指针还可以从程序中的任何地方访问类的实例。尽管这是一个有用的属性，但请不要滥用。清单 9-10 展示了如何创建和使用 `Singleton` 模板。

清单9-10　Singleton模板

```cpp
#include <cassert>
#include <iostream>

using namespace std;

template <typename T>
class Singleton
{
private:
    static T* m_Instance;
```

```cpp
public:
    Singleton()
    {
        assert(m_Instance == nullptr);
        m_Instance = static_cast<T*>(this);
    }

    virtual ~Singleton()
    {
        m_Instance = nullptr;
    }

    static T& GetSingleton()
    {
        return *m_Instance;
    }

    static T* GetSingletonPtr()
    {
        return m_Instance;
    }
};

template <typename T>
T* Singleton<T>::m_Instance = nullptr;

class Manager
    : public Singleton < Manager >
{
public:
    void Print() const
    {
        cout << "Singleton Manager Successfully Printing!";
    }
};

int main(int argc, char* argv[])
{
    new Manager();
    Manager& manager{ Manager::GetSingleton() };
    manager.Print();
    delete Manager::GetSingletonPtr();

    return 0;
}
```

清单 9-10 中的 Singleton 类是一个模板类，其中包含一个指向抽象类型 T 的私有静态指针。Singleton 构造函数将 this 强制转换后分配给 m_Instance 变量。可以通过这种方式使用 static_cast，因为你知道对象的类型就是提供给模板的类型。该类的虚拟析构函数负责将 m_Instance 设置为 nullptr。还有实例的引用和指针访问器。

清单 9-10 使用此模板创建具有 Singleton 功能的 Manager 类。它通过创建一个继承自 Singleton 的类并将其自己的类型传递给 Singleton 模板参数来实现。

> **注意** 把派生类作为基类的模板参数称为奇异递归模板模式（curiously recursive template pattern）。

main 函数使用 new 关键字创建了一个 Manager。这个 Manager 并没有作为类的引用或指针来存储。尽管你可以这样做，但最好还是使用对 Singleton 的访问器。你可以使用带有派生类名称的静态函数语法来实现这一点。main 函数通过调用 Manager::GetSingleton 函数来创建对 Manager 实例的引用。

通过对 Manager::GetSingletonPtr 返回的值调用 delete 来删除 Singleton 实例。这将调用 ~Singleton，从而清除存储在 m_Instance 中的地址并释放用于存储实例的内存。

> **注意** 此 Singleton 类是基于 Scott Bilas 最初在 *Game Programming Gems*（Charles river media，2000）中编写的方法。

9.5 在编译时计算值

问题

你需要计算复杂的值，并希望避免在运行时计算它们。

解决方案

模板元编程（template metaprogramming）利用 C++ 模板编译器的优势在编译时计算数值，为用户节省运行时的性能。

工作原理

模板元编程可能是一个难以理解的复杂话题。这种复杂性来自 C++ 模板编译器的能力范围。除了允许从函数和类中抽象类型来进行通用编程之外，模板编译器还可以计算值。

散列数据是比较两组数据是否相等的常用方法。它的工作原理是在创建数据时创建一个散列，并将散列与数据的运行时的版本进行比较。你可以在执行程序时使用此方法检测数据文件中的可执行文件是否有更改。SDBM 散列是一种易于实现的散列函数。清单 9-11 展示了 SDBM 散列算法的一个普通函数实现。

清单9-11　SDBM散列算法

```
#include <iostream>
#include <string>

using namespace std;

unsigned int SDBMHash(const std::string& key)
{
    unsigned int result{ 0 };

    for (unsigned int character : key)
    {
        result = character + (result << 6) + (result << 16) - result;
    }

    return result;
}

int main(int argc, char* argv[])
{
    std::string data{ "Bruce Sutherland" };
    unsigned int sdbmHash{ SDBMHash(data) };

    cout << "The hash of " << data << " is " << sdbmHash;

    return 0;
}
```

清单 9-11 中的 SDBMHash 函数通过对提供的数据进行迭代，并通过将数据集的每个字节转换为 result 变量来计算结果。SDBMHash 的这个函数版本对在运行时加载的数据的散列值非常有用，但是这里提供的数据在编译时是已知的。可以通过模板元程序代替这个函数来优化程序的执行速度。如清单 9-12 所示。

清单9-12　用模板元程序替换SDBMHash

```
#include <iostream>

using namespace std;

template <int stringLength>
struct SDBMCalculator
{
    constexpr static unsigned int Calculate(const char* const stringToHash,
    unsigned int& value)
    {
        unsigned int character{
            SDBMCalculator<stringLength - 1>::Calculate(stringToHash, value)
        };
        value = character + (value << 6) + (value << 16) - value;
        return stringToHash[stringLength - 1];
    }
}
```

```
    constexpr static unsigned int CalculateValue(const char* const
    stringToHash)
    {
        unsigned int value{};
        unsigned int character{ SDBMCalculator<stringLength>::Calculate
        (stringToHash, value) };
        value = character + (value << 6) + (value << 16) - value;
        return value;
    }
};

template<>
struct SDBMCalculator < 1 >
{
    constexpr static unsigned int Calculate(const char* const stringToHash,
    unsigned int& value)
    {
        return stringToHash[0];
    }
};

constexpr unsigned int sdbmHash{ SDBMCalculator<16>::CalculateValue("Bruce
Sutherland") };

int main(int argc, char* argv[])
{
    cout << "The hash of Bruce Sutherland is " << sdbmHash << endl;

    return 0;
}
```

清单 9-12 中的代码看起来比清单 9-11 要复杂得多。编写模板元程序所需要的语法并不易于理解。main 函数现在是一行代码。散列值被存储在一个常量中，并且没有调用任何模板函数。你可以通过在模板函数中放置断点并运行程序的发行版本来测试这一点。

清单 9-12 中的模板元程序使用递归来工作。把要进行散列处理的数据的长度提供给模板参数，这在 sdbmHash 变量被初始化时可以看到。这里将字符串" Bruce Sutherland "的长度 16 传递给模板。模板编译器识别出它已经提供了在编译时需要计算的数据，因此它自动调用 CalculateValue 函数中的 Calculate 元程序函数。而程序会一直递归，直到碰到终止符。终止符是 Calculate 的偏特化版本，一旦要进行散列处理的数据长度为 1，它就会被调用。当程序运行到终止符时，递归调用开始展开，编译器最终将模板元程序的结果存储在 sdbmHash 变量中。你可以通过调试查看正在运行的模板元程序。在调试时，编译器不会对模板元程序进行优化，因此你可以测试代码并逐步执行以查看结果。图 9-2 展示了清单 9-12 中代码的输出结果。

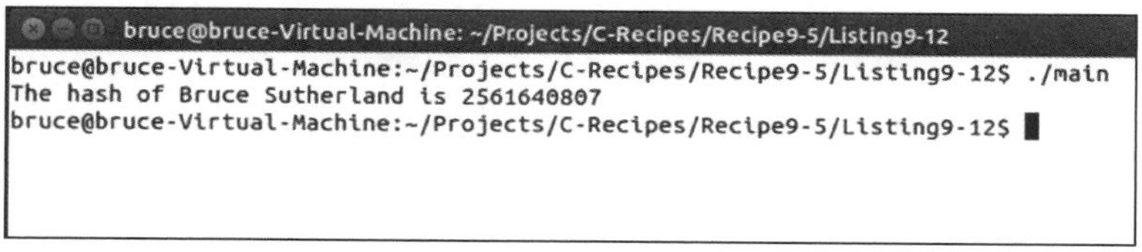

图 9-2　清单 9-12 中代码的输出结果展示了 "Bruce Sutherland" 字符串的 SDBM 散列值

9.6　concept 特性

问题

你想深入了解模板知识，其中包括 C++20 的 concept 新特性。

解决方案

MS Visual Studio 19.3 及以上版本支持 C++20 的 concept 特性。concept 扩展了模板的功能。

工作原理

如你所见，模板被强制执行约束，这些约束指定了模板所需的参数，这是模板用来选择重载函数等行为的一部分。因此，C++20 有一个新的特性，即 concept，它被命名为需求集。每个 concept 都是一个谓词或断言，它在编译时进行计算，并用作模板接口上满足条件的约束。

使用 MS Visual Studio 16.3.4（此版本的最低版本）尝试下一个例子，并确保你已经将语言标准更改为 C++20/Preview 工作标准。该程序检查某些内容是否是 "可散列的" 或能够被分解并存储在数组中。如果不是，则提供相应的信息。而它 "是否是可散列的" 就是一个约束。

关于构建这个应用程序有一个重要说明：Visual Studio 16.3.4 会在 IDE 上出现 IntelliSense 语法错误。这是由于刚刚与 Visual Studio 集成的 concept 具有非常新的特性。因此，IntelliSense 尚不知道该功能，但它确实可以工作且正常编译。构建并编译可执行的 Windows 应用程序，并在命令提示符中运行它。不要通过调试来构建应用程序（开始而不调试）。**使用 "构建和编译" 来生成可执行文件**。在从命令提示符下运行该程序后，取消注释 `//foo(foobar{}); //not hashable and recompile`。你会注意到，该错误指出你刚刚编写的 concept "未满足相关的约束"。

清单9-13　C++20 concept特性示例

```
//Simple example of concepts
#include <iostream>
```

```cpp
#include <string>
#include <cstddef>
#include <concepts>
using namespace std;

template<typename T>
concept Hashable = requires(T a)
{
    { hash<T>{}(a) }->convertible_to<size_t>;
};

struct foobar {};/// this one will not hash!

template<Hashable T>
void foo(T);
int main() {

    foo("abc 123 this is easy!"s); // this is hashable
    //uncomment the following and it will error since this
    //object is not hashable as the string of chars was.
    // foo(foobar{}); // not hashable
    return 0;
};
```

第 10 章 *Chapter 10*

内　存

在现代计算机中，内存是一种基本的但是至关重要的资源。程序运行的所有数据都会在某个时刻被存储到 RAM 中，以便在以后需要完成部分算法时由处理器检索。

正因为如此，C++ 程序员了解如何以及何时使用不同类型的内存非常重要。本章将介绍三种不同的内存空间、如何利用它们，以及它们可能对程序性能造成的影响。

10.1　静态内存的使用

问题

你希望在代码的任何位置都可以访问某个对象。

解决方案

静态内存可以看作是全局变量。这些变量及其值可以在任何时候被程序的任何部分访问，或者换句话说，它们在程序运行的时候不会超出它们的范围。

工作原理

你使用的编译器会自动在静态内存空间中为你创建的所有全局变量添加内存。静态变量的地址通常可以在可执行文件的地址空间中找到，因此，程序的任何部分都可以随时访问这些地址。清单 10-1A 展示了一个无符号整型全局变量的示例。

清单10-1A Unsigned Integer 全局变量

```cpp
#include <iostream>

using namespace std;

unsigned int counter = 0;

void IncreaseCounter()
{
    counter += 10;
    cout << "counter is " << counter << endl;
}

int main()
{
    counter += 5;
    cout << "counter is " << counter << endl;

    IncreaseCounter();

    return 0;
}
```

清单 10-1A 中的变量 counter 是用全局范围声明的，其中的全局变量可以在程序中被全局地访问。你可以在 main 函数和 IncreaseCounter 函数中看到这一点。这两个函数都会增加同一全局 counter 变量的值。图 10-1 所示的结果证实了这一点。

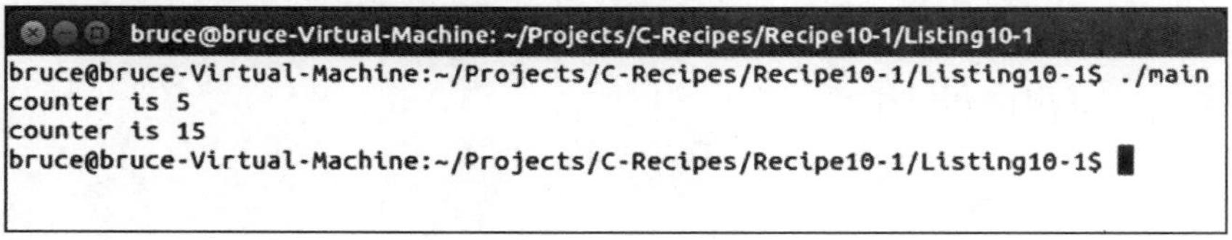

图 10-1　输出显示更改全局变量的结果

全局变量在某些确定的情况下可能有用，但是在其他情况中会导致很多问题。9.4 节展示了使用静态类成员变量来创建 Singleton 对象。静态成员也是全局变量的一种，因此可以从程序的任何位置进行访问。静态变量的一个普遍问题是它们的创建顺序。C++ 的标准不保证静态变量按给定的顺序进行初始化。这可能会导致使用许多相关全局变量的程序由于意外的初始化顺序而出现问题并崩溃。全局变量在多线程编程中也会引起许多问题，因为多个线程可以同时访问静态地址空间，并产生意外的结果。通常建议将全局变量的使用量保持在最低限度。要注意，具有相同名称的局部变量将具有更高的优先权，它能屏蔽同名的全局变量，如清单 10-1B 所示。

清单10-1B　屏蔽全局变量

```cpp
#include <iostream>

using namespace std;
```

```
unsigned int counter = 0;
void IncreaseCounter()
{
    counter += 10;
    cout << "Global counter is " << counter << endl;
}
int main()
{
    counter += 5;
    cout << "counter is " << counter << endl;

    IncreaseCounter();
    int counter = 999;
    cout << "Local counter is " << counter << endl;
    IncreaseCounter();
    cout << "Local counter is " << counter << endl;

    return 0;
}
```

10.2　栈内存的使用

问题

在函数工作时，需要内存来存储临时变量。

解决方案

C++ 程序可以使用不断增长和收缩的堆栈为局部变量提供临时空间。

工作原理

因为 C++ 程序中的所有变量都需要内存支持，所以会使用堆栈为函数中定义的变量动态地创建临时空间。当一个函数被调用时，编译器会添加机器代码来分配足够的堆栈空间来存储函数所需的所有变量。

堆栈使用两个寄存器（在基于 x86 的 CPU 上）进行操作，这两个寄存器称为 esp 和 ebp。esp 是堆栈指针，ebp 是基指针。基指针用于存储前一个堆栈帧的地址。这样，当前函数执行结束后，就可以返回到正确的堆栈。esp 寄存器用于存储当前栈顶，如果当前函数调用另一个函数，则可以更新 ebp。

在程序堆栈上为局部变量创建足够空间的过程如清单 10-2 所示。

清单10-2　显示20字节堆栈帧创建的x86程序集

```
push ebp
mov ebp, esp
sub esp 20
```

清单 10-2 中的三行 x86 汇编语言展示了在 x86 中创建堆栈帧的基础知识。首先，`push` 指令用于将当前基指针移动到堆栈上。`push` 指令将 `esp` 向下移动足够远以存储 `ebp` 的值，之后将该值移到堆栈上。然后将 `esp` 的当前值移到 `ebp` 中，将基指针向上移动到当前堆栈帧的开头。最后一条指令从 `esp` 中减去堆栈帧的大小。由此可以清楚地看出，基于 x86 的计算机中的堆栈向下扩展到 0。

然后，程序使用基指针的偏移量访问堆栈中的每个变量。你可以在图 10-2 所示的 Visual Studio 中看到这三行代码。

```
void Function()
{
012D35B0  push       ebp
012D35B1  mov        ebp,esp
012D35B3  sub        esp,0CCh
012D35B9  push       ebx
012D35BA  push       esi
012D35BB  push       edi
012D35BC  lea        edi,[ebp-0CCh]
012D35C2  mov        ecx,33h
012D35C7  mov        eax,0CCCCCCCCh
012D35CC  rep stos   dword ptr es:[edi]
    int a{ 0 };
012D35CE  mov        dword ptr [a],0

    cout << a;
012D35D5  mov        esi,esp
012D35D7  mov        eax,dword ptr [a]
012D35DA  push       eax
012D35DB  mov        ecx,dword ptr ds:[12E00A0h]
012D35E1  call       dword ptr ds:[12E00FCh]
012D35E7  cmp        esi,esp
012D35E9  call       __RTC_CheckEsp (012D1334h)
}
```

图 10-2　从 x86 程序中反汇编，显示堆栈框架的创建

清单 10-3 展示了图 10-2 中反汇编的代码。

清单10-3　用于查看反汇编的简单程序

```
#include <iostream>

using namespace std;

void Function()
{
    int a = 0;
```

```
        cout << a;
    }
int main()
{
    Function();

    return 0;
}
```

你创建的所有局部变量都在堆栈上分配。类变量的构造函数在创建时调用,而销毁堆栈时则调用其析构函数。清单 10-4 展示了一个简单的程序,它由一个带有构造函数和析构函数的 **class** 组成。

清单10-4 堆栈上的类变量

```
#include <iostream>

using namespace std;

class MyClass
{
public:
    MyClass()
    {
        cout << "Constructor called!" << endl;
    }

    ~MyClass()
    {
        cout << "Destructor called!" << endl;
    }
};

int main()
{
    MyClass myClass;

    cout << "Function body!" << endl;

    return 0;
}
```

在初始化时调用清单 10-4 中变量 **myClass** 的构造函数。程序将执行函数体的其余部分,并且变量超出作用域时将调用析构函数。**myClass** 变量在遇到 **return** 语句之后超出作用域。这可能是因为需要函数中的局部变量来计算函数返回的值。你可以在图 10-3 中看到清单 10-4 的输出。

清单 10-4 中的代码展示了函数中 **class** 变量的创建和销毁。在 C++ 中也可以控制堆栈框架的创建。你可以通过使用花括号在现有范围内创建新范围来实现。清单 10-5 创建了几个不同的作用域,每个作用域都有自己的局部变量。

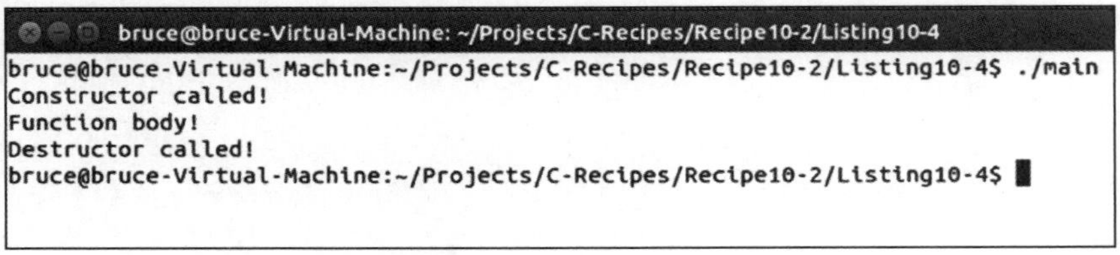

图 10-3   清单 10-4 的输出

清单10-5   创建多个作用域

```cpp
#include <iostream>

using namespace std;

class MyClass
{
private:
    static int m_Count;
    int m_Instance{ -1 };
public:
    MyClass()
        : m_Instance{m_Count++}
    {
        cout << "Constructor called on " << m_Instance << endl;
    }

    ~MyClass()
    {
        cout << "Destructor called on " << m_Instance << endl;
    }
};

int MyClass::m_Count{ 0 };

int main(int argc, char* argv[])
{
    MyClass myClass1;

    {
        MyClass myClass2;

        {
            MyClass myClass3;
        }
    }

    return 0;
}
```

　　清单 10-5 中的代码展示了使用花括号在单个函数中创建多个堆栈框架。MyClass 类包含用于跟踪不同实例的 static 变量 m_Count。每次创建新实例时，此变量都会后递增，并且预递增的值将存储在 m_Instance 中。每次关闭作用域时，都会在局部变量上调用析构函数。结果如图 10-4 所示。

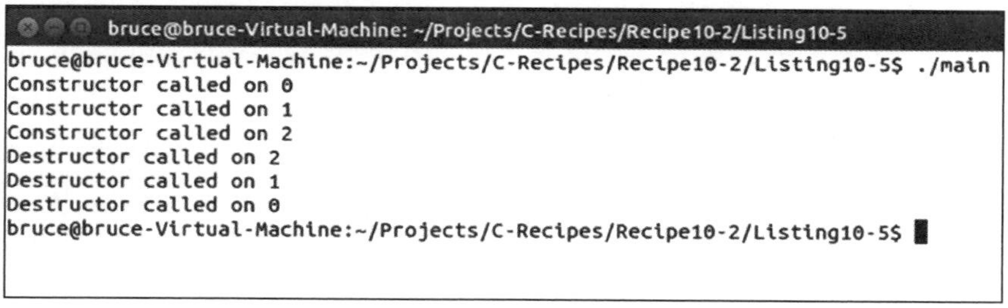

图 10-4　输出显示具有多个作用域的对象的销毁顺序

10.3　堆内存的使用

问题

你需要创建一个超出单个本地作用域的大型内存池。

解决方案

C++ 提供了 new 和 delete 运算符，你可以管理动态分配内存的大型内存池。

工作原理

动态分配的内存对于许多长时间运行的程序来说非常重要。对于允许用户生成自己的内容或从文件加载资源的程序来说，这一点至关重要。如果不使用动态分配的内存，通常很难为用于流式传输视频或社交媒体内容的网络浏览器等程序提供足够的内存，因为你在创建程序时无法确定内存需求。

你可以使用 C++ 中 new 和 delete 运算符，在通常称为堆的地址空间中分配动态内存。new 运算符返回一个指向动态分配内存的指针，该内存足够大，可以存储正在创建的变量类型。清单 10-6 展示了 new 和 delete 运算符的用法。

清单10-6　使用new和delete运算符

```
#include <iostream>

using namespace std;

int main(int argc, char* argv[])
{
    int* pInt{ new int };
    *pInt = 100;
```

```
        cout << hex << "The address at pInt is " << pInt << endl;
        cout << dec << "The value at pInt is " << *pInt << endl;

        delete pInt;
        pInt = nullptr;

        return 0;
    }
```

此代码使用 new 运算符分配足够的内存来存储单个 int 变量。指针从 new 返回并存储在变量 pInt 中。返回的内存未进行初始化，通常在创建时初始化此内存是个好主意。可以在 main 函数中看到这一点，其中指针解引用运算符用于将 pInt 指向的内存初始化为 100。

一旦从堆中分配了内存，就有责任确保它正确地返回到操作系统中。否则会导致内存泄漏。内存泄漏会给用户带来麻烦，会导致计算机性能差、内存碎片，严重时还会因为内存不足导致计算机崩溃。

使用 delete 运算符将堆内存返回到操作系统。该运算符告诉系统，你不再需要从初始调用 new 返回的所有内存。进行 delete 调用后，你的程序不应再尝试使用 new 返回的内存。这样做会导致未定义的行为，这种行为经常导致程序崩溃。通常很难找到由于释放内存而导致的崩溃，因为它们会在你无法以任何方式链接到有问题的代码的地方显示出来。通过将指向内存的指针设置为 nullptr，可以确保程序不会访问已删除的内存。

清单 10-6 的输出如图 10-5 所示。

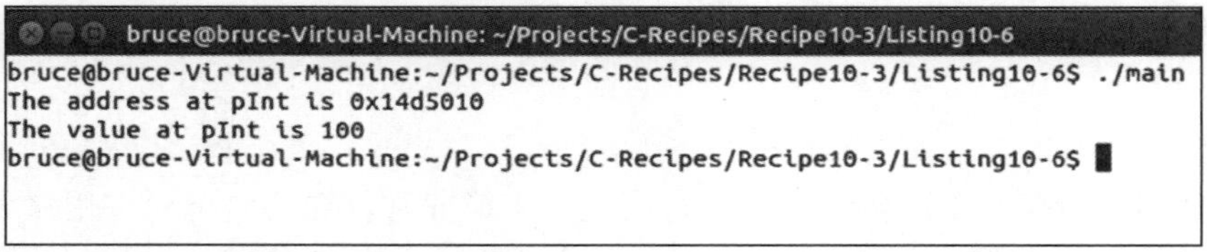

图 10-5　输出显示清单 10-6 中动态分配的内存的地址和值

清单 10-6 中的 new 和 delete 运算符用于分配单个对象。还有 new 和 delete 数组运算符，用于分配同一对象的多个倍数。清单 10-7 展示了数组 new 和 delete 运算符的作用。

清单10-7　数组new和delete运算符

```cpp
#include <iostream>
using namespace std;

class MyClass
{
private:
    int m_Number{ 0 };

public:
    MyClass() = default;
    ~MyClass()
    {
```

```
            cout << "Destroying " << m_Number << endl;
        }
        void operator=(const int value)
        {
            m_Number = value;
        }
    };
    int main(int argc, char* argv[])
    {
        const unsigned int NUM_ELEMENTS{ 5 };
        MyClass* pObjects{ new MyClass[NUM_ELEMENTS] };
        pObjects[0] = 100;
        pObjects[1] = 45;
        pObjects[2] = 31;
        pObjects[3] = 90;
        pObjects[4] = 58;
        delete[] pObjects;
        pObjects = nullptr;

        return 0;
    }
```

　　清单 10-7 中的代码创建了一个对象数组。**MyClass** 类由一个重载赋值运算符和一个析构函数组成，前者用于初始化创建的对象，后者显示数组中元素的销毁顺序。在对象数组上使用标准 **delete** 运算符可能会给你的程序带来各种问题，因为标准 **delete** 运算符仅在数组的第一个元素上调用析构函数。如果你的类分配了自己的内存，那么数组中的每个后续对象都会泄漏其内存。使用 **delete** 数组运算符可确保调用数组中的每个析构函数。你可以在图 10-6 中看到调用了数组元素的每个析构函数。

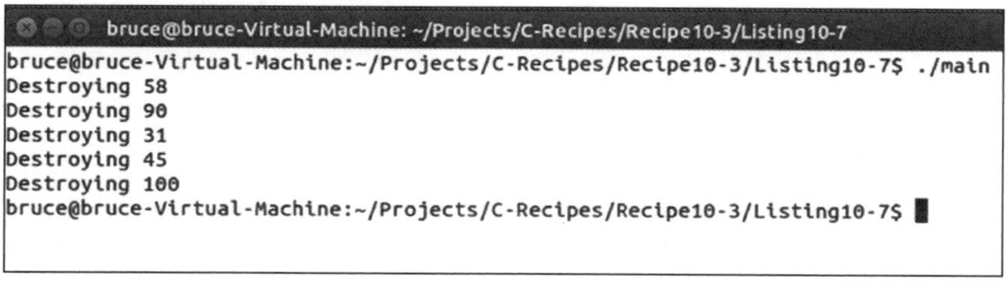

图 10-6　使用数组 **delete** 运算符时调用的每个析构函数的输出

10.4　自动共享内存的使用

问题

　　你有一个可以由多个具有不同生命周期的系统共享的对象。

解决方案

C++ 提供了 `shared_ptr` 模板，该模板可以在不再需要内存时自动删除内存。

工作原理

C++ 中动态分配的内存必须被程序员删除。这意味着你有责任确保你的程序始终按照用户期望的方式运行。C++ 提供了 `shared_ptr` 模板，该模板可跟踪程序中有多少个位置共享对同一内存的访问权限，并可以在不再需要该内存时将其删除。清单 10-8 展示了如何创建共享指针。

清单10-8　创建共享指针

```cpp
#include <iostream>
#include <memory>

using namespace std;

class MyClass
{
private:
    int m_Number{ 0 };

public:
    MyClass(int value)
        : m_Number{ value }
    {
    }
    ~MyClass()
    {
        cout << "Destroying " << m_Number << endl;
    }

    void operator=(const int value)
    {
        m_Number = value;
    }

    int GetNumber() const
    {
        return m_Number;
    }
};

using SharedMyClass = shared_ptr< MyClass >;

int main(int argc, char* argv[])
{
    SharedMyClass sharedMyClass{ new MyClass(10) };

    return 0;
}
```

此代码包含一个类 MyClass，它有一个私有整数成员变量。还有一个类型别名，用于表示 MyClass 对象的 shared_ptr。使用此类型别名可使编写代码更容易，并且更易于长期维护。shared_ptr 模板本身带有一个参数，作为你要在程序中共享的对象类型。在这种情况下，你要共享 MyClass 类型的动态对象。

在 main 函数的第一行上创建一个 SharedMyClass 实例。使用动态分配的 MyClass 对象初始化该实例。MyClass 对象本身用 10 作为初始化的值。main 主体中唯一的其他代码是 return 语句。尽管如此，图 10-7 显示 MyClass 的析构函数已在 sharedMyClass 中存储的对象上调用。

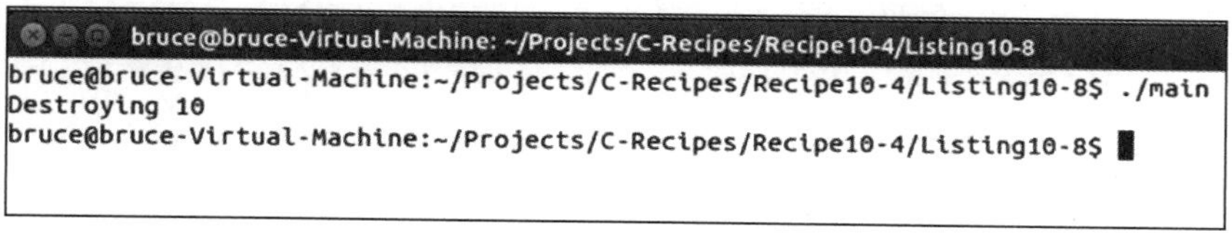

图 10-7　显示清单 10-8 中调用了 MyClass 析构函数的输出

一旦该 shared_ptr 的最后一个实例超出范围，shared_ptr 模板就会自动在它所包装的内存上调用 delete。在这种情况下，main 函数中只有一个 shared_ptr，因此将删除 MyClass 对象，并在执行函数 return 语句后调用其析构函数。

清单 10-9 展示了如何使用 shared_ptr 将共享内存的所有权从一个函数转移到另一个函数，并且仍然维护此自动清除代码。

清单10-9　在函数之间传输动态内存

```
#include <iostream>
#include <memory>

using namespace std;

class MyClass
{
private:
    int m_Number{ 0 };
public:
    MyClass(int value)
        : m_Number{ value }
    {
    }
    ~MyClass()
    {
        cout << "Destroying " << m_Number << endl;
    }
    void operator=(const int value)
    {
```

```cpp
        m_Number = value;
    }

    int GetNumber() const
    {
        return m_Number;
    }
};
using SharedMyClass = shared_ptr< MyClass >;
void ChangeSharedValue(SharedMyClass sharedMyClass)
{
    if (sharedMyClass != nullptr)
    {
        *sharedMyClass = 100;
    }
}
int main(int argc, char* argv[])
{
    SharedMyClass sharedMyClass{ new MyClass(10) };

    ChangeSharedValue(sharedMyClass);

    return 0;
}
```

清单 10-9 创建了一个 **SharedMyClass** 实例，该实例指向一个初始化值为 10 的 **MyClass** 对象。

然后，**SharedMyClass** 实例通过值传递到 **ChangeSharedValue** 函数。通过值传递 **Shared_ptr** 会生成指针的副本。

现在，你有两个 **SharedMyClass** 模板实例，它们都指向同一个 **MyClass** 实例。直到两个 **shared_ptr** 实例都超出范围才调用 **MyClass** 的析构函数。图 10-8 显示 **MyClass** 实例的初始值已更改，并且析构函数仅被调用一次。

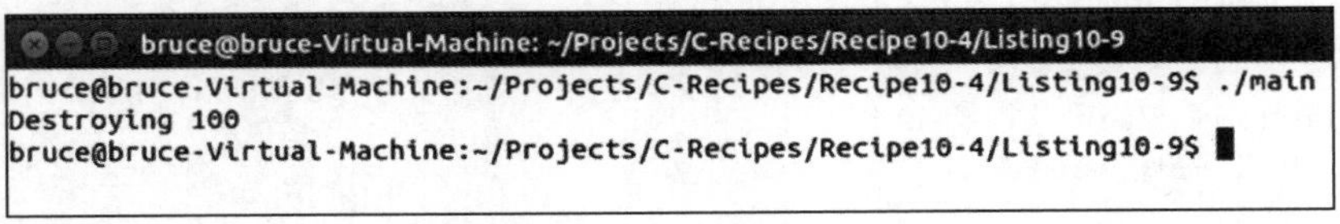

图 10-8 输出显示共享对象的存储值被更改和销毁了一次

10.5 创建单实例动态对象

问题

你有一个想要传递的对象，但你希望该对象只有一个实例。

解决方案

C++ 提供了 `unique_ptr` 模板，它允许一个指针实例被传递但不被共享。

工作原理

`unique_ptr` 是一个模板，可以用来存储动态分配内存的指针。它与 `shared_ptr` 的不同之处在于，每次只能有一个对动态内存的引用。清单 10-10 展示了如何创建一个 `unique_ptr`。

清单10-10　创建一个<code>unique_ptr</code>

```cpp
#include <iostream>
#include <memory>
using namespace std;
class MyClass
{
private:
    int m_Number{ 0 };
public:
    MyClass(int value)
        : m_Number{ value }
    {
    }

    ~MyClass()
    {
        cout << "Destroying " << m_Number << endl;
    }
    void operator=(const int value)
    {
        m_Number = value;
    }

    int GetNumber() const
    {
        return m_Number;
    }
};

using UniqueMyClass = unique_ptr< MyClass >;

void CreateUniqueObject()
{
    UniqueMyClass uniqueMyClass{ make_unique<MyClass>(10) };
}
int main(int argc, char* argv[])
{
```

```
    cout << "Begin Main!" << endl;

    CreateUniqueObject();

    cout << "Back in Main!" << endl;

    return 0;
}
```

清单 10-10 中的 unique_ptr 创建于一个函数。当 unique_ptr 超出作用域时，动态创建的对象实例会被销毁。你可以在图 10-9 的输出中看到这一点。

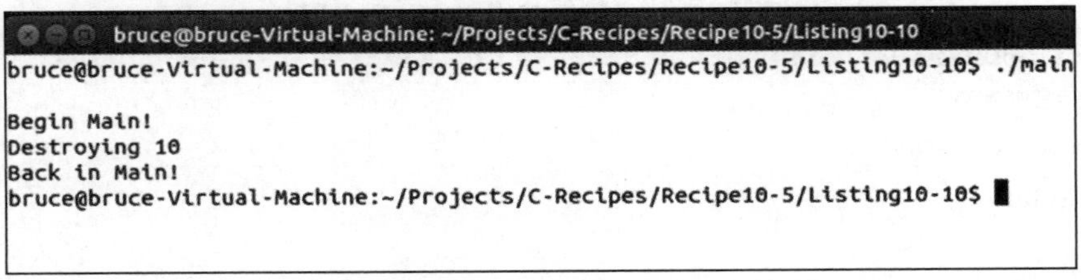

图 10-9　unique-ptr 存储的动态分配对象的销毁过程

清单 10-10 展示了 unique_ptr 可以用来在不再需要内存时自动删除动态分配的内存。它没有显示 unique_ptr 可以用来在不同的作用域之间传递单个对象的所有权，如清单 10-11 中所示。

清单10-11　在unique_ptr实例之间动态分配内存

```
#include <iostream>
#include <memory>

using namespace std;

class MyClass
{
private:
    int m_Number{ 0 };

public:
    MyClass(int value)
        : m_Number{ value }
    {

    }

    ~MyClass()
    {
        cout << "Destroying " << m_Number << endl;
    }

    void operator=(const int value)
    {
        m_Number = value;
```

```
    }

    int GetNumber() const
    {
        return m_Number;
    }
};

using UniqueMyClass = unique_ptr< MyClass >;

void CreateUniqueObject(UniqueMyClass& referenceToUniquePtr)
{
    UniqueMyClass uniqueMyClass{ make_unique<MyClass>(10) };

    cout << hex << showbase;
    cout << "Address in uniqueMyClass " << uniqueMyClass.get() << endl;

    referenceToUniquePtr.swap(uniqueMyClass);

    cout << "Address in uniqueMyClass " << uniqueMyClass.get() << endl;
}

int main(int argc, char* argv[])
{
    cout << "Begin Main!" << endl;

    UniqueMyClass uniqueMyClass;
    CreateUniqueObject(uniqueMyClass);

    cout << "Address in main's uniqueMyClass " << uniqueMyClass.get() << endl;

    cout << dec << noshowbase << "Back in Main!" << endl;

    return 0;
}
```

清单 10-11 中的代码用于在 **CreateUniqueObject** 函数中创建 **MyClass** 的实例。该函数还引用了另一个 **unique_ptr <MyClass>**，它可将动态分配的对象从该函数中传递出去。使用 **unique_ptr** 模板提供的 **swap** 函数可以完成该传递。当所有 **UniqueMyClass** 实例超出作用域时，将在 **main** 函数的结尾调用 **MyClass** 析构函数。你可以在图 10-10 中看到 **MyClass** 实例的内存转移和销毁顺序。

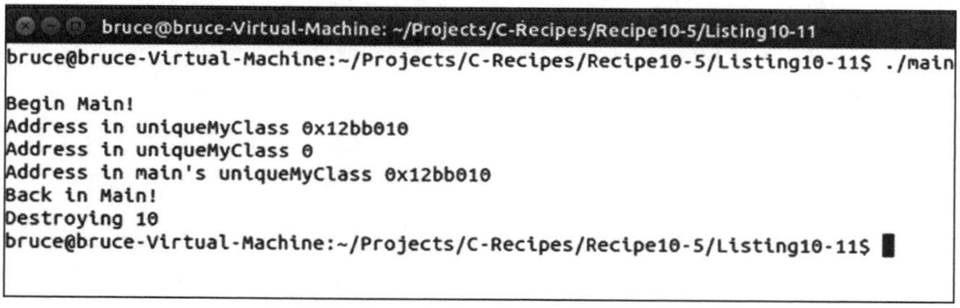

图 10-10　**unique_ptr** 的传输及其动态分配内存的销毁

10.6 创建智能指针

问题

你想在不支持 **shared_ptr** 和 **unique_ptr** 的系统上使用自动指针管理。

解决方案

你可以在 **class** 中使用成员变量来跟踪当前使用的数据的引用数量。

工作原理

在 C++11 中，将 **unique_ptr** 和 **shared_ptr** 模板添加到 STL 中。有些程序在编写时没有访问 C++11 或 STL。在这种情况下，你可以自己实现智能指针。你先要创建一个可用于引用计数的对象。引用计数的工作原理是，每次创建要计数的对象的副本时，都增加一个整数。清单 10-12 展示了引用计数类的代码。

清单10-12　引用计数类的代码

```cpp
class ReferenceCount
{
private:
    int m_Count{ 0 };

public:
    void Increment()
    {
        ++m_Count;
    }

    int Decrement()
    {
        return --m_Count;
    }
    int GetCount() const
    {
        return m_Count;
    }
};
```

ReferenceCount 类是基类。它由一个成员变量组成，用来跟踪一个计数以及增加和减少该计数的方法。**GetCount** 方法的作用是提供对计数的访问，以便在调试时进行打印。

然后，**ReferenceCount** 类被用于一个名为 **SmartPointer** 的模板类中。这个类提供了一个模板参数，你可以用你想要自动跟踪的对象类型来特化模板。该类有一个成员变量——指向被跟踪对象的指针，还有一个指向 **ReferenceCount** 对象的指针。

ReferenceCount 对象通过指针来访问，因此它可以在多个 SmartPointer 对象之间共享，这些对象都在访问同一个动态分配对象。你可以在清单 10-13 中看到 SmartPointer 的代码。

清单10-13 SmartPointer类

```cpp
template <typename T>
class SmartPointer
{
private:
    T* m_Object{ nullptr };
    ReferenceCount* m_ReferenceCount{ nullptr };

public:
    SmartPointer()
    {

    }

    SmartPointer(T* object)
        : m_Object{ object }
        , m_ReferenceCount{ new ReferenceCount }
    {
        m_ReferenceCount->Increment();

        cout << "Created smart pointer! Reference count is "
            << m_ReferenceCount->GetCount() << endl;
    }

    virtual ~SmartPointer()
    {
        if (m_ReferenceCount)
        {
            int decrementedCount = m_ReferenceCount->Decrement();
            cout << "Destroyed smart pointer! Reference count is "
                << decrementedCount << endl;
            if (decrementedCount == 0)
            {
                delete m_ReferenceCount;
                delete m_Object;
            }
            m_ReferenceCount = nullptr;
            m_Object = nullptr;
        }
    }

    SmartPointer(const SmartPointer<T>& other)
        : m_Object{ other.m_Object }
        , m_ReferenceCount{ other.m_ReferenceCount }
    {
        m_ReferenceCount->Increment();
```

```
            cout << "Copied smart pointer! Reference count is "
                << m_ReferenceCount->GetCount() << endl;
        }

    SmartPointer<T>& operator=(const SmartPointer<T>& other)
    {
        if (this != &other)
        {
            if (m_ReferenceCount && m_ReferenceCount->Decrement() == 0)
            {
                delete m_ReferenceCount;
                delete m_Object;
            }

            m_Object = other.m_Object;
            m_ReferenceCount = other.m_ReferenceCount;
            m_ReferenceCount->Increment();
        }

        cout << "Assigning smart pointer! Reference count is "
            << m_ReferenceCount->GetCount() << endl;

        return *this;
    }

    SmartPointer(SmartPointer<T>&& other)
        : m_Object{ other.m_Object }
        , m_ReferenceCount{ other.m_ReferenceCount }
    {
        other.m_Object = nullptr;
        other.m_ReferenceCount = nullptr;
    }

    SmartPointer<T>& operator=(SmartPointer<T>&& other)
    {
        if (this != &other)
        {
            m_Object = other.m_Object;
            m_ReferenceCount = other.m_ReferenceCount;

            other.m_Object = nullptr;
            other.m_ReferenceCount = nullptr;
        }
    }

    T& operator*()
    {
        return *m_Object;
    }
};
```

你可以在清单 10-13 中的 **SmartPointer** 类中看到用于存储动态分配的对象和 ReferenceCount 对象的成员变量。m_Object 指针是指向一个抽象模板化类型的指针，这允许使用被 SmartPointer 模板跟踪的任何类型。

　　SmartPointer 的第一个公共方法是构造函数。一个新的 SmartPointer 可以被创建为一个空指针或者指向一个已经存在的对象。一个空的 SmartPointer 的 m_Object 和 m_ReferenceCount 都设置为 nullptr。另一个构造函数使用指向 T 的指针，该指针可以初始化 SmartPointer。在这种情况下，会创建一个新的 ReferenceCount 对象来跟踪传递给构造函数的对象的使用情况。这样做的副作用是，只有在用对象指针初始化时，才能创建一个新的 SmartPointer。一个空的 SmartPointer 只能从另一个 SmartPointer 对象中分配。

　　SmartPointer 析构函数检查 ReferenceCount 的对象是否被类所持有，请注意，它可能是空的 SmartPointer 中的 nullptr。如果持有指向 ReferenceCount 对象的指针，则其计数将递减。如果计数已达到 0，则说明该 SmartPointer 是最后一个引用此动态分配对象的对象。在这种情况下，你可以随意删除 ReferenceCount 对象和 SmartPointer 保留的对象。

　　SmartPointer 的下一个方法是 copy 构造函数。该方法只是简单地从传递给该方法的参数中，将 m_Object 和 m_ReferenceCount 指针拷贝到要拷贝构造的对象，然后确保引用数递增。调用 Increment 是必不可少的，因为现在有两个 SmartPointer 对象，它们引用同一动态分配的对象。如果在此处缺少对 Increment 的调用，则会导致第一个 SmartPointer 的析构函数中调用的 delete 超出作用域。

　　赋值运算符的任务与 copy 构造函数的任务略有不同。在 copy 构造函数中，你可以随意假设现有对象是新对象，因此还没有指向现有对象或 ReferenceCount 的实例。在赋值运算符中并不是这样，因此有必要对这种情况进行说明。你可以看到赋值运算符首先确保运算符没有将对象赋值给它自己，在这种情况下，将没有工作要做。如果正在分配新对象，那么就会检查 ReferenceCount 指针是否有效。如果是，那么就调用 Decrement。如果返回 0，那么将删除现有的 m_ReferenceCount 和 m_Object 指针。m_Object 和 m_ReferenceCount 指针总是从参数拷贝到赋值运算符 this 的变量中，并在新的 ReferenceCount 对象上调用 Increment。

　　该类中的下一个操作是 move 构造函数和 move 赋值运算符，这些都符合 C++ 的五个规则。这是一条编程指南，建议在任何情况下，当你重载 copy 构造函数或赋值运算符时，都应重载析构函数、copy 构造函数、赋值运算符、move 构造函数和 move 赋值运算符这五个运算符。move 操作是破坏性的，所以不会调用 Increment 或 Decrement。这些都是不必要的，因为在这两种情况下，m_Object 和 m_ReferenceCount 指针在参数上都被设置为 nullptr，这意味着 delete 永远不会在它们的析构函数中被调用。对 move 构造函数和 move 赋值运算符的支持，是一种将 SmartPointer 对象传入和传出函数的有效方法。

　　最后一个方法提供对 SmartPointer 对象存储的数据的访问。如果对为空的 Smart-

Pointer 对象调用此方法，则可能会导致程序崩溃。你应该注意只尝试解引用有效的
SmartPointer 实例。

 注意 清单 10-14 包含调试代码，以便打印对象状态以便于说明。可以从工作解决方案中删除此代码。

清单 10-14 展示了一个完整的 SmartPointer 类的使用实例。

清单10-14　使用SmartPointer

```cpp
#include <iostream>
using namespace std;
class ReferenceCount
{
private:
    int m_Count{ 0 };

public:
    void Increment()
    {
        ++m_Count;
    }

    int Decrement()
    {
        return --m_Count;
    }

    int GetCount() const
    {
        return m_Count;
    }
};
template <typename T>
class SmartPointer
{
private:
    T* m_Object{ nullptr };
    ReferenceCount* m_ReferenceCount{ nullptr };

public:
    SmartPointer()
    {

    }

    SmartPointer(T* object)
        : m_Object{ object }
        , m_ReferenceCount{ new ReferenceCount }
```

```
    {
        m_ReferenceCount->Increment();

        cout << "Created smart pointer! Reference count is "
        << m_ReferenceCount->GetCount() << endl;
    }

    virtual ~SmartPointer()
    {
        if (m_ReferenceCount)
        {
            int decrementedCount = m_ReferenceCount->Decrement();
            cout << "Destroyed smart pointer! Reference count is "
            << decrementedCount << endl;
        if (decrementedCount <= 0)
        {
            delete m_ReferenceCount;
            delete m_Object;
        }
        m_ReferenceCount = nullptr;
        m_Object = nullptr;
    }
}

SmartPointer(const SmartPointer<T>& other)
    : m_Object{ other.m_Object }
    , m_ReferenceCount{ other.m_ReferenceCount }
{
    m_ReferenceCount->Increment();

    cout << "Copied smart pointer! Reference count is "
    << m_ReferenceCount->GetCount() << endl;
}

SmartPointer<T>& operator=(const SmartPointer<T>& other)
{
    if (this != &other)
    {
        if (m_ReferenceCount && m_ReferenceCount->Decrement() == 0)
        {
            delete m_ReferenceCount;
            delete m_Object;
        }

        m_Object = other.m_Object;
        m_ReferenceCount = other.m_ReferenceCount;
        m_ReferenceCount->Increment();
    }

    cout << "Assigning smart pointer! Reference count is "
    << m_ReferenceCount->GetCount() << endl;
```

```cpp
            return *this;
        }
        SmartPointer(SmartPointer<T>&& other)
            : m_Object{ other.m_Object }
            , m_ReferenceCount{ other.m_ReferenceCount }
        {
            other.m_Object = nullptr;
            other.m_ReferenceCount = nullptr;
        }
        SmartPointer<T>& operator=(SmartPointer<T>&& other)
        {
            if (this != &other)
            {
                m_Object = other.m_Object;
                m_ReferenceCount = other.m_ReferenceCount;

                other.m_Object = nullptr;
                other.m_ReferenceCount = nullptr;
            }
        }
        T& operator*()
        {
            return *m_Object;
        }
};
struct MyStruct
{
public:
    int m_Value{ 0 };

    ~MyStruct()
    {
        cout << "Destroying MyStruct object!" << endl;
    }
};
using SmartMyStructPointer = SmartPointer< MyStruct >;

SmartMyStructPointer PassValue(SmartMyStructPointer smartPointer)
{
    SmartMyStructPointer returnValue;
    returnValue = smartPointer;
    return returnValue;
}
int main(int argc, char* argv[])
{
    SmartMyStructPointer smartPointer{ new MyStruct };
    (*smartPointer).m_Value = 10;
```

```
    SmartMyStructPointer secondSmartPointer = PassValue(smartPointer);
    return 0;
}
```

清单 10-14 展示了使用 SmartPointer 模板在 main 和 PassValue 函数之间传递 MyStruct 实例。我们创建了一个类型别名，以确保 MyStruct 的 SmartPointer 类型是有效的，并且在整个过程中易于维护。代码中使用了 SmartPointer 模板中的构造函数、copy 构造函数和赋值运算符。只有当最后一个 SmartPointer 实例在 main 函数末尾超出范围时，MyStruct 对象才会自动删除。

图 10-11 展示了清单 10-14 代码的输出。

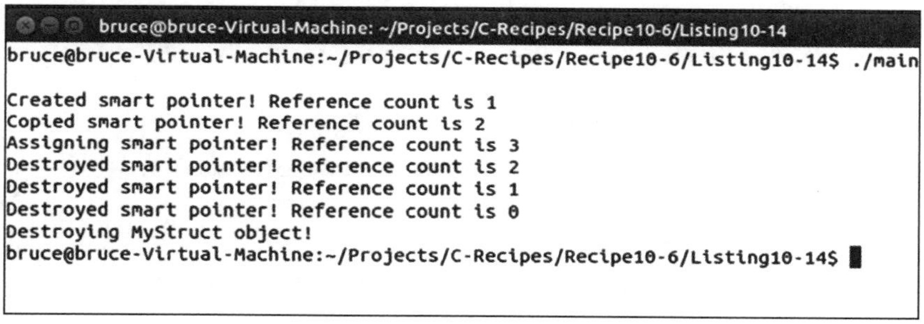

图 10-11　SmartPointer 的工作示例

10.7　通过重载 new 和 delete 调试内存问题

问题

你的程序中存在一些内存问题，希望将诊断代码添加到程序的内存分配和释放中。

解决方案

C++ 允许用重载 new 和 delete 运算符。

工作原理

C++ 的 new 和 delete 运算符可归结为是函数调用。全局 new 函数的签名是：

void* operator new(size_t size);

全局 delete 函数的签名是：

void delete(void* ptr);

new 函数的参数 size_t　size 用于是申请分配的字节数，delete 函数的参数是一个指针，该指针指向一个从 **new** 返回的内存地址。这些函数可以被替换，以向你的程序提供附加的调试信息。清单 10-15 在内存分配中增加一个头来调试程序。

清单10-15　在内存分配中添加一个头

```cpp
#include <cstdlib>
#include <iostream>

using namespace std;

struct MemoryHeader
{
    const char* m_Filename{ nullptr };
    int m_Line{ -1 };
};

void* operator new(size_t size, const char* filename, int line) noexcept
{
    void* pMemory{ malloc(size + sizeof(MemoryHeader)) };

    MemoryHeader* pMemoryHeader{ reinterpret_cast<MemoryHeader*>(pMemory) };
    pMemoryHeader->m_Filename = filename;
    pMemoryHeader->m_Line = line;

    return static_cast<void*>(static_cast<char*>(pMemory)+sizeof(MemoryHeader));
}

void operator delete(void* pMemory) noexcept
{
    char* pMemoryHeaderStart{ reinterpret_cast<char*>(pMemory)-
    sizeof(MemoryHeader) };
    MemoryHeader* pMemoryHeader{ reinterpret_cast<MemoryHeader*>
    (pMemoryHeaderStart) };
    cout << "Deleting memory allocated from: "
        << pMemoryHeader->m_Filename << ":" << pMemoryHeader->m_Line << endl;

    free(pMemoryHeader);
}

#define new new(__FILE__, __LINE__)

class MyClass
{
private:
    int m_Value{ 1 };
};

int main(int argc, char* argv[])
{
    int* pInt{ new int };
    *pInt = 1;
    delete pInt;

    MyClass* pClass{ new MyClass };
```

```
        delete pClass;

        return 0;
    }
```

这段代码将 new 和 delete 函数替换为自定义版本。自定义版本的 new 不符合标准签名，所以使用了一个宏来替换标准版本。这样做的目的是让编译器告诉自定义的 new 函数调用 new 的文件名和行号。这样，你就可以在程序源代码中找到各个分配的确切位置。当你在处理内存问题时，这可能是一个非常有用的调试工具。

自定义的 new 函数将 MemoryHeader 结构的大小添加到程序请求的字节数中。然后它将 MemoryHeader struct 中的 m_Filename 指针设置为提供给 new 的 filename 参数。m_Line 成员同样设置为传入的 line 参数。从 new 返回的地址是内存的用户区的起始地址，不包括 MemoryHeader 结构，这使得你的调试信息可以在内存子系统级别添加和寻址，并且对程序的其他部分完全透明。

delete 函数展示了此调试信息的基本用法。它只是打印出分配了要释放的内存块的行。通过从函数传递的地址中减去头的大小，可以获取内存头的地址。

new 宏用于给出一个简单的方法，用于将 __FILE__ 和 __LINE__ 宏传递给重载的 new 函数。这些宏被称为内置宏，由大多数现代 C++ 编译器提供。这些宏被一个指向文件名和使用它们的行号的指针所取代。将它们添加到 new 宏中的结果是，在你的程序中，每次调用 new 的文件名和行号都会被传递给自定义 new 分配器。

在 new 和 delete 函数中分别使用了 C 语言风格的内存分配函数 malloc 和 free 函数。这些函数用来防止与许多 C++ 分配函数的类型产生冲突。清单 10-15 所示的函数适用于分配单个对象，也可以替换 C++ 数组中的 new 和 delete 函数。当你试图追踪诸如内存泄漏等问题时，更换这些函数是必不可少的。清单 10-16 展示了这些函数的作用。

清单10-16　替换数组的new和delete运算符

```cpp
#include <cstdlib>
#include <iostream>

using namespace std;

struct MemoryHeader
{
    const char* m_Filename{ nullptr };

    int m_Line{ -1 };
};

void* operator new(size_t size, const char* filename, int line) noexcept
{
    void* pMemory{ malloc(size + sizeof(MemoryHeader)) };

    MemoryHeader* pMemoryHeader{ reinterpret_cast<MemoryHeader*>(pMemory) };
    pMemoryHeader->m_Filename = filename;
```

```cpp
    pMemoryHeader->m_Line = line;
    return static_cast<void*>(static_cast<char*>(pMemory)+sizeof(MemoryHeader));
}
void* operator new[](size_t size, const char* filename, int line) noexcept
{
    void* pMemory{ malloc(size + sizeof(MemoryHeader)) };

    MemoryHeader* pMemoryHeader{ reinterpret_cast<MemoryHeader*>(pMemory) };
    pMemoryHeader->m_Filename = filename;
    pMemoryHeader->m_Line = line;

    return static_cast<void*>(static_cast<char*>(pMemory)+sizeof(MemoryHeader));
}
void operator delete(void* pMemory) noexcept
{
    char* pMemoryHeaderStart{ reinterpret_cast<char*>(pMemory)-sizeof
(MemoryHeader) };

    MemoryHeader* pMemoryHeader{ reinterpret_cast<MemoryHeader*>
(pMemoryHeaderStart) };
    cout << "Deleting memory allocated from: "
        << pMemoryHeader->m_Filename << ":" << pMemoryHeader->m_Line << endl;

    free(pMemoryHeader);
}
void operator delete[](void* pMemory) noexcept
{
    char* pMemoryHeaderStart{ reinterpret_cast<char*>(pMemory)-sizeof
(MemoryHeader) };

    MemoryHeader* pMemoryHeader{ reinterpret_cast<MemoryHeader*>(pMemoryHea
derStart) };
    cout << "Deleting memory allocated from: "
        << pMemoryHeader->m_Filename << ":" << pMemoryHeader->m_Line << endl;

    free(pMemoryHeader);
}
#define new new(__FILE__, __LINE__)

class MyClass
{
private:
    int m_Value{ 1 };
};

int main(int argc, char* argv[])
{
    int* pInt{ new int };
    *pInt = 1;
    delete pInt;
```

```
    MyClass* pClass{ new MyClass };
    delete pClass;

    const unsigned int NUM_ELEMENTS{ 5 };
    int* pArray{ new int[NUM_ELEMENTS] };
    delete[] pArray;

    return 0;
}
```

数组 new 和 delete 运算符的签名与标准 new 和 delete 运算符的不同之处仅在于它们的签名中存在 [] 运算符，如清单 10-16 所示。图 10-12 展示了该代码的输出。

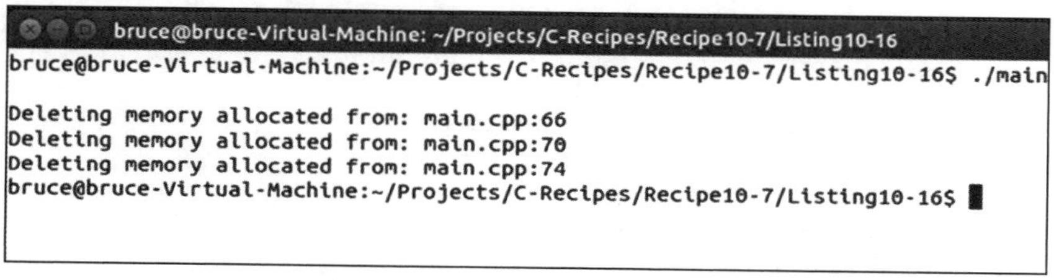

图 10-12　使用替换的 new 和 delete 运算符的输出

到目前为止，你在本节中看到的 new 和 delete 函数已被 new 和 delete 运算符全局替换。也可以为特定的类替换 new 和 delete，你可以将这些函数直接添加到类定义中，并且在创建和销毁该对象类型的动态实例时使用这些函数。清单 10-17 展示了替换全局 new、new []、delete 和 delete [] 运算符的代码，并且还将 new 和 delete 运算符添加到 MyClass Class 定义中。

清单10-17　在MyClass中添加new和delete运算符

```
#include <cstdlib>
#include <iostream>

using namespace std;

struct MemoryHeader
{
    const char* m_Filename{ nullptr };
    int m_Line{ -1 };
};

void* operator new(size_t size, const char* filename, int line) noexcept
{
    void* pMemory{ malloc(size + sizeof(MemoryHeader)) };

    MemoryHeader* pMemoryHeader{ reinterpret_cast<MemoryHeader*>(pMemory) };
    pMemoryHeader->m_Filename = filename;
    pMemoryHeader->m_Line = line;

    return static_cast<void*>(static_cast<char*>(pMemory)+sizeof(MemoryHeader));
```

```cpp
}
void* operator new[](size_t size, const char* filename, int line) noexcept
{
    void* pMemory{ malloc(size + sizeof(MemoryHeader)) };

    MemoryHeader* pMemoryHeader{ reinterpret_cast<MemoryHeader*>(pMemory) };
    pMemoryHeader->m_Filename = filename;
    pMemoryHeader->m_Line = line;
    return static_cast<void*>(static_cast<char*>(pMemory)+sizeof(MemoryHeader));
}

void operator delete(void* pMemory) noexcept
{
    char* pMemoryHeaderStart{ reinterpret_cast<char*>(pMemory)-
    sizeof(MemoryHeader) };

    MemoryHeader* pMemoryHeader{ reinterpret_cast<MemoryHeader*>
    (pMemoryHeaderStart) };

    cout << "Deleting memory allocated from: "
        << pMemoryHeader->m_Filename << ":" << pMemoryHeader->m_Line << endl;

    free(pMemoryHeader);
}

void operator delete[](void* pMemory) noexcept
{
    char* pMemoryHeaderStart{ reinterpret_cast<char*>(pMemory)-sizeof
    (MemoryHeader) };

    MemoryHeader* pMemoryHeader{ reinterpret_cast<MemoryHeader*>
    (pMemoryHeaderStart) };

    cout << "Deleting memory allocated from: "
        << pMemoryHeader->m_Filename << ":" << pMemoryHeader->m_Line << endl;

    free(pMemoryHeader);
}

class MyClass
{
private:
    int m_Value{ 1 };
public:
    void* operator new(size_t size, const char* filename, int line) noexcept
    {
        cout << "Allocating memory for MyClass!" << endl;
        return malloc(size);
    }

    void operator delete(void* pMemory) noexcept
    {
```

```
        cout << "Freeing memory for MyClass!" << endl;
        free(pMemory);
    }
};

#define new new(__FILE__, __LINE__)

int main(int argc, char* argv[])
{
    int* pInt{ new int };
    *pInt = 1;
    delete pInt;

    MyClass* pClass{ new MyClass };
    delete pClass;

    const unsigned int NUM_ELEMENTS{ 5 };
    MyClass* pArray{ new MyClass[NUM_ELEMENTS] };
    delete[] pArray;

    return 0;
}
```

MyClass 定义中的 new 和 delete 运算符是在主函数中创建 MyClass 单例时调用
的。从图 10-13 所示的输出中可以看出情况就是这样。

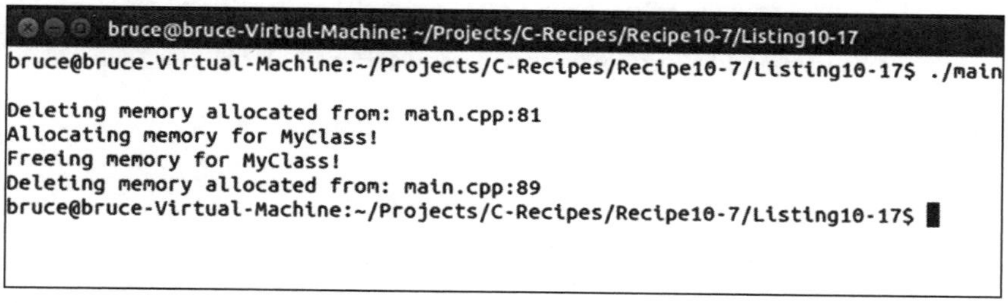

图 10-13 MyClass 的成员 new 和 delete 运算符的使用情况

10.8 确定代码更改对性能的影响

问题

你想确定对代码所做的更改比现有代码快还是慢。一旦代码准备好进行初始 alpha 测
试，这可能是确保最终优化的一个好方法。

解决方案

C++ 提供对计算机系统高性能计时器的访问，以执行高精度计时。

工作原理

C++ 编程语言提供对高精度计时器的访问，该计时器使你可以围绕代码的不同部分进行计时测量。这样，你可以记录函数或算法所花费的时间，并在不同版本之间进行比较，以找出最有效且性能最好的版本。

清单 10-18 展示了对循环中三个不同的迭代进行计时的代码。

清单10-18　使用 chrono::high_resolution_timer 方法

```cpp
#include <chrono>
#include <iostream>

using namespace std;

void RunTest(unsigned int numberIterations)
{
    auto start = chrono::high_resolution_clock::now();

    for (unsigned int i{ 0 }; i < numberIterations; ++i)
    {
        unsigned int squared{ i*i*I };
    }

    auto end = chrono::high_resolution_clock::now();
    auto difference = end - start;

    cout << "Time taken: "
        << chrono::duration_cast<chrono::microseconds>(difference).count()
        << " microseconds!" << endl;
}

int main(int argc, char* argv[])
{
    RunTest(10000000);
    RunTest(100000000);
    RunTest(1000000000);

    return 0;
}
```

从这个清单可以看出，STL 的 **chrono** 命名空间提供了一个名为 **high_resolution_clock** 的 struct，该结构有一个名为 now 的静态函数，该函数从 chrono::system_clock struct 返回一个类型为 **time_point** 的对象。清单 10-18 使用 **auto** 关键字为 RunTest 函数中的 **start** 和 **end** 变量推导了这种类型。**start** 和 **end** 都是使用 **high_resolution_timer::now** 函数进行初始化的，**start** 于 **for** 循环之前，**End** 于 **for** 循环之后。**start** 减去 **end** 的结果表示函数执行循环时所经过的时间。然后使用 **chrono ∶∶ duration_cast** 模板将 **time_point** 差分变量（difference variable）转换为人可读的形式，时间单位为微秒。

　　RunTest 函数在 main 函数中被调用三次，每次调用有不同的循环迭代次数，表明计时代码可以用来判断哪一个运行时间效率最低。图 10-14 展示了在英特尔酷睿 i7-3770 上运行程序时产生的输出。

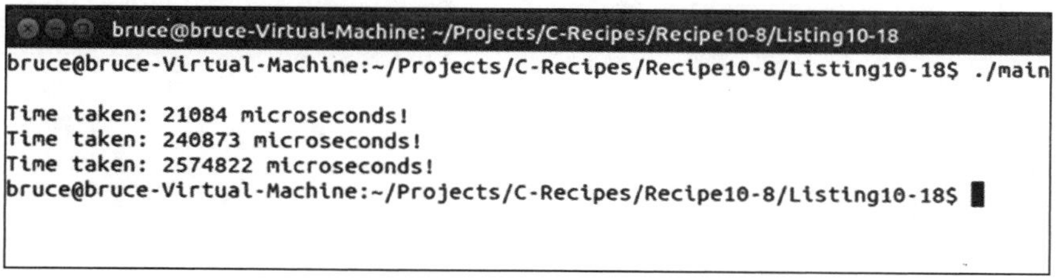

```
      bruce@bruce-Virtual-Machine: ~/Projects/C-Recipes/Recipe10-8/Listing10-18
bruce@bruce-Virtual-Machine:~/Projects/C-Recipes/Recipe10-8/Listing10-18$ ./main

Time taken: 21084 microseconds!
Time taken: 240873 microseconds!
Time taken: 2574822 microseconds!
bruce@bruce-Virtual-Machine:~/Projects/C-Recipes/Recipe10-8/Listing10-18$
```

图 10-14　清单 10-18 中对 RunTest 的每次后续调用都需要更长的时间来执行

　　duration_cast 可以用来将系统时间转换为纳秒、毫秒、秒、分、小时以及本节中使用的微秒。在优化许多计算机编程算法时，你需要的是微秒级精度。在比较内存存储类型对程序效率的影响时，可参考本节中用到的计时技术。

10.9　了解内存选择对性能的影响

问题

　　你有一个性能很差的程序，但你不知道原因。

解决方案

　　在现代计算机程序中，没有解决性能问题的灵丹妙药。然而，缺乏对现代计算机上内存工作原理的了解，会导致程序性能不佳。了解"缓存未命中"（cache misses）对程序性能的影响将帮助你编写性能更好的程序。

工作原理

　　现代处理器的速度比内存访问延迟的速度要快得多。这导致了程序中不良的内存访问模式可能严重影响处理性能。了解如何构造 C++ 程序，以有效利用处理器高速缓存，对于编写性能最好的程序至关重要。

　　现代计算机系统从主存储器读写数据可能需要几百个周期。处理器实现缓存来帮助缓解这个问题。现代 CPU 缓存的工作原理是将大块数据同时从主内存中读取到速度更快的缓存中，这些数据块被称为高速缓存线。英特尔酷睿 i7-3770 处理器上的 L1 高速缓存线的大小为 32KB。处理器会一次性将整个 32 KB 的块读入 L1 缓存。如果你要读取或写入的数据不在缓存中，就会导致"缓存未命中"，处理器必须从 L2 缓存、L3 缓存或系统 RAM 中

检索数据。"缓存未命中"的代价高昂，代码中看似无害的错误或选择可能会对性能产生
巨大影响。清单 10-19 中包含了一个初始化一些数组的循环和三个不同的内存访问模式的
循环。

清单10-19　探索内存访问模式对性能的影响

```cpp
#include <chrono>
#include <iostream>

using namespace std;

const int NUM_ROWS{ 10000 };
const int NUM_COLUMNS{ 1000 };
int elements[NUM_ROWS][NUM_COLUMNS];
int* pElements[NUM_ROWS][NUM_COLUMNS];
int main(int argc, char* argv[])
{
    for (int i{ 0 }; i < NUM_ROWS; ++i)
    {
        for (int j{ 0 }; j < NUM_COLUMNS; ++j)
        {
            elements[i][j] = i*j;
            pElements[i][j] = new int{ elements[i][j] };
        }
    }

    auto start = chrono::high_resolution_clock::now();

    for (int i{ 0 }; i < NUM_ROWS; ++i)
    {
        for (int j{ 0 }; j < NUM_COLUMNS; ++j)
        {
            const int result{ elements[j][i] };
        }
    }

    auto end = chrono::high_resolution_clock::now();
    auto difference = end - start;

    cout << "Time taken for j then i: "
        << chrono::duration_cast<chrono::microseconds>(difference).count()
        << " microseconds!" << endl;

    start = chrono::high_resolution_clock::now();

    for (int i{ 0 }; i < NUM_ROWS; ++i)
    {
        for (int j{ 0 }; j < NUM_COLUMNS; ++j)
        {
            const int result{ elements[i][j] };
        }
```

```
    }
    auto end = chrono::high_resolution_clock::now();
    auto difference = end - start;

    cout << "Time taken for j then i: "
        << chrono::duration_cast<chrono::microseconds>(difference).count()
        << " microseconds!" << endl;

    start = chrono::high_resolution_clock::now();

    for (int i{ 0 }; i < NUM_ROWS; ++i)
    {
        for (int j{ 0 }; j < NUM_COLUMNS; ++j)
        {
            const int result{ elements[i][j] };
        }
    }
    end = chrono::high_resolution_clock::now();
    difference = end - start;

    cout << "Time taken for i then j: "
        << chrono::duration_cast<chrono::microseconds>(difference).count()
        << " microseconds!" << endl;

    start = chrono::high_resolution_clock::now();

    for (int i{ 0 }; i < NUM_ROWS; ++i)
    {
        for (int j{ 0 }; j < NUM_COLUMNS; ++j)
        {
            const int result{ *(pElements[i][j]) };
        }
    }
    end = chrono::high_resolution_clock::now();
    difference = end - start;

    cout << "Time taken for pointers with i then j: "
        << chrono::duration_cast<chrono::microseconds>(difference).count()
        << " microseconds!" << endl;

    return 0;
}
```

清单 10-19 中的第一个循环用于设置两个数组。第一个数组直接存储整数值,第二个数组存储整数的指针。每个数组包含 10 000×1 000 个唯一的元素。

了解多维数组在内存中的布局十分重要,这样才能理解为什么这个测试会产生“缓存未命中”性能问题的结果。一个 3×2 的数组如表 10-1 所示。

表 10-1   3×2 数组的布局

	第一列	第二列	第三列
第一行	1	2	3
第二行	4	5	6

但计算机内存并不是这种二维形式。数组元素在内存中是按照表 10-1 所示的数字顺序线性排列。给定一个 4 字节的整数，这意味着第 2 行第 1 列的值可以在第 1 行第 1 列的值之后 12 个字节找到。将行的大小扩展到 10 000，就可以看出下一行开头的元素不可能和前一行在同一缓存行。

这一事实允许通过一个简单的循环来测试"缓存未命中"对性能的影响。你可以在清单 10-18 中的第二个循环中看到这一点，其中递增的 j 值用于沿列而不是沿行走。第三个循环以正确的顺序沿着数组的"行"走。也就是说，它在内存中以线性顺序沿"行"走。第四个循环以线性顺序沿 pElement 数组行走，但必须解引用一个指针以到达存储在数组中的值。结果展示了第一个循环中无缓存编程的影响，第二个循环中的理想情况，以及第三个循环中不必要的内存间接的结果。图 10-15 展示了这些结果。

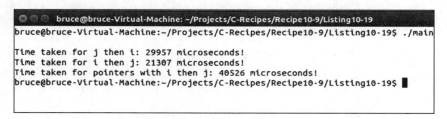

图 10-15   清单 10-19 中循环的结果

你可以看到，我的计算机中的处理器在运行一个数组时，完成一个简单的循环的时间长度增加了十倍。这样的问题会造成程序的停顿和延迟，会让用户和客户对你的软件产生一种挫败感。指针解引用的情况也比直接访问整数的情况慢，需花费两倍左右的时间。在充分使用动态内存之前，你应该考虑到这一点。

10.10   减少内存碎片问题

问题

你有一个程序，需要你在很长一段时间内创建大量的小内存分配，这引入了内存碎片问题。

解决方案

你可以创建一个小块分配器，用于将小内存分配打包到较大页面中。

工作原理

将小内存分配捆绑在一起的第一步是创建一个包含较大内存页的类。本节向你展示一个直接的方法来包装一个类中的 32 KB 的内存页，并管理该池的分配。使用布尔值数组跟踪内存，知道某个内存块是空闲还是正在使用。当所有当前页满时，会添加新的内存页。

这种方法的缺点是，分配的内存最小都是 32 字节。任何小于 32 字节的内存请求都会从当前活动内存页中分配一个完整的块。页面完全为空时也会被释放，以确保程序不会增长到高水位线，并且不会释放不需要的内存。清单 10-20 展示了 **Page** 类定义。在本章的后面，你会发现一个完整的工作模型，但现在让我们先看看这一部分。

清单10-20　Page类定义

```
class Page
{
private:
    char m_Memory[1024 * 32];
    bool m_Free[1024];
    Page* m_pNextPage;
public:
    Page();
    ~Page();

    void* Alloc();
    bool Free(void* pMem);

    bool IsEmpty() const;
};
```

Page 类包含两个数组。有一个 **char** 数组，服务于内存分配请求。这个池是一个字节数组，在本示例中大小为 32 KB。池中有 1024 个独立的块，每个块的大小为 32 字节。这 1024 个区块被镜像在布尔数组 **m_Free** 中。这个数组用于跟踪一个给定的块是否已经被分配，或者是否可以自由分配。**m_pNextPage** 指针存储了下一页的地址。如果当前页已完全使用，则下一页用于分配块。

该类由五个方法组成：一个构造函数、一个析构函数、一个 **Alloc** 方法、一个 **Free** 方法和用于确定页面是否不再使用的 **IsEmpty** 方法。清单 10-21 展示了 **Page** 类的构造函数和析构函数的函数体。

清单10-21　Page类的构造函数和析构函数

```
Page()
    : m_pNextPage{ nullptr }
{
    memset(m_Free, 1, 1024);
}

~Page()
```

```
    {
        if (m_pNextPage)
        {
            delete m_pNextPage;
            m_pNextPage = nullptr;
        }
    }
```

Page 构造函数负责将 m_pNextPage 指针初始化为 nullptr，并将 m_Free 数组中的所有元素设置为 true。如果 m_pNextPage 已经被分配，Page 的析构函数负责删除它的对象指针。

清单 10-22 展示了 Page::Alloc 方法的代码。

清单10-22　Page::Alloc方法

```
void* Alloc()
{
    void* pMem{ nullptr };
    for (unsigned int i = 0; i < 1024; ++i)
    {
        if (m_Free[i] == true)
        {
            m_Free[i] = false;
            pMem = &m_Memory[i * 32];
            break;
        }
    }
    if (pMem == nullptr)
    {
        if (m_pNextPage == nullptr)
        {
            m_pNextPage = new Page();
        }
        pMem = m_pNextPage->Alloc();
    }
    return pMem;
}
```

Alloc 方法负责查找页链接列表中第一个未使用的内存块。第一步是在 m_Free 数组中循环，并检查每个块当前是否正在使用。如果找到一个空闲的块，pMem 的返回值被设置为空闲块的地址，且该块的布尔值被设置为 false，表示该块现在正在使用中，此时循环会被打断。

在没有找到空闲块的情况下，必须从另一个内存页分配内存。如果已经创建了另一个页面，指针 m_pNextPage 将拥有它的地址。如果没有，则创建一个新的页面。然后在 m_pNextPage 上调用 Alloc 方法。在这一点上，Alloc 方法是递归的，它被反复调用，直到找到一个包含空闲内存块的内存页，再给调用代码向上返回堆栈。从一个页面返回的内存当不再被需要时也必须返回该页面。清单 10-23 中的 Free 方法负责执行这个任务。

清单10-23　Page::Free方法

```cpp
bool Free(void* pMem)
{
    bool freed{ false };

    bool inPage{ pMem >= m_Memory && pMem <= &m_Memory[(NUM_PAGES * BLOCK_
    SIZE) - 1] };
    if (inPage)
    {
        unsigned int index{
            (reinterpret_cast<unsigned int>(pMem)-reinterpret_cast

            <unsigned int>(m_Memory))
            / BLOCK_SIZE };

        m_Free[index] = true;
        freed = true;
    }
    else if (m_pNextPage)
    {
        freed = m_pNextPage->Free(pMem);

        if (freed && m_pNextPage->IsEmpty())
        {
            Page* old = m_pNextPage;
            m_pNextPage = old->m_pNextPage;
            old->m_pNextPage = nullptr;
            delete m_pNextPage;
        }
    }

    return freed;
}
```

Page::Free 方法首先检查被释放的内存地址是否包含在当前页中。它通过将地址与内存页的开始地址和页中最后一个块的地址进行比较来实现。如果被释放的内存大于或等于页地址，且小于或等于页中最后一个块的地址，那么内存就是从本页分配的。在这种情况下，可以将这个块的 m_Free 布尔值设回 true。内存本身不需要清空，因为 new 返回的内存中不保证一定有数值，这是调用者的事情。

如果在当前 Page 中没有找到内存，那么 Free 方法会检查 Page 是否有指向另一个 Page 对象的指针。如果有的话，那么 Free 方法就会在该页被调用。Free 方法和 Alloc 方法一样，都是递归性质的。如果对 m_pNextPage 的 Free 调用返回一个 true 值，那么就会检查该 Page 现在是否已经为空。如果是，则可以释放 Page。由于 Page 使用一个简单的链接列表来跟踪页面，因此你必须确保不孤立列表的尾部。你需要确保当前页的 m_pNextPage 指针被设置为指向被释放的 Page 的 m_pNextPage 指针。IsEmpty 方法在 Free 方法中被调用，该方法的主体如清单 10-24 所示。

清单10-24　Page::IsEmpty方法

```
bool IsEmpty() const
{
    bool isEmpty{ true };

    for (unsigned int i = 0; i < NUM_PAGES; ++i)
    {
        if (m_Free[i] == false)
        {
            isEmpty = false;
            break;
        }
    }

    return isEmpty;
}
```

IsEmpty 方法检查空闲列表, 以确定该页面当前是否在使用中。如果 Page 中的任何一个块都不空闲, 那么就说明 Page 不为空。页面的链接列表通过另一个名为 SmallBlockAllocator 的类来访问。这简化了调用代码对页面的管理。清单 10-25 展示了 SmallBlockAllocator 类。

清单10-25　SmallBlockAllocator类

```
class SmallBlockAllocator
{
public:
    static const unsigned int BLOCK_SIZE{ 32 };

private:
    static const unsigned int NUM_ BLOCKS { 1024 };
    static const unsigned int PAGE_SIZE{ NUM_ BLOCKS * BLOCK_SIZE };

    class Page
    {
    private:
        char m_Memory[PAGE_SIZE];
        bool m_Free[NUM_ BLOCKS];
        Page* m_pNextPage;

    public:
        Page()
            : m_pNextPage{ nullptr }
        {
            memset(m_Free, 1, NUM_ BLOCKS);
        }

        ~Page()
        {
            if (m_pNextPage)
```

```
        {
            delete m_pNextPage;
            m_pNextPage = nullptr;
        }
    }
    void* Alloc()
    {
        void* pMem{ nullptr };

        for (unsigned int i = 0; i < NUM_ BLOCKS; ++i)
        {
            if (m_Free[i] == true)
            {
                m_Free[i] = false;
                pMem = &m_Memory[i * BLOCK_SIZE];
                break;
            }
        }

        if (pMem == nullptr)
        {
            if (m_pNextPage == nullptr)
            {
                m_pNextPage = new Page();
            }

            pMem = m_pNextPage->Alloc();
        }

        return pMem;
    }

    bool Free(void* pMem)
    {
        bool freed{ false };

        bool inPage{ pMem >= m_Memory &&
            pMem <= &m_Memory[(NUM_ BLOCKS * BLOCK_SIZE) - 1] };
        if (inPage)
        {
            unsigned int index{
                (reinterpret_cast<unsigned int>(pMem)-
                  reinterpret_cast<unsigned int>(m_Memory)) / BLOCK_SIZE };
        m_Free[index] = true;
        freed = true;
    }
    else if (m_pNextPage)
    {
        freed = m_pNextPage->Free(pMem);

        if (freed && m_pNextPage->IsEmpty())
```

```
            {
                Page* old = m_pNextPage;
                m_pNextPage = old->m_pNextPage;
                old->m_pNextPage = nullptr;
                delete m_pNextPage;
            }
        }
        return freed;
    }
    bool IsEmpty() const
    {
        bool isEmpty{ true };
        for (unsigned int i = 0; i < NUM_BLOCKS; ++i)
        {
            if (m_Free[i] == false)
            {
                isEmpty = false;
                break;
            }
        }
        return isEmpty;
    }
};
Page m_FirstPage;
public:
    SmallBlockAllocator() = default;
    void* Alloc()
    {
        return m_FirstPage.Alloc();
    }
    bool Free(void* pMem)
    {
        return m_FirstPage.Free(pMem);
    }
};
```

　　在清单 10-25 中，Page 类可以被看作是 SmallBlockAllocator 的一个内部类，这有助于确保只有 SmallBlockAllocator 本身可以用作 Page 对象的接口。Small-BlockAllocator 首先创建静态常量来控制块的大小和每个 Page 包含的块数。Small-BlockAllocator 有两个公共方法，Alloc 方法和 Free 方法。这些方法简单地封装了对 Page::Alloc 和 Page::Free 的调用，并在成员 m_FirstPage 上被调用。这意味着 SmallBlockAllocator 类始终至少分配一页内存用于小内存分配，并且只要

SmallBlockAllocator 处于活动状态，此页将一直驻留在你的程序中。

清单 10-26 展示了将小内存分配路由到 **SmallBlockAllocator** 所需的重载 **new** 和 **Delete** 运算符。

清单10-26 将小内存分配路由到SmallBlockAllocator

```
static SmallBlockAllocator sba;
void* operator new(unsigned int numBytes)
{
    void* pMem{ nullptr };

    if (numBytes <= SmallBlockAllocator::BLOCK_SIZE)
    {
        pMem = sba.Alloc();
    }
    else
    {
        pMem = malloc(numBytes);
    }

    return pMem;
}
void* operator new[](unsigned int numBytes)
{
    void* pMem{ nullptr };

    if (numBytes <= SmallBlockAllocator::BLOCK_SIZE)
    {
        pMem = sba.Alloc();
    }
    else
    {
        pMem = malloc(numBytes);
    }

    return pMem;
}
void operator delete(void* pMemory)
{
    if (!sba.Free(pMemory))
    {
        free(pMemory);
    }
}
void operator delete[](void* pMemory)
{
    if (!sba.Free(pMemory))
    {
```

```
        free(pMemory);
    }
}
```

清单 10-26 中的 new 和 new[] 运算符根据 SmallBlockAllocator 类支持的块大小来检查被分配的字节数。如果请求的内存小于或等于 SBA 的块大小，则在 static sba 对象上调用 Alloc 方法。如果大于，则使用 malloc 方法。两个 delete 函数都在 sba 上调用 Free。如果 Free 返回 false，那么被释放的内存并不存在于任何一个小块页中，使用 free 函数将其释放。

这涵盖了实现一个简单的小块分配器所需的所有代码。清单 10-27 展示了使用该类的工作示例程序的完整清单。

清单10-27　一个完整的小块分配器实例

```cpp
#include <cstdlib>
#include <iostream>

using namespace std;

class SmallBlockAllocator
{
public:
    static const unsigned int BLOCK_SIZE{ 32 };

private:
    static const unsigned int NUM_BLOCKS{ 1024 };
    static const unsigned int PAGE_SIZE{ NUM_BLOCKS * BLOCK_SIZE };

    class Page
    {
    private:
        char m_Memory[PAGE_SIZE];
        bool m_Free[NUM_BLOCKS];
        Page* m_pNextPage;

    public:
        Page()
            : m_pNextPage{ nullptr }
        {
            memset(m_Free, 1, NUM_BLOCKS);
        }
~Page()
{
    if (m_pNextPage)
    {
        delete m_pNextPage;
        m_pNextPage = nullptr;
    }
}
```

```cpp
void* Alloc()
{
    void* pMem{ nullptr };

    for (unsigned int i{ 0 }; i < NUM_BLOCKS; ++i)
    {
        if (m_Free[i] == true)
        {
            m_Free[i] = false;
            pMem = &m_Memory[i * BLOCK_SIZE];
            break;
        }
    }

    if (pMem == nullptr)
    {
        if (m_pNextPage == nullptr)
        {
            m_pNextPage = new Page();
        }

        pMem = m_pNextPage->Alloc();
    }

    return pMem;
}
bool Free(void* pMem)
{
        bool freed{ false };

        bool inPage{ pMem >= m_Memory &&
            pMem <= &m_Memory[(NUM_BLOCKS * BLOCK_SIZE) - 1] };
        if (inPage)
        {
            unsigned int index{
                (reinterpret_cast<unsigned int>(pMem)-
                reinterpret_cast<unsigned int>(m_Memory)) / BLOCK_SIZE };
            m_Free[index] = true;
            freed = true;
        }
        else if (m_pNextPage)
        {
            freed = m_pNextPage->Free(pMem);

            if (freed && m_pNextPage->IsEmpty())
            {
                Page* old = m_pNextPage;
                m_pNextPage = old->m_pNextPage;
                old->m_pNextPage = nullptr;
                delete m_pNextPage;
            }
```

```
                }
                return freed;
            }

            bool IsEmpty() const
            {
                bool isEmpty{ true };
                for (unsigned int i{ 0 }; i < NUM_BLOCKS; ++i)
                {
                    if (m_Free[i] == false)
                    {
                        isEmpty = false;
                        break;
                    }
                }
                return isEmpty;
            }
        };

        Page m_FirstPage;

public:
    SmallBlockAllocator() = default;

    void* Alloc()
    {
        return m_FirstPage.Alloc();
    }
    bool Free(void* pMem)
    {
        return m_FirstPage.Free(pMem);
    }
};

static SmallBlockAllocator sba;

void* operator new(size_t numBytes, const std::nothrow_t& tag) noexcept
{
    void* pMem{ nullptr };

    if (numBytes <= SmallBlockAllocator::BLOCK_SIZE)
    {
        pMem = sba.Alloc();
    }
    else
    {
        pMem = malloc(numBytes);
    }
    return pMem;
```

```cpp
    }
    void* operator new[](size_t numBytes, const std::nothrow_t& tag) noexcept
    {
        void* pMem{ nullptr };

        if (numBytes <= SmallBlockAllocator::BLOCK_SIZE)
        {
            pMem = sba.Alloc();
        }
        else
        {
            pMem = malloc(numBytes);
        }

        return pMem;
    }
    void operator delete(void* pMemory)
    {
        if (!sba.Free(pMemory))
        {
            free(pMemory);
        }
    }
    void operator delete[](void* pMemory)
    {
        if (!sba.Free(pMemory))
        {
            free(pMemory);
        }
    }
    int main(int argc, char* argv[])
    {
        const unsigned int NUM_ALLOCS{ 2148 };
        int* pInts[NUM_ALLOCS];

        for (unsigned int i{ 0 }; i < NUM_ALLOCS; ++i)
        {
            pInts[i] = new int;
            *pInts[i] = i;
        }

        for (unsigned int i{ 0 }; i < NUM_ALLOCS; ++i)
        {
            delete pInts[i];
            pInts[i] = nullptr;
        }

        return 0;
    }
```

并　发

时钟频率是指微处理器的时钟发生器可以产生脉冲的频率。截至 2020 年，提高时钟频率的主要障碍是芯片冷却，因为更快的速度会产生更多的热量。缩小芯片尺寸可以提高速度、减少热量，但实现速度显著提升的前提是纳米技术必须取得更大的进步。

但是，回到我们对频率的定义，这些"脉冲"或"每秒时钟周期"用于同步其组件上的操作，用于度量处理器速度。随着时间的推移，CPU 性能的改善一直是通过创新的 CPU 设计和把多个 CPU 放在同一个芯片上来保持的。高级编程功能可供程序员使用，他们可以使用并发编程或多线程编程。

多线程编程要求关注细节，但此时你已经做好了准备。许多陷阱在等待着并发程序，例如，数据不同步造成的错误，以及一旦你的任务需要使用锁来管理访问时造成的死锁。本章将向你介绍 C++ 提供的 STL 特性的一些实际应用，帮助你编写多线程程序。

11.1　使用线程执行并发任务

问题

你正在编写一个性能很差的程序，你想通过在系统中使用多个处理器来加快执行速度。

解决方案

C++ 提供了 thread 类型，可以用来创建一个本机操作系统线程。程序线程可以在一个以上的处理器上运行，因此允许你编写可以使用多个 CPU 和多核 CPU 的程序。

工作原理

检测逻辑 CPU 内核数

C++ 线程库提供了一个特性集，让程序可以使用给定计算机系统中的所有核心和全部 CPU。由 C++ 线程功能提供的第一个重要函数，它允许你查询计算机包含的执行单元的数量。清单 11-1 展示了这个 C++ 的 `thread::hardware_concurrency` 方法。

清单11-1　`thread::hardware_concurrency`方法

```cpp
#include <iostream>
#include <thread>

using namespace std;

int main()
{
    const unsigned int numberOfProcessors{ thread::hardware_concurrency() };

    cout << "This system can run " << numberOfProcessors << " concurrent
    tasks" << endl;

    return 0;
}
```

这段代码使用 `thread::hardware_concurrency` 方法来查询执行程序的计算机上可以同时运行的线程数。图 11-1 是该程序在我的台式电脑上生成的输出。

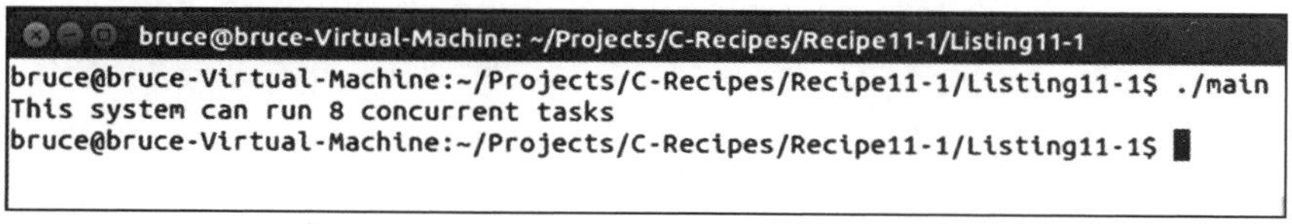

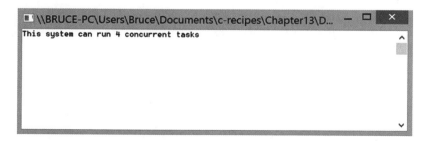

图 11-1　英特尔酷睿 i7-3770 上调用 `thread::hardware_concurrency` 的结果

在采用英特尔酷睿 i5-4200U 和 i7-3770 处理器的 Surface Pro 2 上运行同样的代码，返回值分别是 4 和 8。你可以在图 11-2 中看到 Surface Pro 2 给出的结果。

图 11-2　在 Surface Pro 2 上运行清单 11-1 的结果

在逻辑核少的计算机上运行过多的线程，会导致计算机反应迟钝。因此在创建程序时必须牢记这一点。这解释了为什么应用程序的最低规格中列出了某个处理器的最低值。

创建线程

一旦你知道你正在运行的系统可能会从使用并发执行中受益，你就可以使用"C++ 的 **thread** 类"来创建要在多个处理器内核上运行的任务。**thread** 类是一种可移植的内置类型，它允许你为任何操作系统编写多线程代码。

> **注意** **thread** 类是 C++ 编程语言中最近增加的一个类。它是在 C++11 语言规范中添加的，所以你可能需要检查你正在使用的 STL 库的文档，以确保它支持这个特性。

thread 构造函数易于使用，并具有可在另一个 CPU 内核上执行的功能。清单 11-2 展示了一个输出到控制台的简单 **thread**。

清单11-2　创建一个thread

```
#include <iostream>
#include <thread>

using namespace std;

void ThreadTask()
{
    for (unsigned int i{ 0 }; i < 20; ++i)
    {
        cout << "Output from thread" << endl;
    }
}

int main()
{
    const unsigned int numberOfProcessors{ thread::hardware_concurrency() };

    cout << "This system can run " << numberOfProcessors << " concurrent
    tasks" << endl;
    if (numberOfProcessors > 1)
    {
        thread myThread{ ThreadTask };

        cout << "Output from main" << endl;

        myThread.join();
    }
    else
    {
        cout << "CPU does not have multiple cores." << endl;
    }

        return 0;
}
```

清单 11-2 根据执行程序的计算机上的逻辑核数来决定是否创建**线程**。

> **注意**　大多数操作系统允许你运行比处理器数量更多的线程，但你可能会发现，管理多个线程的开销会拖慢你的程序。

如果 CPU 有多个逻辑核，程序会创建 `thread` 类的对象 `myThread`。`myThread` 被一个指向函数的指针初始化，这个函数将在**线程**的上下文中执行，而且很可能在与 `main` 函数不同的 CPU 线程上执行。

`ThreadTask` 函数由一个 `for` 循环组成，目的是多次输出到控制台。`main` 函数也输出到控制台。这样做是为了表明这两个函数是同时运行的。你可以在图 11-3 中看到这一点，`main` 的输出发生在 `ThreadTask` 输出的过程中。

```
bruce@bruce-Virtual-Machine: ~/Projects/C-Recipes/Recipe11-1/Listing11-2
bruce@bruce-Virtual-Machine:~/Projects/C-Recipes/Recipe11-1/Listing11-2$ ./main
This system can run 8 concurrent tasks
Output from main
Output from thread
Output from thread
Output from thread
Output from thread
Output from thread
Output from thread
Output from thread
Output from thread
Output from thread
Output from thread
Output from thread
Output from thread
Output from thread
Output from thread
Output from thread
Output from thread
Output from thread
Output from thread
bruce@bruce-Virtual-Machine:~/Projects/C-Recipes/Recipe11-1/Listing11-2$
```

图 11-3　清单 11-2 中显示 `main` 和 `ThreadTask` 同时运行的输出

线程后清理

清单 11-2 中的 `main` 函数立即调用**线程**上的 `join` 方法。`join` 方法用于告诉当前**线程**在继续之前需要等待其他线程执行完。这一点很重要，为了防止泄漏的发生，C++ 程序需要销毁自己的线程。在一个 `thread` 对象上调用析构函数并不会销毁当前执行的 `thread` 上下文。清单 11-3 展示了被修改为不在 `myThread` 上调用 `join` 方法的代码。

清单11-3　忘记在一个thread上调用join

```cpp
#include <iostream>
#include <thread>

using namespace std;
```

```
void ThreadTask()
{
    for (unsigned int i{ 0 }; i < 20; ++i)
    {
        cout << "Output from thread" << endl;
    }
}

int main(int argc, char* argv[])
{
    const unsigned int numberOfProcessors{ thread::hardware_concurrency() };

    cout << "This system can run " << numberOfProcessors << " concurrent
    tasks" << endl;

    if (numberOfProcessors > 1)
    {
        thread myThread{ ThreadTask };

        cout << "Output from main" << endl;
    }
    else
    {
        cout << "CPU does not have multiple cores." << endl;
    }

    return 0;
}
```

这段代码导致 **myThread** 对象在 **ThreadTask** 函数完成执行之前就离开了作用域。这可能会在你的程序中造成**线程**泄漏，最终会导致程序或操作系统变得不稳定。在 Linux 命令行上运行的程序会出现图 11-4 所示的错误。

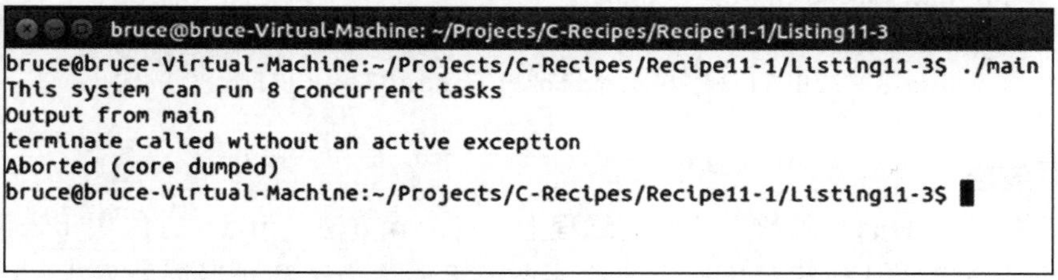

图 11-4　提前调用 **thread** 析构函数导致的 Linux 错误

如你所见，这个警告并不是特别具有描述性，并且不能保证你在使用其他操作系统和库时会收到任何警告。因此，了解**线程**的生命周期并确保能正确处理它们十分重要。

一种方法是使用 **join** 方法，使程序等待**线程**结束后再关闭线程。C++ 还提供了第二种选择：**detach** 方法。清单 11-4 展示了如何使用 **detach** 方法。

清单11-4 使用detach方法

```cpp
#include <iostream>
#include <thread>

using namespace std;

void ThreadTask()
{
    for (unsigned int i = 0; i < 20; ++i)
    {
        cout << "Output from thread" << endl;
    }
}

int main(int argc, char* argv[])
{
    const unsigned int numberOfProcessors{ thread::hardware_concurrency() };
    cout << "This system can run " << numberOfProcessors << " concurrent
    tasks" << endl;

    if (numberOfProcessors > 1)
    {
        thread myThread{ ThreadTask };

        cout << "Output from main" << endl;

        myThread.detach();
    }
    else
    {
        cout << "CPU does not have multiple cores." << endl;
    }

    return 0;
}
```

清单 11-4 展示了 detach 方法可以用来代替 join 方法。join 方法会使程序等正在运行的**线程**完成后继续执行，但 detach 方法不会。detach 方法允许你创建程序执行结束后的**线程**。这些对于需要长期跟踪时间的系统任务来说可能很有用。然而，我怀疑是否有许多日常工作的程序能找到这种方法的用途。还有一个风险是，你的程序将泄漏已分离的**线程**，并且无法恢复这些任务。一旦**线程**中的执行上下文被分离，你就永远无法重新连接它。

11.2 创建线程作用域变量

问题

你有一些在实现过程中使用静态数据的对象类，并且希望将其与**线程**一起使用。

解决方案

C++ 提供了 `thread_local` 说明符，它允许计算机在每个线程的基础上创建静态数据的实例。

工作原理

在介绍如何使用 `thread_local` 之前，让我们先来看一个可能出现这个问题的场景，这样你就可以清楚地看到这个问题以及解决方案本身可能造成的问题。清单 11-5 中包含了一个使用静态对象向量的类，以防止对 `new` 和 `delete` 的多次调用。

清单11-5　创建一个使用静态数据来跟踪状态的类

```cpp
#include <cstdlib>
#include <iostream>
#include <stack>
#include <thread>
#include <vector>

using namespace std;

class MyManagedObject
{
private:
    static const unsigned int MAX_OBJECTS{ 4 };

    using MyManagedObjectCollection = vector < MyManagedObject > ;
    static MyManagedObjectCollection s_ManagedObjects;

    static stack<unsigned int> s_FreeList;

    unsigned int m_Value{ 0xFFFFFFFF };

public:
    MyManagedObject() = default;
    MyManagedObject(unsigned int value)
        : m_Value{ value }
    {

    }
void* operator new(size_t numBytes)
{
    void* objectMemory{};

    if (s_ManagedObjects.capacity() < MAX_OBJECTS)
    {
        s_ManagedObjects.reserve(MAX_OBJECTS);
    }

    if (numBytes == sizeof(MyManagedObject) &&
        s_ManagedObjects.size() < s_ManagedObjects.capacity())
    {
```

```
        unsigned int index{ 0xFFFFFFFF };
        if (s_FreeList.size() > 0)
        {
            index = s_FreeList.top();
            s_FreeList.pop();
        }

        if (index == 0xFFFFFFFF)
        {
            s_ManagedObjects.push_back({});
            index = s_ManagedObjects.size() - 1;
        }

        objectMemory = s_ManagedObjects.data() + index;
    }
    else
    {
        objectMemory = malloc(numBytes);
    }

    return objectMemory;
}

void operator delete(void* pMem)
{
    const intptr_t index{
        (static_cast<MyManagedObject*>(pMem) - s_ManagedObjects.data()) /
            static_cast<intptr_t>(sizeof(MyManagedObject)) };
        if (0 <= index && index < static_cast<intptr_t>(s_ManagedObjects.
        size()))
        {
            s_FreeList.emplace(static_cast<unsigned int>(index));
        }
        else
        {
            free(pMem);
        }
    }
};

MyManagedObject::MyManagedObjectCollection MyManagedObject::s_ManagedObjects{};
stack<unsigned int> MyManagedObject::s_FreeList{};

int main(int argc, char* argv[])
{
    cout << hex << showbase;

    MyManagedObject* pObject1{ new MyManagedObject(1) };

    cout << "pObject1: " << pObject1 << endl;

    MyManagedObject* pObject2{ new MyManagedObject(2) };
```

```
        cout << "pObject2: " << pObject2 << endl;

        delete pObject1;
        pObject1 = nullptr;

        MyManagedObject* pObject3{ new MyManagedObject(3) };

        cout << "pObject3: " << pObject3 << endl;

        pObject1 = new MyManagedObject(4);

        cout << "pObject1: " << pObject1 << endl;

        delete pObject2;
        pObject2 = nullptr;

        delete pObject3;
        pObject3 = nullptr;

        delete pObject1;
        pObject1 = nullptr;

        return 0;
    }
```

清单 11-5 中的代码重载了 **MyManagedObject** 类的 **new** 和 **delete** 方法。这些重载用于从一个初始的预分配内存池中返回新创建的对象。这样做可以让你把给定类型的对象的数量限制在一个预设范围内，但你仍然可以使用熟悉的 **new** 和 **delete** 语法。

> 注意　清单 11-5 中的代码实际上并没有强制执行该限制，它只是在达到限制时回到动态分配。

这个托管类的运行机制是使用一个常量决定预分配对象的数量，这个数量用于在第一次分配时初始化一个向量。此向量将用于所有后续的分配，直到用完为止。同时，需要维持一个索引的空闲列表。如果池中的对象被释放，则将它的索引添加到空闲栈的顶部，然后按照添加到空闲堆栈中的顺序重新释放空闲列表中的对象。图 11-5 显示 **pObject3** 最后的地址与 **pObject1** 删除前使用的地址相同。

```
bruce@bruce-Virtual-Machine: ~/Projects/C-Recipes/Recipe11-2/Listing11-5
bruce@bruce-Virtual-Machine:~/Projects/C-Recipes/Recipe11-2/Listing11-5$ ./main
pObject1: 0x1f4b2c0
pObject2: 0x1f4b2c4
pObject3: 0x1f4b2c0
pObject1: 0x1f4b2c8
bruce@bruce-Virtual-Machine:~/Projects/C-Recipes/Recipe11-2/Listing11-5$
```

图 11-5　显示 MyManagedObject 池的正确操作的输出

该托管池的操作使用 **static vector** 和 **static stack** 来维护所有 **MyManaged-Object** 实例之间的池，这在与**线程**耦合时就会产生问题，因为你无法确保不同的**线程**不会尝试同时访问这些对象。

清单 11-6 更新了清单 11-5 中的代码，使用 `thread` 创建 MyManagedObject 实例。

清单11-6　使用thread创建MyManagedObject实例

```cpp
#include <cstdlib>
#include <iostream>
#include <stack>
#include <thread>
#include <vector>

using namespace std;

class MyManagedObject
{
private:
    static const unsigned int MAX_OBJECTS{ 8 };

    using MyManagedObjectCollection = vector < MyManagedObject >;
    static MyManagedObjectCollection s_ManagedObjects;

    static stack<unsigned int> s_FreeList;

    unsigned int m_Value{ 0xFFFFFFFF };

public:
    MyManagedObject() = default;
    MyManagedObject(unsigned int value)
        : m_Value{ value }
    {

    }

    void* operator new(size_t numBytes)
    {
        void* objectMemory{};
    if (s_ManagedObjects.capacity() < MAX_OBJECTS)
    {
        s_ManagedObjects.reserve(MAX_OBJECTS);
    }

    if (numBytes == sizeof(MyManagedObject) &&
        s_ManagedObjects.size() < s_ManagedObjects.capacity())
    {
        unsigned int index{ 0xFFFFFFFF };
        if (s_FreeList.size() > 0)
        {
            index = s_FreeList.top();
            s_FreeList.pop();
        }

        if (index == 0xFFFFFFFF)
        {
```

```
                s_ManagedObjects.push_back({});
                index = s_ManagedObjects.size() - 1;
            }

            objectMemory = s_ManagedObjects.data() + index;
        }
        else
        {
            objectMemory = malloc(numBytes);
        }

        return objectMemory;
    }
    void operator delete(void* pMem)
    {
        const intptr_t index{
            (static_cast<MyManagedObject*>(pMem)-s_ManagedObjects.data()) /
            static_cast< intptr_t >(sizeof(MyManagedObject)) };
            if (0 <= index && index < static_cast< intptr_t >(s_ManagedObjects.
            size()))
            {
                s_FreeList.emplace(static_cast<unsigned int>(index));
            }
            else
            {
                free(pMem);
            }
    }
};

MyManagedObject::MyManagedObjectCollection MyManagedObject::s_ManagedObjects{};
stack<unsigned int> MyManagedObject::s_FreeList{};
void ThreadTask()
{
    MyManagedObject* pObject4{ new MyManagedObject(5) };

    cout << "pObject4: " << pObject4 << endl;

    MyManagedObject* pObject5{ new MyManagedObject(6) };

    cout << "pObject5: " << pObject5 << endl;

    delete pObject4;
    pObject4 = nullptr;

    MyManagedObject* pObject6{ new MyManagedObject(7) };

    cout << "pObject6: " << pObject6 << endl;

    pObject4 = new MyManagedObject(8);

    cout << "pObject4: " << pObject4 << endl;
```

```
        delete pObject5;
        pObject5 = nullptr;

        delete pObject6;
        pObject6 = nullptr;
        delete pObject4;
        pObject4 = nullptr;
    }
    int main(int argc, char* argv[])
    {
        cout << hex << showbase;

        thread myThread{ ThreadTask };

        MyManagedObject* pObject1{ new MyManagedObject(1) };

        cout << "pObject1: " << pObject1 << endl;

        MyManagedObject* pObject2{ new MyManagedObject(2) };

        cout << "pObject2: " << pObject2 << endl;

        delete pObject1;
        pObject1 = nullptr;

        MyManagedObject* pObject3{ new MyManagedObject(3) };

        cout << "pObject3: " << pObject3 << endl;

        pObject1 = new MyManagedObject(4);

        cout << "pObject1: " << pObject1 << endl;

        delete pObject2;
        pObject2 = nullptr;

        delete pObject3;
        pObject3 = nullptr;

        delete pObject1;
        pObject1 = nullptr;

        myThread.join();

        return 0;
    }
```

清单 11-6 中的代码使用一个 **thread** 与 **main** 函数同时从池中分配对象。这意味着可以同时从两个位置访问静态池，因此你的程序可能会遇到问题。常见的两个问题是"程序意外崩溃"和"数据竞争"。

数据竞争是一个比较微妙的问题，它会导致意外的内存损坏。图 11-6 说明了这个问题。

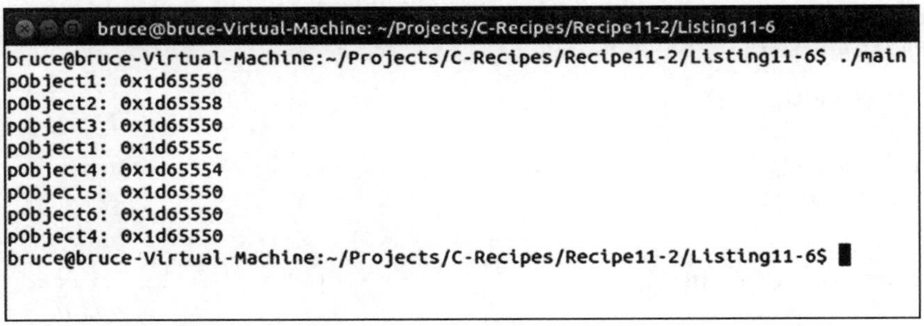

图 11-6　线程间数据竞争引起的问题

　　刚开始可能很难发现从同一个池中分配对象所带来的问题。如果你仔细观察，你会发现 **pObject6** 和 **pObject3** 指向的是同一个内存地址，这些指针在不同的线程上创建和初始化，即使在你的池中有对象重用，你也不希望它们指向相同的内存地址。这也是在使用**线程**过程中会遇到的困难。相关的问题对时间非常敏感，并且它们的表现可以在执行时通过计算机的状态进行更改。其他程序可能创建线程，导致你自己的线程稍有延迟。因此，尽管根本原因相同，线程逻辑中的问题仍可能以许多不同的方式表现出来。

　　C++ 提供了解决此问题的方法：`thread_local` 关键字。`thread_local` 关键字的作用是告诉编译器，你正在创建的 `static` 对象对于你创建的每一个使用这些对象的 `thread` 来说都是唯一的。你不可能拥有这个静态对象的单一的跨越所有类的共享实例。这与 `static` 对象的正常用法有很大的不同，在静态方法中，该类型的所有实例都有一个共享对象。清单 11-7 展示了将内存池函数和相关的 `static` 变量更新为使用 `thread_local` 关键字。

清单11-7　使用`thread_local`

```cpp
#include <cstdlib>
#include <iostream>
#include <stack>
#include <thread>
#include <vector>

using namespace std;

class MyManagedObject
{
private:
    static thread_local const unsigned int MAX_OBJECTS;

    using MyManagedObjectCollection = vector < MyManagedObject >;
    static thread_local MyManagedObjectCollection s_ManagedObjects;

    static thread_local stack<unsigned int> s_FreeList;

    unsigned int m_Value{ 0xFFFFFFFF };
```

```cpp
public:
    MyManagedObject() = default;
    MyManagedObject(unsigned int value)
        : m_Value{ value }
    {

    }

    void* operator new(size_t numBytes)
    {
        void* objectMemory{};

        if (s_ManagedObjects.capacity() < MAX_OBJECTS)
        {
            s_ManagedObjects.reserve(MAX_OBJECTS);
        }
        if (numBytes == sizeof(MyManagedObject) &&
            s_ManagedObjects.size() < s_ManagedObjects.capacity())
        {
            unsigned int index{ 0xFFFFFFFF };
            if (s_FreeList.size() > 0)
            {
                index = s_FreeList.top();
                s_FreeList.pop();
            }

            if (index == 0xFFFFFFFF)
            {
                s_ManagedObjects.push_back({});
                index = s_ManagedObjects.size() - 1;
            }

            objectMemory = s_ManagedObjects.data() + index;
        }
        else
        {
            objectMemory = malloc(numBytes);
        }

        return objectMemory;
    }

    void operator delete(void* pMem)
    {
    const intptr_t index{
        (static_cast<MyManagedObject*>(pMem)-s_ManagedObjects.data()) /
        static_cast<intptr_t>(sizeof(MyManagedObject)) };
    if (0 <= index && index < static_cast< intptr_t >(s_ManagedObjects.
    size()))
    {
        s_FreeList.emplace(static_cast<unsigned int>(index));
    }
```

```
        else
        {
            free(pMem);
        }
    }
};
thread_local const unsigned int MyManagedObject::MAX_OBJECTS{ 8 };
thread_local MyManagedObject::MyManagedObjectCollection MyManagedObject::
s_ManagedObjects{};
thread_local stack<unsigned int> MyManagedObject::s_FreeList{};
void ThreadTask()
{
    MyManagedObject* pObject4{ new MyManagedObject(5) };

    cout << "pObject4: " << pObject4 << endl;

    MyManagedObject* pObject5{ new MyManagedObject(6) };

    cout << "pObject5: " << pObject5 << endl;

    delete pObject4;
    pObject4 = nullptr;

    MyManagedObject* pObject6{ new MyManagedObject(7) };

    cout << "pObject6: " << pObject6 << endl;

    pObject4 = new MyManagedObject(8);

    cout << "pObject4: " << pObject4 << endl;

    delete pObject5;
    pObject5 = nullptr;

    delete pObject6;
    pObject6 = nullptr;

    delete pObject4;
    pObject4 = nullptr;
}
int main(int argc, char* argv[])
{
    cout << hex << showbase;

    thread myThread{ ThreadTask };

    MyManagedObject* pObject1{ new MyManagedObject(1) };

    cout << "pObject1: " << pObject1 << endl;

    MyManagedObject* pObject2{ new MyManagedObject(2) };

    cout << "pObject2: " << pObject2 << endl;

    delete pObject1;
```

```
pObject1 = nullptr;

MyManagedObject* pObject3{ new MyManagedObject(3) };

cout << "pObject3: " << pObject3 << endl;

pObject1 = new MyManagedObject(4);

cout << "pObject1: " << pObject1 << endl;

delete pObject2;
pObject2 = nullptr;

delete pObject3;
pObject3 = nullptr;

delete pObject1;
pObject1 = nullptr;

myThread.join();

return 0;
}
```

　　清单 11-7 显示，通过在 static 变量的声明和定义中添加线程 thread_local 标识符，可以将静态变量指定为具有 thread_local 存储。这个变化的影响是，主函数和 ThreadTask 函数在自己的执行上下文中具有独立的 s_ManagedObjects、s_FreeList 和 MAX_OBJECT 变量。现在每个变量都有两个副本，因为内存池已经被复制，所以你的潜在对象数量是原来的两倍。这对你的程序来说可能不是什么大问题，但你在使用 thread_local 时应该小心，并考虑所有意外的结果。图 11-7 展示了运行清单 11-7 中的代码的结果。

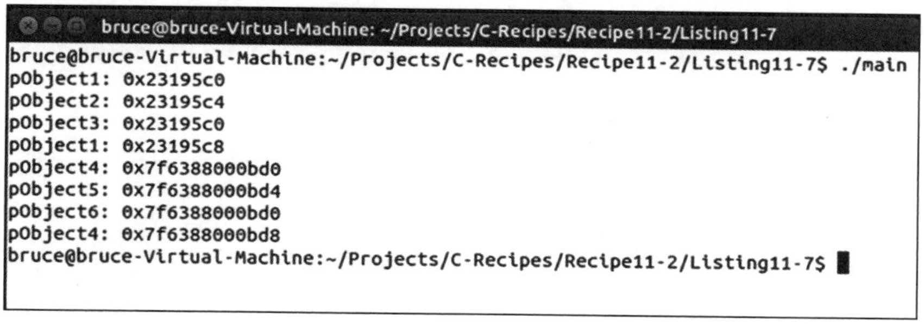

图 11-7　使用 thread_local 时的输出

　　你可以在使用**线程**时看到问题所在。第一行输出是在两个**线程**之间分割的，但是很明显，这两个**线程**是从内存中完全独立的位置分配值的。这证明编译器已确保 static 变量对于程序中的每个 thread 都是唯一的。你可以通过在程序中添加更多线程，并查看它们正在从内存中的不同位置分配对象，来进一步做到这一点，而且不同**线程**上的两个指针绝不能指向相同的内存地址。

11.3　使用互斥的方式访问共享对象

问题

你希望有一个能够在多个**线程**上同时访问的对象。

解决方案

C++ 提供了 `mutex` 对象，使你可以互斥访问代码段。

工作原理

互斥可以对**线程**进行同步。这是通过 `mutex` 类和它提供的获取和释放**互斥锁**的方法来实现的。**线程**在继续执行之前，可以通过等待，直到它能够获取**互斥锁**，来确保当前没有其他**线程**访问共享资源。清单 11-8 中的程序存在数据竞争，在这种情况下，两个**线程**可以同时访问一个共享资源，这将导致不稳定和意外的程序行为。

清单11-8　一个包含数据竞争的程序

```cpp
#include <cstdlib>
#include <iostream>
#include <stack>
#include <thread>
#include <vector>

using namespace std;

class MyManagedObject
{
private:
    static const unsigned int MAX_OBJECTS{ 8 };

    using MyManagedObjectCollection = vector < MyManagedObject >;
    static MyManagedObjectCollection s_ManagedObjects;

    static stack<unsigned int> s_FreeList;

    unsigned int m_Value{ 0xFFFFFFFF };

public:
    MyManagedObject() = default;
    MyManagedObject(unsigned int value)
    : m_Value{ value }
{

}

    void* operator new(size_t numBytes)
    {
        void* objectMemory{};
```

```
        if (s_ManagedObjects.capacity() < MAX_OBJECTS)
        {
            s_ManagedObjects.reserve(MAX_OBJECTS);
        }

        if (numBytes == sizeof(MyManagedObject) &&
            s_ManagedObjects.size() < s_ManagedObjects.capacity())
        {
            unsigned int index{ 0xFFFFFFFF };
            if (s_FreeList.size() > 0)
            {
                index = s_FreeList.top();
                s_FreeList.pop();
            }

            if (index == 0xFFFFFFFF)
            {
                s_ManagedObjects.push_back({});
                index = s_ManagedObjects.size() - 1;
            }

            objectMemory = s_ManagedObjects.data() + index;
        }
        else
        {
            objectMemory = malloc(numBytes);
        }

        return objectMemory;
    }

    void operator delete(void* pMem)
    {
        const intptr_t index{
            (static_cast<MyManagedObject*>(pMem)-s_ManagedObjects.data()) /
            static_cast<intptr_t>(sizeof(MyManagedObject)) };
        if (0 <= index && index < static_cast< intptr_t >(s_ManagedObjects.
        size()))
        {
            s_FreeList.emplace(static_cast<unsigned int>(index));
        }
        else
        {
            free(pMem);
        }
    }
};

MyManagedObject::MyManagedObjectCollection MyManagedObject::s_ManagedObjects{};
stack<unsigned int> MyManagedObject::s_FreeList{};

void ThreadTask()
```

```cpp
{
    MyManagedObject* pObject4{ new MyManagedObject(5) };

    cout << "pObject4: " << pObject4 << endl;

    MyManagedObject* pObject5{ new MyManagedObject(6) };

    cout << "pObject5: " << pObject5 << endl;

    delete pObject4;
    pObject4 = nullptr;

    MyManagedObject* pObject6{ new MyManagedObject(7) };

    cout << "pObject6: " << pObject6 << endl;

    pObject4 = new MyManagedObject(8);

    cout << "pObject4: " << pObject4 << endl;
    delete pObject5;
    pObject5 = nullptr;

    delete pObject6;
    pObject6 = nullptr;

    delete pObject4;
    pObject4 = nullptr;
}

int main(int argc, char* argv[])
{
    cout << hex << showbase;

    thread myThread{ ThreadTask };

    MyManagedObject* pObject1{ new MyManagedObject(1) };

    cout << "pObject1: " << pObject1 << endl;

    MyManagedObject* pObject2{ new MyManagedObject(2) };

    cout << "pObject2: " << pObject2 << endl;

    delete pObject1;
    pObject1 = nullptr;

    MyManagedObject* pObject3{ new MyManagedObject(3) };

    cout << "pObject3: " << pObject3 << endl;

    pObject1 = new MyManagedObject(4);

    cout << "pObject1: " << pObject1 << endl;

    delete pObject2;
    pObject2 = nullptr;

    delete pObject3;
    pObject3 = nullptr;
```

```
    delete pObject1;
    pObject1 = nullptr;
    myThread.join();

    return 0;
}
```

这个程序无法防止 ThreadTask 和 main 函数中的代码访问 MyManagedObject class
中的 s_ManagedObjects 和 s_FreeList 池。幸运的是，可以通过**互斥锁**来保护对这些
对象的访问，如清单 11-9 所示。

清单11-9　添加互斥锁来保护对共享对象的访问

```
#include <cstdlib>
#include <iostream>
#include <mutex>
#include <stack>
#include <thread>
#include <vector>

using namespace std;

class MyManagedObject
{
private:
    static const unsigned int MAX_OBJECTS{ 8 };

    using MyManagedObjectCollection = vector < MyManagedObject >;
    static MyManagedObjectCollection s_ManagedObjects;

    static stack<unsigned int> s_FreeList;

    static mutex s_Mutex;

    unsigned int m_Value{ 0xFFFFFFFF };

public:
    MyManagedObject() = default;
    MyManagedObject(unsigned int value)
        : m_Value{ value }
    {
    }
void* operator new(size_t numBytes)
{
    void* objectMemory{};

    s_Mutex.lock();

    if (s_ManagedObjects.capacity() < MAX_OBJECTS)
    {
        s_ManagedObjects.reserve(MAX_OBJECTS);
    }
```

```
        if (numBytes == sizeof(MyManagedObject) &&
            s_ManagedObjects.size() < s_ManagedObjects.capacity())
        {
            unsigned int index{ 0xFFFFFFFF };
            if (s_FreeList.size() > 0)
            {
                index = s_FreeList.top();
                s_FreeList.pop();
            }

            if (index == 0xFFFFFFFF)
            {
                s_ManagedObjects.push_back({});
                index = s_ManagedObjects.size() - 1;
            }

            objectMemory = s_ManagedObjects.data() + index;
        }
        else
        {
            objectMemory = malloc(numBytes);
        }

        s_Mutex.unlock();

        return objectMemory;
    }

    void operator delete(void* pMem)
    {
        s_Mutex.lock();

        const intptr_t index{
            (static_cast<MyManagedObject*>(pMem)-s_ManagedObjects.data()) /
            static_cast<intptr_t>(sizeof(MyManagedObject)) };
        if (0 <= index && index < static_cast< intptr_t >(s_ManagedObjects.
        size())))
        {
            s_FreeList.emplace(static_cast<unsigned int>(index));
        }
        else
        {
            free(pMem);
        }

        s_Mutex.unlock();
    }
};

MyManagedObject::MyManagedObjectCollection MyManagedObject::s_ManagedObjects{};
stack<unsigned int> MyManagedObject::s_FreeList{};
mutex MyManagedObject::s_Mutex;
```

```
    void ThreadTask()
    {
        MyManagedObject* pObject4{ new MyManagedObject(5) };

        cout << "pObject4: " << pObject4 << endl;

        MyManagedObject* pObject5{ new MyManagedObject(6) };

        cout << "pObject5: " << pObject5 << endl;

        delete pObject4;
        pObject4 = nullptr;

        MyManagedObject* pObject6{ new MyManagedObject(7) };

        cout << "pObject6: " << pObject6 << endl;

        pObject4 = new MyManagedObject(8);

        cout << "pObject4: " << pObject4 << endl;

        delete pObject5;
        pObject5 = nullptr;

        delete pObject6;
        pObject6 = nullptr;

        delete pObject4;
        pObject4 = nullptr;
    }

    int main(int argc, char* argv[])
    {
        cout << hex << showbase;

        thread myThread{ ThreadTask };

        MyManagedObject* pObject1{ new MyManagedObject(1) };

        cout << "pObject1: " << pObject1 << endl;

        MyManagedObject* pObject2{ new MyManagedObject(2) };

        cout << "pObject2: " << pObject2 << endl;

        delete pObject1;
        pObject1 = nullptr;

        MyManagedObject* pObject3{ new MyManagedObject(3) };

        cout << "pObject3: " << pObject3 << endl;

        pObject1 = new MyManagedObject(4);

        cout << "pObject1: " << pObject1 << endl;

        delete pObject2;
        pObject2 = nullptr;

        delete pObject3;
        pObject3 = nullptr;
```

```
        delete pObject1;
        pObject1 = nullptr;

        myThread.join();

        return 0;
    }
```

这段代码使用**互斥锁**来确保 `MyManagedObject` 类中的 `new` 和 `delete` 函数始终都只在一个**线程**上执行。这就保证了这个**类**所维护的对象池始终处于有效状态，并且不会将相同的地址给予不同的**线程**。该代码要求在它所保护的函数的整个执行过程中都要保持锁。C++ 提供了一个名为 `lock_guard` 的辅助类，它在构造时自动锁定一个**互斥锁**，并在销毁时释放**互斥锁**。清单 11-10 展示了一个使用中的 `lock_guard`。

清单11-10　使用lock_guard

```
#include <cstdlib>
#include <iostream>
#include <mutex>
#include <stack>
#include <thread>
#include <vector>

using namespace std;

class MyManagedObject
{
private:
    static const unsigned int MAX_OBJECTS{ 8 };

    using MyManagedObjectCollection = vector < MyManagedObject >;
    static MyManagedObjectCollection s_ManagedObjects;

    static stack<unsigned int> s_FreeList;

    static mutex s_Mutex;

    unsigned int m_Value{ 0xFFFFFFFF };
public:
    MyManagedObject() = default;
    MyManagedObject(unsigned int value)
        : m_Value{ value }
    {
    }

    void* operator new(size_t numBytes)
    {
        lock_guard<mutex> lock{ s_Mutex };

        void* objectMemory{};

        if (s_ManagedObjects.capacity() < MAX_OBJECTS)
```

```
        {
            s_ManagedObjects.reserve(MAX_OBJECTS);
        }

        if (numBytes == sizeof(MyManagedObject) &&
            s_ManagedObjects.size() < s_ManagedObjects.capacity())
        {
            unsigned int index{ 0xFFFFFFFF };
            if (s_FreeList.size() > 0)
            {
                index = s_FreeList.top();
                s_FreeList.pop();
            }

            if (index == 0xFFFFFFFF)
            {
                s_ManagedObjects.push_back({});
                index = s_ManagedObjects.size() - 1;
            }

            objectMemory = s_ManagedObjects.data() + index;
        }
        else
        {
            objectMemory = malloc(numBytes);
        }

        return objectMemory;
    }

    void operator delete(void* pMem)
    {
        lock_guard<mutex> lock{ s_Mutex };

        const intptr_t index{
            (static_cast<MyManagedObject*>(pMem)-s_ManagedObjects.data()) /
            static_cast<intptr_t>(sizeof(MyManagedObject)) };
        if (0 <= index && index < static_cast<intptr_t>(s_ManagedObjects.
        size()))
        {
            s_FreeList.emplace(static_cast<unsigned int>(index));
        }
        else
        {
            free(pMem);
        }
    }
};

MyManagedObject::MyManagedObjectCollection MyManagedObject::s_ManagedObjects{};
stack<unsigned int> MyManagedObject::s_FreeList{};
mutex MyManagedObject::s_Mutex;
```

```cpp
void ThreadTask()
{
    MyManagedObject* pObject4{ new MyManagedObject(5) };

    cout << "pObject4: " << pObject4 << endl;

    MyManagedObject* pObject5{ new MyManagedObject(6) };

    cout << "pObject5: " << pObject5 << endl;
    delete pObject4;
    pObject4 = nullptr;

    MyManagedObject* pObject6{ new MyManagedObject(7) };

    cout << "pObject6: " << pObject6 << endl;

    pObject4 = new MyManagedObject(8);

    cout << "pObject4: " << pObject4 << endl;

    delete pObject5;
    pObject5 = nullptr;

    delete pObject6;
    pObject6 = nullptr;

    delete pObject4;
    pObject4 = nullptr;
}

int main(int argc, char* argv[])
{
    cout << hex << showbase;

    thread myThread{ ThreadTask };

    MyManagedObject* pObject1{ new MyManagedObject(1) };

    cout << "pObject1: " << pObject1 << endl;

    MyManagedObject* pObject2{ new MyManagedObject(2) };

    cout << "pObject2: " << pObject2 << endl;

    delete pObject1;
    pObject1 = nullptr;

    MyManagedObject* pObject3{ new MyManagedObject(3) };

    cout << "pObject3: " << pObject3 << endl;

    pObject1 = new MyManagedObject(4);

    cout << "pObject1: " << pObject1 << endl;
    delete pObject2;
    pObject2 = nullptr;

    delete pObject3;
    pObject3 = nullptr;
```

```
    delete pObject1;
    pObject1 = nullptr;

    myThread.join();

    return 0;
}
```

　　使用 `lock_guard` 意味着你不用自己在**互斥锁**上调用 `unlock`。它还符合许多 C++ 开发者致力遵循的 RAII（Resource Allocation Is Initialization，资源分配即初始化）模式。

11.4　创建等待事件的线程

问题

　　你想在程序中创建一个等待另一个事件的**线程**。

解决方案

　　C++ 提供了 `condition_variable class`，可以用来向等待的**线程**发出事件发生的信号。

工作原理

　　`condition_variable` 是另一个 C++ 结构，它将一个复杂的行为包装成一个简单的对象接口。在多线程编程中通常会创建一种特殊的**线程**，在这种**线程**中，你想要等待另一个**线程**中的某一事件出现。这在生产者 / 消费者的情况下很常见，其中一个**线程**可能正在创建任务，而另一个**线程**正在拍卖或执行这些任务。在这些情况下，你需要设置一个条件变量。

　　`condition_variable` 需要一个**互斥锁**才能生效。它通过等待某些条件变为**真**，然后尝试获取保护共享资源的互斥锁。当一个生产者**线程**有一些排成队的产品可供两个消费者 thread 消费时，清单 11-11 使用**互斥锁**、`unique_lock` 和 `condition_variable` 在**线程**之间进行通信。

清单11-11　使用condition_variable来唤醒线程

```
#include <condition_variable>
#include <cstdlib>
#include <functional>
#include <iostream>
#include <mutex>
#include <thread>
#include <stack>
```

```cpp
#include <vector>

using namespace std;

class MyManagedObject
{
private:
    static const unsigned int MAX_OBJECTS{ 8 };

    using MyManagedObjectCollection = vector < MyManagedObject >;
    static MyManagedObjectCollection s_ManagedObjects;

    static stack<unsigned int> s_FreeList;

    static mutex s_Mutex;

    unsigned int m_Value{ 0xFFFFFFFF };

public:
    MyManagedObject() = default;
    MyManagedObject(unsigned int value)
        : m_Value{ value }
    {
    }
    unsigned int GetValue() const { return m_Value; }
    void* operator new(size_t numBytes)
    {
        lock_guard<mutex> lock{ s_Mutex };

        void* objectMemory{};

        if (s_ManagedObjects.capacity() < MAX_OBJECTS)
        {
            s_ManagedObjects.reserve(MAX_OBJECTS);
        }

        if (numBytes == sizeof(MyManagedObject) &&
            s_ManagedObjects.size() < s_ManagedObjects.capacity())
        {
            unsigned int index{ 0xFFFFFFFF };
            if (s_FreeList.size() > 0)
            {
                index = s_FreeList.top();
                s_FreeList.pop();
            }

            if (index == 0xFFFFFFFF)
            {
                s_ManagedObjects.push_back({});
                index = s_ManagedObjects.size() - 1;
            }

            objectMemory = s_ManagedObjects.data() + index;
```

```
        }
        else
        {
            objectMemory = malloc(numBytes);
        }

        return objectMemory;
    }

        void operator delete(void* pMem)
    {

    lock_guard<mutex> lock{ s_Mutex };

    const intptr_t index{
        (static_cast<MyManagedObject*>(pMem)-s_ManagedObjects.data()) /
        static_cast<intptr_t>(sizeof(MyManagedObject)) };
    if (0 <= index && index < static_cast<intptr_t>(s_ManagedObjects.
    size()))
    {
        s_FreeList.emplace(static_cast<unsigned int>(index));
    }
    else
    {
        free(pMem);
    }
    }
};

MyManagedObject::MyManagedObjectCollection MyManagedObject::s_ManagedObjects{};
stack<unsigned int> MyManagedObject::s_FreeList{};
mutex MyManagedObject::s_Mutex;

using ProducerQueue = vector < unsigned int > ;

void ThreadTask(
    reference_wrapper<condition_variable> condition,
    reference_wrapper<mutex> queueMutex,
    reference_wrapper<ProducerQueue> queueRef,
    reference_wrapper<bool> die)
{
    ProducerQueue& queue{ queueRef.get() };

    while (!die.get() || queue.size())
    {
        unique_lock<mutex> lock{ queueMutex.get() };

        function<bool()> predicate{
            [&queue]()
            {
                return !queue.empty();
            }
        };
```

```
            condition.get().wait(lock, predicate);

            unsigned int numberToCreate{ queue.back() };
            queue.pop_back();

            cout << "Creating " <<
                numberToCreate <<
                " objects on thread " <<
                this_thread::get_id() << endl;

            for (unsigned int i = 0; i < numberToCreate; ++i)
            {
                MyManagedObject* pObject{ new MyManagedObject(i) };
            }
        }
    }
}

int main(int argc, char* argv[])
{
    condition_variable condition;
    mutex queueMutex;
    ProducerQueue queue;
    bool die{ false };

    thread myThread1{ ThreadTask, ref(condition), ref(queueMutex),
    ref(queue), ref(die) };
    thread myThread2{ ThreadTask, ref(condition), ref(queueMutex),
    ref(queue), ref(die) };

    queueMutex.lock();
    queue.emplace_back(300000);
    queue.emplace_back(400000);
    queueMutex.unlock();
    condition.notify_all();

    this_thread::sleep_for( 10ms );
    while (!queueMutex.try_lock())
    {
        cout << "Main waiting for queue access!" << endl;
        this_thread::sleep_for( 100ms );
    }

    queue.emplace_back(100000);
    queue.emplace_back(200000);

    this_thread::sleep_for( 1000ms );

    condition.notify_one();

    this_thread::sleep_for( 1000ms );

    condition.notify_one();

    this_thread::sleep_for( 1000ms );
```

```
        queueMutex.unlock();

        die = true;

        cout << "main waiting for join!" << endl;

        myThread1.join();
        myThread2.join();

        return 0;
    }
```

这段代码演示了一个使用 C++ 语言的多线程功能的复杂场景。这个例子中，你需要了解的第一个方面是将变量从 **main** 传递到**线程**中的方法。当创建**线程**对象时，你可以把你传递给它的值看作是通过值传递到函数中的那样。此时，你的**线程**接收的是变量的副本，而不是变量本身。当你试图在**线程**之间共享对象时，会出现困难，因为一个线程的变化不会反映在另一个线程中。

你可以使用 **reference_wrapper** 模板克服此困难。**reference_wrapper** 本质上存储了一个指向你试图在**线程**之间共享的对象的指针，它有助于解决通常必须考虑的空指针问题，确保值不能为空。当你把变量传入线程构造函数时，你实际上是把变量传入了 **ref** 函数，而 **ref** 函数又把一个包含对象的 **reference_wrapper** 传给了 **thread**。当**线程**构造函数对你传递给它的值进行拷贝时，你收到的是 **reference_wrapper** 的副本，而不是对象本身的副本。你可以使用指向对象的指针来实现同样的结果，但这种内置的 C++ 方法要简单得多，并且安全性更高。**ThreadTask** 函数使用 **reference_wrapper** 模板提供的 **get** 方法从它们的 **reference_wrapper** 实例中检索共享对象。

ThreadTask 函数在程序中被两个不同的**线程**使用，因此必须要使用 **reference_wrapper** 来确保两个实例与 main 函数共享相同的**互斥锁**和 **condition_variable**。每个实例都使用 **unique_lock** 来封装**互斥锁**的行为。奇怪的是，当一个**互斥锁**被构造时，**unique_lock** 会自动锁定它，但清单 11-11 中的代码从未调用**互斥锁**的 unlock。调用 unlock 由第一例中的 wait 方法执行。**condition_variable::wait** 方法解锁了**互斥锁**，并等待来自另一个线程的信号，表明它应该继续。不幸的是，这种等待并不完全可靠，因为有些操作系统可以在没有发出相应信号的情况下就决定解锁**线程**。因此，最好有一个备份计划，**wait** 方法通过定义一个谓词参数来提供备份计划。谓词采用一个可以像函数一样调用的变量。清单 11-11 中的代码提供了一个闭包，用于确定队列是否为空。当**线程**被唤醒时，由于程序或操作系统已经发出了唤醒信号，它首先检查谓词是否为**真**，然后再尝试重新获取提供的**互斥锁**上的锁。如果谓词为**真**，**wait** 函数就会调用 **lock** 并返回。这样做可以让**线程**的函数继续执行。由于 while 循环，**ThreadTask** 函数在重新开始之前，会创建适当数量的对象。在 while 循环的每次迭代结束时，**互斥锁**的 **unique_lock** 包装器超出作用范围，它的析构函数在**互斥锁**上调用 unlock，允许其他**线程**被解锁。

> **注意** 清单 11-11 中使用 unique_lock 在技术上是低效的。持有锁的时间长于从**队列**中检索要创建的对象数所需要的时间，本质上是通过使所有**线程**在创建对象的同时进行同步来序列化对象的创建。这个例子设计得不好，这样做的目的是展示这些对象在实际中的使用情况。

尽管在两个**线程**中使用 ThreadTask 函数从 queue 中消费作业，main 函数是一个生产者**线程**，它将作业添加到 queue 中。main 函数首先创建两个消费**线程**来执行其任务。这些**线程**创建后，main 函数继续执行向 queue 添加作业的这个任务。它锁定互斥锁，增加两个作业（一个创建 300 000 个对象，另一个创建 400 000 个对象），再解锁**互斥锁**。然后，它对 condition_variable 调用 notify_all，condition_variable 对象存储了正在等待信号继续的**线程**列表，notify_all 方法唤醒了所有这些线程，这样它们就可以执行工作。

main 函数使用 try_lock 来表明它不能在**线程**繁忙时添加任务。在普通的代码中，你可以调用 lock，但这是一个保证使**线程**等待一定时间的示例，以及在**互斥锁**无法锁定的情况下如何使用 try_lock 方法有条件地执行代码的示例。一旦 try_lock 返回**真**，在**互斥锁**再次解锁之前，会添加更多的任务到 queue 中。然后用 notify_one 函数一次唤醒一个**线程**，它表明可以用更精细的**线程**控制来编写代码。第二个**线程**也必须被唤醒，否则，程序将无限期地停滞在 join 调用上。

图 11-8 展示了运行这段代码所产生的输出。你可以看到，main 等待访问**互斥锁**时可以被阻塞，而且两个**线程**都用来消耗 queue 中的任务。

```
bruce@bruce-Virtual-Machine: ~/Projects/C-Recipes/Recipe11-4/Listing11-11
bruce@bruce-Virtual-Machine:~/Projects/C-Recipes/Recipe11-4/Listing11-11$ ./main

Creating 400000 objects on thread 140300638865152
Main waiting for queue access!
Creating 300000 objects on thread 140300638865152
main waiting for join!
Creating 200000 objects on thread 140300638865152
Creating 100000 objects on thread 140300630472448
bruce@bruce-Virtual-Machine:~/Projects/C-Recipes/Recipe11-4/Listing11-11$
```

图 11-8　由条件变量唤醒的多个线程的输出

11.5　从线程中检索结果

问题

你想创建一个能够返回结果的**线程**。

解决方案

C++ 提供了 promise 和 future 对象，可用于在**线程**之间传输数据。

工作原理

使用 promise 和 future 类

从"工作**线程**"将数据传回"启动任务的**线程**"可能是一个复杂的过程。你必须确保能够互斥访问用于存储结果的预留内存，以及处理**线程**之间的所有信号。这些信号包括让工作**线程**指定**线程**操作的结果何时可用，以及让调度**线程**等待直到该结果可用。现代 C++ 使用 promise 模板解决了这个问题。

可以使用一个返回类型的 thread 任务来特化 promise 模板。这就在**线程**之间建立了一个契约，这个契约允许将这种类型的对象从一个线程转移到另一个线程。一个 promise 包含一个 future。这意味着 promise 可以实至名归：它本质上承诺在未来的某个时刻向 future 的持有者提供一个特定类型的值。不需要在多个**线程**上使用 promise，但是 promise 是线程安全的并且非常适合这个工作。"promise/future 对子"的另一种用法可以是从异步操作（如 HTTP 请求）检索结果。清单 11-12 展示了在单个线程上使用 promise。

清单11-12　在单个线程上使用promise

```
#include <future>
#include <iostream>

using namespace std;

using FactorialPromise = promise< long long >;

long long Factorial(unsigned int value)
{
    return value == 1
        ? 1
        : value * Factorial(value - 1);
}

int main(int argc, char* argv[])
{
    using namespace chrono;

    FactorialPromise promise;
    future<long long> taskFuture{ promise.get_future() };

    promise.set_value(Factorial(3));
    cout << "Factorial result was " << taskFuture.get() << endl;

    return 0;
}
```

清单 11-12 展示了使用 promise 为将来可以计算和检索的值提供存储。你可以将其用于长时间运行的任务，例如从文件加载数据或从服务器检索信息。一个程序可以在 promise 没有实现的时候继续渲染 UI 或进度条。

promise 是用默认构造函数初始化的，你可以使用 get_future 方法来获取一个 future，该 future 用于存储 promise 的值。promise 上的 set_value 方法设置了 future 的值，而 future 的 get 方法则提供了对该值的访问。

C++ 提供了 packaged_task 模板，该模板不再需要你创建自己的 thread 函数。packaged_task 构造函数以要调用的函数为参数，而相应的线程构造函数可以采用 packaged_task。以这种方式构造的线程可以自动调用 packaged_task 中的方法，并在其内部 promise 上调用 set_value。清单 11-13 展示了 packaged_task 的用法。

清单11-13　使用packaged_task

```cpp
#include <future>
#include <iostream>

using namespace std;

long long Factorial(unsigned int value)
{
    this_thread::sleep_for(chrono::seconds(2));
    return value == 1
        ? 1
        : value * Factorial(value - 1);
}

int main(int argc, char* argv[])
{
    using namespace chrono;

    packaged_task<long long(unsigned int)> task{ Factorial };
    future<long long> taskFuture{ task.get_future() };

    thread taskThread{ std::move(task), 3 };

    while (taskFuture.wait_until(system_clock::now() + seconds(1)) !=
    future_status::ready)
    {
        cout << "Still Waiting!" << endl;
    }

    cout << "Factorial result was " << taskFuture.get() << endl;

    taskThread.join();

    return 0;
}
```

清单 11-13 显示，当使用 packaged_task 时，不再需要 ThreadTask 函数。packaged_

task 的构造函数采用一个函数指针作为参数。packaged_task 模板还提供了一个 get_
future 方法，并使用移动语义将其传递给 thread。

　　虽然 packaged_task 消除了对 thread 函数的需求，但你仍然需要手动创建自己
的线程。C++ 提供了第四级的抽象，它可以让你不必担心线程的问题。清单 11-14 使用
async 函数异步调用一个函数。

清单11-14　使用async调用函数

```cpp
#include <future>
#include <iostream>

using namespace std;

long long Factorial(unsigned int value)
{
    cout << "ThreadTask thread: " << this_thread::get_id() << endl;
    return value == 1
        ? 1
        : value * Factorial(value - 1);
}

int main(int argc, char* argv[])
{
    using namespace chrono;

    cout << "main thread: " << this_thread::get_id() << endl;
    auto taskFuture1 = async(Factorial, 3);
    cout << "Factorial result was " << taskFuture1.get() << endl;

    auto taskFuture2 = async(launch::async, Factorial, 3);
    cout << "Factorial result was " << taskFuture2.get() << endl;

    auto taskFuture3 = async(launch::deferred, Factorial, 3);
    cout << "Factorial result was " << taskFuture3.get() << endl;

    auto taskFuture4 = async(launch::async | launch::deferred, Factorial, 3);
    cout << "Factorial result was " << taskFuture4.get() << endl;

    return 0;
}
```

　　清单 11-14 展示了 async 函数及其重载版本（将 launch 枚举作为参数）的不同组
合。对 async 的第一次调用最简单：你调用 async 并向它传递一个函数和该函数的参数。
async 函数返回一个 future，该 future 可用于获取从提供给 async 的函数返回的值。
但是，并不能保证该函数会在另一个**线程**上被调用。所有 async 能保证的是，在你创建对
象的地方和你在 future 上调用 get 的某个时间调用该函数。

　　async 的重载版本给你更多的控制权。传递 launch::async 保证该函数将尽快在
另一个**线程**上被调用。这不一定是一个全新的线程。async 的实现者可以自由选择使用任
何**线程**。这可能意味着拥有一个**线程**池，如果有可用的线程，可以重复使用。另一方面，

deferred 选项告诉返回的 future 在调用 get 时评估所提供的函数。这不是一个并发过程，会导致调用 get 的**线程**阻塞，但这同样是特定的实现，在所有 C++ 库中都不一样。你必须检查你的库文档，或者通过运行和检查执行时间与 thread ID 来测试你的代码。

对 async 的最后一次调用使用 or 传递了 async 和 deferred。这和调用 async 一样，不需要指定执行策略，而是让实现来决定应该使用 async 还是 deferred。图 11-9 展示了每次调用 async 的结果。

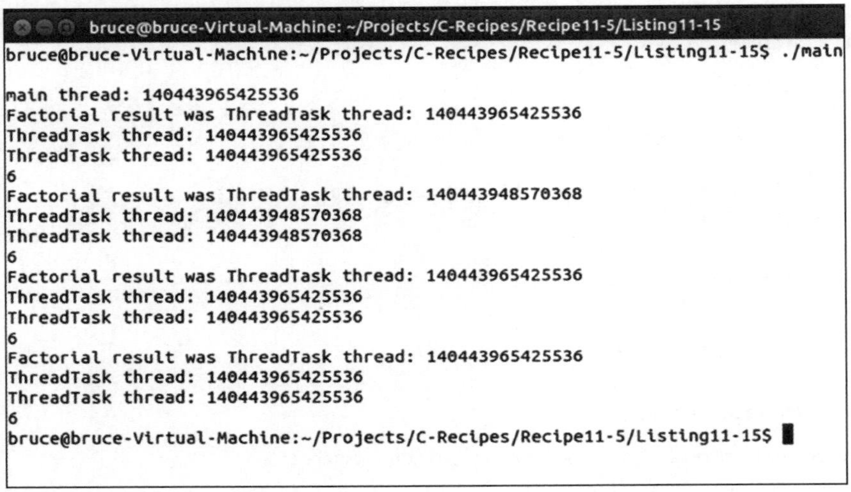

图 11-9　调用 async 时使用的线程 ID

如你所见，除了明确标记为 async 的调用外，库中的每个调用都使用 main 线程。请确保在所有使用的平台和库上测试你的程序，以确保看到你期望的结果。

11.6　在线程之间同步队列消息

问题

你想有一个可以在程序的整个生命周期中使用并可以响应程序发送的消息的**线程**。

解决方案

你可以使用 function、bind、condition_variable、mutex 和 unique_lock 的组合来创建一个双缓冲的消息队列，将工作从一个**线程**转移到另一个**线程**。

工作原理

许多程序受益于将其显示逻辑与业务逻辑分离（或者在电子游戏中，将模拟与渲染分离），并在不同的 CPU 内核上运行它们。最终，只要你能在系统与系统之间定义一个结构良好的边界，并且开发一种将数据从一个**线程**传输到另一个**线程**的方法，这些任务就可以相互独立地执行。

其中一种方法是创建一个消息或命令的双缓冲区。当显示逻辑**线程**从队列中读取命令时，业务逻辑**线程**可以将命令添加到队列中。双缓冲队列可以让你减少线程之间存在的同步点数量，以提高两个线程的吞吐量。生产者**线程**进行工作，并将大量的任务排入缓冲区一侧的队列。而消费者**线程**则忙于处理最后一组要排队的任务。任何**线程**上发生的唯一时间延迟是当一个**线程**完成并等待另一个**线程**的时间。清单 11-15 展示了双缓冲消息队列的类定义。

清单11-15　创建双缓冲消息队列

```cpp
#include <future>
#include <iostream>

using namespace std;

template <typename T>
class MessageQueue
{
private:
    using Queue = vector < T > ;
    using QueueIterator = typename Queue::iterator;

    Queue m_A;
    Queue m_B;

    Queue* m_Producer{ &m_A };
    Queue* m_Consumer{ &m_B };

    QueueIterator m_ConsumerIterator{ m_B.end() };

    condition_variable& m_MessageCondition;
    condition_variable m_ConsumptionFinished;

    mutex m_MutexProducer;
    mutex m_MutexConsumer;

    unsigned int m_SwapCount{ 0 };
public:
    MessageQueue(condition_variable& messageCondition)
        : m_MessageCondition{ messageCondition }
    {
    }

    unsigned int GetCount() const
    {
        return m_SwapCount;
    }
```

```cpp
void Add(T&& operation)
{
    unique_lock<mutex> lock{ m_MutexProducer };
    m_Producer->insert(m_Producer->end(), std::move(operation));
}

void BeginConsumption()
{
    m_MutexConsumer.lock();
}

T Consume()
{
    T operation;

    if (m_Consumer->size() > 0)
    {
        operation = *m_ConsumerIterator;
        m_ConsumerIterator = m_Consumer->erase(m_ConsumerIterator);
        assert(m_ConsumerIterator == m_Consumer->begin());
    }

    return operation;
}

void EndConsumption()
{
    assert(m_Consumer->size() == 0);
    m_MutexConsumer.unlock();
    m_ConsumptionFinished.notify_all();
}

unsigned int Swap()
{
    unique_lock<mutex> lockB{ m_MutexConsumer };
    m_ConsumptionFinished.wait(
        lockB,
        [this]()
        {
            return m_Consumer->size() == 0;
        }
    );

    unique_lock<mutex> lockA{ m_MutexProducer };

    Queue* temp{ m_Producer };
    m_Producer = m_Consumer;
    m_Consumer = temp;

    m_ConsumerIterator = m_Consumer->begin();

    m_MessageCondition.notify_all();

    return m_SwapCount++;
}
```

```
    }
};
```

清单 11-15 所示的类模板是一个功能消息队列，其中包含一个用于将对象从一个**线程**传递到另一个**线程**的双缓冲区。它由 m_A 和 m_B 两个向量组成，通过指针 m_Producer 和 m_Consumer 访问。**Class** 在正确使用时允许跨 Add 和 Consume 方法进行非阻塞访问。如果你只是简单地从一个**线程**添加和从另一个**线程**消耗，你可以缓冲大量的工作，而不必同步**线程**。

只有当生产者**线程**希望将工作同步到消费者**线程**中时两个**线程**才需要同步。这是在 Swap 方法中处理的。Swap 使用 condition_variable m_ConsumptionFinished 等待 m_Consumer 队列为空。这里的条件变量由 EndConsumption 方法通知。这个实现依赖于消费者**线程**在通知队列结束之前耗尽队列中的对象。不这样做将导致死锁。

Add 方法通过 rvalue 引用要移动到另一个**线程**的对象来工作。使用 rvalue 引用来确保发送到其他**线程**的对象当移动到队列后在当前线程中失效。这有助于防止数据竞争，在这种情况下，生产者**线程**可以留下一个有效的引用，以将数据发送到另一个**线程**。添加的每个对象都在队列的末尾，这样用户就可以按顺序使用对象。Consume 方法使用 copy 操作从队列的开头提取对象，然后从队列中删除原始对象。Swap 方法简单地切换 m_Producer 和 m_Consumer 指针；它是在两个**互斥锁**的保护下进行的，因此可以肯定，当所有生产者和消费者**线程**都能够处理交换时，交换正在发生。Swap 还将 m_ConsumerIterator 设置为正确的队列，并向所有等待交换操作完成的**线程**发出 notify。

为了展示这个队列的作用，清单 11-16 中的示例使用一个对象来维护一些算术操作的运行总量。main 函数作为一个生产者，将需要完成的操作添加到队列中，并创建一个**线程**来接收这些操作并执行它们。

清单11-16 工作Message Queue示例

```cpp
#include <cassert>
#include <future>
#include <iostream>
#include <vector>
using namespace std;

class RunningTotal
{
private:
    int m_Value{ 0 };
    bool m_Finished{ false };
public:
    RunningTotal& operator+=(int value)
    {
```

```cpp
        m_Value += value;
        return *this;
    }

    RunningTotal& operator-=(int value)
    {
        m_Value -= value;
        return *this;
    }

    RunningTotal& Finish()
    {
        m_Finished = true;
        return *this;
    }

    int operator *() const throw(int)
    {
        if (!m_Finished)
        {
            throw m_Value;
        }
        return m_Value;
    }
};
template <typename T>
class MessageQueue
{
private:
    using Queue = vector < T > ;
    using QueueIterator = typename Queue::iterator;

    Queue m_A;
    Queue m_B;

    Queue* m_Producer{ &m_A };
    Queue* m_Consumer{ &m_B };

    QueueIterator m_ConsumerIterator{ m_B.end() };

    condition_variable& m_MessageCondition;
    condition_variable m_ConsumptionFinished;

    mutex m_MutexProducer;
    mutex m_MutexConsumer;

    unsigned int m_SwapCount{ 0 };
public:
    MessageQueue(condition_variable& messageCondition)
        : m_MessageCondition{ messageCondition }
    {
```

```
}
unsigned int GetCount() const
{
    return m_SwapCount;
}

void Add(T&& operation)
{
    unique_lock<mutex> lock{ m_MutexProducer };
    m_Producer->insert(m_Producer->end(), std::move(operation));
}
void BeginConsumption()
{
    m_MutexConsumer.lock();
}

T Consume()
{
    T operation;

    if (m_Consumer->size() > 0)
    {
        operation = *m_ConsumerIterator;
        m_ConsumerIterator = m_Consumer->erase(m_ConsumerIterator);
        assert(m_ConsumerIterator == m_Consumer->begin());
    }

    return operation;
}

void EndConsumption()
{
    assert(m_Consumer->size() == 0);
    m_MutexConsumer.unlock();
    m_ConsumptionFinished.notify_all();
}

unsigned int Swap()
{
    unique_lock<mutex> lockB{ m_MutexConsumer };
    m_ConsumptionFinished.wait(
        lockB,
        [this]()
        {
            return m_Consumer->size() == 0;
        }
    );

    unique_lock<mutex> lockA{ m_MutexProducer };
    Queue* temp{ m_Producer };
    m_Producer = m_Consumer;
```

```
            m_Consumer = temp;

            m_ConsumerIterator = m_Consumer->begin();

            m_MessageCondition.notify_all();

            return m_SwapCount++;
        }
};

using RunningTotalOperation = function < RunningTotal&() > ;
using RunningTotalMessageQueue = MessageQueue < RunningTotalOperation > ;

int Task(reference_wrapper<mutex> messageQueueMutex,
        reference_wrapper<condition_variable> messageCondition,
        reference_wrapper<RunningTotalMessageQueue> messageQueueRef)
{
    int result{ 0 };

    RunningTotalMessageQueue& messageQueue = messageQueueRef.get();
    unsigned int currentSwapCount{ 0 };

    bool finished{ false };
    while (!finished)
    {
        unique_lock<mutex> lock{ messageQueueMutex.get() };
        messageCondition.get().wait(
            lock,
            [&messageQueue, &currentSwapCount]()
            {
                return currentSwapCount != messageQueue.GetCount();
            }
        );

        messageQueue.BeginConsumption();
        currentSwapCount = messageQueue.GetCount();
        while (RunningTotalOperation operation{ messageQueue.Consume() })
        {
            RunningTotal& runningTotal = operation();

            try
            {
                result = *runningTotal;
                finished = true;
                break;
            }
            catch (int param)
            {
                // nothing to do, not finished yet!
                cout << "Total not yet finished, current is: " << param <<
                endl;
            }
```

```
        }
        messageQueue.EndConsumption();
    }

    return result;
}

int main(int argc, char* argv[])
{
    RunningTotal runningTotal;

    mutex messageQueueMutex;
    condition_variable messageQueueCondition;
    RunningTotalMessageQueue messageQueue(messageQueueCondition);

    auto myFuture = async(launch::async,
        Task,
        ref(messageQueueMutex),
        ref(messageQueueCondition),
        ref(messageQueue));
    messageQueue.Add(bind(&RunningTotal::operator+=, &runningTotal, 3));
    messageQueue.Swap();

    messageQueue.Add(bind(&RunningTotal::operator-=, &runningTotal, 100));
    messageQueue.Add(bind(&RunningTotal::operator+=, &runningTotal, 100000));
    messageQueue.Add(bind(&RunningTotal::operator-=, &runningTotal, 256));
    messageQueue.Swap();

    messageQueue.Add(bind(&RunningTotal::operator-=, &runningTotal, 100));
    messageQueue.Add(bind(&RunningTotal::operator+=, &runningTotal, 100000));
    messageQueue.Add(bind(&RunningTotal::operator-=, &runningTotal, 256));
    messageQueue.Swap();

    messageQueue.Add(bind(&RunningTotal::Finish, &runningTotal));
    messageQueue.Swap();

    cout << "The final total is: " << myFuture.get() << endl;

    return 0;
}
```

这段代码代表了许多现代 C++ 语言特性的复杂使用。让我们将源代码分解为一些小的示例，以显示如何在长时间运行的辅助线程上执行单个任务。清单 11-17 涵盖了 Running Total 类。

清单11-17　RunningTotal类

```
class RunningTotal
{
private:
    int m_Value{ 0 };
    bool m_Finished{ false };
```

```cpp
public:
    RunningTotal& operator+=(int value)
    {
        m_Value += value;
        return *this;
    }
    RunningTotal& operator-=(int value)
    {
        m_Value -= value;
        return *this;
    }

    RunningTotal& Finish()
    {
        m_Finished = true;
        return *this;
    }

    int operator *() const throw(int)
    {
        if (!m_Finished)
        {
            throw m_Value;
        }
        return m_Value;
    }
};
```

　　清单 11-18 中的 RunningTotal 类是一个简单的对象，表示一个长期运行的数据存储。在一个合适的程序中，该类可以是 Web 服务器、数据库或渲染引擎的接口，该接口公开用于更新其状态的方法。在这个例子中，这个类只是简单地封装了一个 int 来跟踪操作的结果，以及一个 bool 来决定计算完成时间。这些值使用重写的 "+= 运算符" " -= 运算符" 和 " * 运算符" 进行操作。还有一个 Finished 方法将 m_Finished 布尔值设置为 true。

　　main 函数负责实例化 RunningTotal 对象以及消息队列和消费者**线程**。可以在清单 11-18 中看到。

清单11-18　main函数

```cpp
#include <future>
#include <iostream>

using namespace std;

using RunningTotalOperation = function < RunningTotal&() >;
using RunningTotalMessageQueue = MessageQueue < RunningTotalOperation > ;

int main(int argc, char* argv[])
{
```

```
RunningTotal runningTotal;

mutex messageQueueMutex;
condition_variable messageQueueCondition;
RunningTotalMessageQueue messageQueue(messageQueueCondition);

auto myFuture = async(launch::async,
    Task,
    ref(messageQueueMutex),
    ref(messageQueueCondition),
    ref(messageQueue));

messageQueue.Add(bind(&RunningTotal::operator+=, &runningTotal, 3));
messageQueue.Swap();

messageQueue.Add(bind(&RunningTotal::operator-=, &runningTotal, 100));
messageQueue.Add(bind(&RunningTotal::operator+=, &runningTotal, 100000));
messageQueue.Add(bind(&RunningTotal::operator-=, &runningTotal, 256));
messageQueue.Swap();

messageQueue.Add(bind(&RunningTotal::operator-=, &runningTotal, 100));
messageQueue.Add(bind(&RunningTotal::operator+=, &runningTotal, 100000));
messageQueue.Add(bind(&RunningTotal::operator-=, &runningTotal, 256));
messageQueue.Swap();

messageQueue.Add(bind(&RunningTotal::Finish, &runningTotal));
messageQueue.Swap();

cout << "The final total is: " << myFuture.get() << endl;

return 0;
}
```

清单 11-18 中的第一段重要代码是 main 之前的几个类型别名，这些别名用于创建你将使用的消息队列的类型以及消息队列包含的对象的类型。在这种情况下，我创建了一个类型，你可以使用它来对 RunningTotal 类进行操作。此类型别名是使用 C++ function 对象创建的，它允许你创建一个函数的表示，以便以后调用。这种类型要求你在模板中指定函数的签名类型，你可能会惊讶地看到签名是在没有参数的情况下描述的。这意味着存储在队列中的函数不会有直接传递给它们的参数。这通常会给需要参数的操作（如 += 和 -=）造成问题，但 bind 函数会帮助你。你可以在 main 函数中看到 bind 的几个用途。所有这些 bind 示例都用于将方法指针绑定到该类型的方法实例。在使用方法指针时传递给 bind 的第二个参数应该始终是调用方法的对象的实例。当执行函数时，任何后续参数都会自动传递给函数。这种 bind 参数的自动传递，既可以让你在类型别名中不需要指定任何参数类型，也可以让你使用单个队列来表示具有不同签名的函数。

main 使用 async 函数创建一个 thread，并对要在**线程**上执行的几个操作以及多个交换进行排列。示例的最后一部分是 Task 函数，它在第二个**线程**上执行，参见清单 11-19。

清单11-19 Task函数

```cpp
#include <future>
#include <iostream>

using namespace std;

int Task(reference_wrapper<mutex> messageQueueMutex,
        reference_wrapper<condition_variable> messageCondition,
        reference_wrapper<RunningTotalMessageQueue> messageQueueRef)
{
    int result{ 0 };

    RunningTotalMessageQueue& messageQueue = messageQueueRef.get();
    unsigned int currentSwapCount{ 0 };

    bool finished{ false };
    while (!finished)
    {
        unique_lock<mutex> lock{ messageQueueMutex.get() };
        messageCondition.get().wait(
            lock,
            [&messageQueue, &currentSwapCount]()
            {
                return currentSwapCount != messageQueue.GetCount();
            }
        );

        messageQueue.BeginConsumption();
        currentSwapCount = messageQueue.GetCount();

        while (RunningTotalOperation operation{ messageQueue.Consume() })
        {
            RunningTotal& runningTotal = operation();

            try
            {
                result = *runningTotal;
                finished = true;
                break;
            }
            catch (int param)
            {
                // nothing to do, not finished yet!
                cout << "Total not yet finished, current is: " << param
                << endl;
            }
        }
        messageQueue.EndConsumption();
    }

    return result;
}
```

Task 函数循环工作，直到 finished bool 被设置为 true。它等待 condition_variable messageCondition 发出信号后再继续工作，并且它使用 lambda 来确保在线程被操作系统唤醒而不是被 notify 调用唤醒的情况下发生交换。

一旦线程被踢出，并且有工作要进行，它就调用队列上的 BeginConsumption 方法。这样可以锁定队列的 Swap 方法，直到线程中的所有当前作业都完成为止。更新 currentSwapCount 变量，以确保条件变量在下次进入循环时能够保证安全。第二个 while 循环负责将每个函数从队列中拉出来，直到队列为空。这是执行 main 创建的绑定函数对象的地方。线程本身不知道它正在执行的工作的实质，它只是对在 main 函数中排队的请求作出响应。

每次操作后使用 * 运算符测试是否已发送完命令。RunningTotal::operator* 方法会抛出一个 int 异常，该异常包含未调用 Finished 方法时存储的当前值。你可以通过 try...catch 块看到在 Task 函数中是如何使用这个变量的。只有在 operator* 返回一个值而不是抛出值的情况下，才会执行 result 变量、完成的 bool 和 break 语句。每当一个没有标记操作完成的操作完成时，当前的总数就会被打印到控制台。你可以在图 11-10 中看到这段代码的结果。

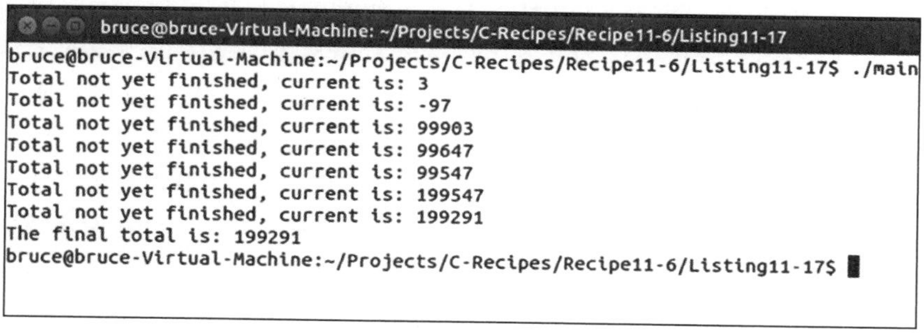

图 11-10　显示正在运行的消息队列的输出

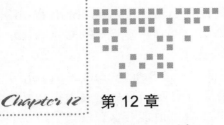

第 12 章

网 络

通过互联网进行通信正成为许多现代计算机程序中越来越不可或缺的一部分。很难找到一个既不连接到同一程序的另一个实例，又不连接到为程序的某些部分或应用程序提供基本功能的网络服务器的程序。这为开发者创造了专门从事网络编程领域的工作机会。在编写连接程序时，你可以采取几种不同的方法，使用高级库是一种有效的技术，本章将探讨可以在 macOS、Linux 和 Windows 上使用的 Berkeley Sockets 库。

Berkeley Sockets 于 1983 年首次出现在 Unix 操作系统中。该操作系统在 20 世纪 80 年代末不受版权问题的影响，使得 Berkeley Sockets API 成为今天大多数操作系统上使用的标准实现。尽管 Windows 不直接支持 Berkeley，但其网络 API 几乎完全与 Berkeley 标准 API 相同。再加上 Linux 操作系统越来越受欢迎，你很快就可以发现本章内容的价值。

我们将介绍如何创建和使用套接字来生成可以在网络（如 Internet）上相互通信的程序。12.1 节、12.2 节和 12.3 节涵盖与目前使用的主流操作系统相同的材料。你可以阅读与你所使用的开发系统相关的章节，然后继续学习。

12.1 在 macOS 上设置 Berkeley Sockets 应用程序

问题

你想创建一个可以在 macOS 上使用的网络套接字程序。

解决方案

macOS 提供的 Berkeley Sockets API 是操作系统的一部分，无须借助外部库即可使用。

工作原理

苹果公司提供了 Xcode IDE，你可以使用它在苹果电脑上构建 macOS 应用程序。Xcode 可以从 App Store 免费获得。安装后，你可以使用 Xcode 创建在你选择的计算机上运行的程序。本节创建一个连接到互联网的命令行程序，并打开一个连接到服务器的套接字。

首先，你必须为你的应用程序创建一个有效的项目。打开 Xcode，按图 12-1 所示创建一个新的 Xcode 项目选项。

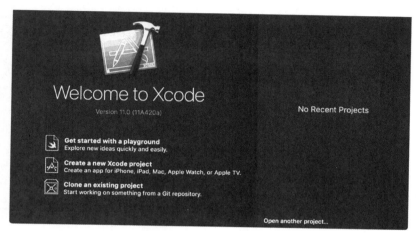

图 12-1　创建一个新的 Xcode 项目选项的 Xcode 欢迎界面

系统会要求你选择要创建的应用程序类型。选择 macOS 应用程序类别下的 "Command Line Tool" 选项，图 12-2 展示了此窗口。

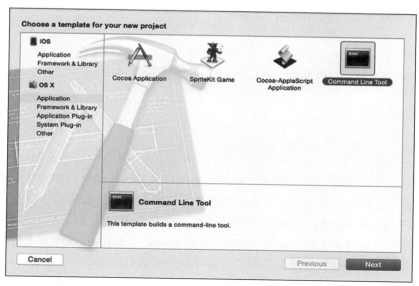

图 12-2　macOS 应用程序的 "Command Line Tool" 选项

接下来，你需要指定一个文件夹来存储你的项目文件。完成后，打开 Xcode 主窗口，你可以从左侧的项目视图中选择源文件。用清单 12-1 中的代码替换新 CPP 文件中的代码，创建一个打开 Google HTTP Web 服务器套接字的应用程序。

清单12-1　打开一个Berkeley Socket

```cpp
#include <iostream>
#include <netdb.h>
#include <sys/types.h>
#include <sys/socket.h>

using SOCKET = int;

using namespace std;
int main(int argc, const char * argv[])
{
    addrinfo hints{};
    hints.ai_family = AF_UNSPEC;
    hints.ai_socktype = SOCK_STREAM;

    addrinfo *servinfo{};
    getaddrinfo("www.google.com", "80", &hints, &servinfo);

    SOCKET sockfd{
        socket(servinfo->ai_family, servinfo->ai_socktype, servinfo->ai_
        protocol)
    };

    int connectionResult{ connect(sockfd, servinfo->ai_addr, servinfo->ai_
    addrlen) };
    if (connectionResult == -1)
    {
        cout << "Connection failed!" << endl;
    }
    else
    {
        cout << "Connection successful!" << endl;
    }

    freeaddrinfo(servinfo);

    return 0;
}
```

清单 12-1 中的代码需要一个关于互联网工作原理的简短入门，以便你完全理解正在发生的事情。在你连接到服务器之前，你需要知道服务器的地址。最好的办法是使用域名服务器（Domain Name Service，DNS）来查找。DNS 的工作原理是为给定的主机名保留服务器地址的缓存。在这个例子中，你要向 DNS 询问与 **www.google.com** 相关的地址。如果你要创建一个在自己的网络上运行的程序，你可以手动指定服务器的 IP 地址，但对于使用互联网访问信息的程序来说，这通常是不可能的。服务器可以移动，IP 地址也可以在不同的时间为不同的系统更改或重复使用。getaddrinfo 函数会向 DNS 询问在端口 80 上与 www.google.com 相关的地址。

用于特定服务的服务器地址通常由两部分组成：连接到计算机的 IP 地址和希望与之通信的服务器上特定服务的端口。万维网使用 HTTP 协议进行通信，通常配置为使用 80 端口进行数据服务。在清单 12-1 中可以看到，这就是你试图在远程计算机上建立连接的端口。

getaddrinfo 函数将网页地址、端口和两个 addrinfo struct 作为参数。其中第一个 struct 为 DNS 服务提供了一些提示，描述你想与远程计算机建立的连接类型。此时最重要的两个字段是 ai_family 和 ai_socktype。

ai_family 字段指定了你想为程序检索的地址类型。这允许你指定你想要的是 IPv4、IPv6、NetBIOS、Infrared 还是蓝牙地址。清单 12-1 中提供的选项是未指定的，它允许 getaddrinfo 函数为请求的网络地址返回所有有效的 IP 地址。这些有效的 IP 地址由相同的 addrinfo struct 来表示，并通过提供给 getaddrinfo 的第四个参数的指针传递回程序。

ai_socktype 字段可以让你指定相关套接字要使用的传输机制类型。清单 12-1 中的 SOCK_STREAM 选项可以创建一个使用 TCP/IP 作为传输机制的套接字。这种类型的套接字允许你发送保证按顺序到达目的地的信息包。本章中使用的另外一种传输机制是 SOCK_DGRAM 类型。这种传输机制并不能保证数据包会到达，也不能保证数据包会按预期顺序到达。但是，它没有 TCP/IP 机制带来的额外开销，因此可以大大降低数据包在计算机之间的发送延迟。

getaddrinfo 函数返回的 servinfo 可以用来创建一个套接字。从 socket 函数中获取套接字文件描述符，socket 函数传递 servinfo 结构中的信息。这个 servinfo 结构在这种情况下可以是一个链接列表，因为 Google 同时支持 IPv4 和 IPv6 地址格式。你可以在这里编写代码，选择要使用的地址并进行适当的操作。只要列表中有更多的元素，ai_next 字段就会存储一个指向列表中下一个元素的指针。ai_family、ai_socktype 和 ai_protocol 变量都被传递到 socket 函数中，以创建一个有效的套接字来使用。一旦你有了一个有效的套接字，你就可以调用 connect 函数。connect 函数接收套接字 ID、包含地址的 servinfo 对象中的 ai_addr 字段和 ai_addrlen 来确定套接字的长度。如果连接没有成功，你会收到 connect 的返回值 -1。清单 12-1 通过打印连接是否成功来展示这一点。

12.2　在 Ubuntu 的 Eclipse 中设置 Berkeley Sockets 应用程序

问题

你想使用 Eclipse 创建一个可以在 Ubuntu 上使用的网络套接字程序。

解决方案

Ubuntu 提供的 Berkeley Sockets API 是操作系统的一部分，无须借助外部库即可使用。

工作原理

Eclipse IDE 可以用来在运行 Linux 的计算机上构建应用程序。Eclipse 可以从 Ubuntu 软件中心免费获得。安装后，你可以使用 Eclipse 创建在你选择的计算机上运行的程序。本节创建一个连接到互联网的命令行程序，并打开一个连接到服务器的套接字。

首先，你必须为你的应用程序创建一个有效的项目。打开 Eclipse，然后从菜单栏中选择"项目"→"新建"选项，将打开"新建项目"向导，如图 12-3 所示。

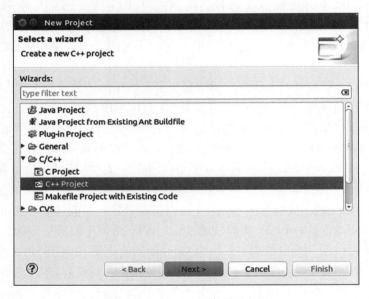

图 12-3　Eclipse 新建项目向导

新建项目向导允许你选择 C++ 项目作为选项。然后，单击下一步，就会出现图 12-4 所示的 C++ 项目设置窗口。

在此窗口中，你可以为项目命名，并决定应在哪个文件夹中创建项目。在项目类型下，选择"可执行文件"→"Hello World C++ 项目"。这样做会创建一个配置为可执行文件的项目，其中包含用于添加自己代码的源文件。

用清单 12-2 中的代码替换新 CPP 文件中的代码，创建一个打开 Google HTTP Web 服务器套接字的应用程序。

> 注意　以下代码及说明与 12.1 节中的完全相同。如果你已经阅读了这些材料，则可以跳到 12.4 节；如果你因为 macOS 与你无关而跳过了 12.1 节，那么请继续阅读。

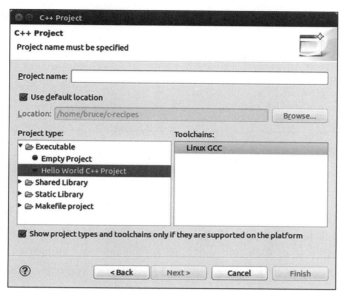

图 12-4 Eclipse C++ 项目设置窗口

清单12-2 打开一个Berkeley Socket

```cpp
#include <iostream>
#include <netdb.h>
#include <sys/types.h>
#include <sys/socket.h>

using SOCKET = int;

using namespace std;

int main(int argc, const char * argv[])
{
    addrinfo hints{};
    hints.ai_family = AF_UNSPEC;
    hints.ai_socktype = SOCK_STREAM;

    addrinfo *servinfo{};
    getaddrinfo("www.google.com", "80", &hints, &servinfo);

    SOCKET sockfd{
        socket(servinfo->ai_family, servinfo->ai_socktype, servinfo->
        ai_protocol)
    };

    int connectionResult{ connect(sockfd, servinfo->ai_addr, servinfo->
    ai_addrlen) };
    if (connectionResult == -1)
    {
        cout << "Connection failed!" << endl;
    }
```

```
    else
    {
        cout << "Connection successful!" << endl;
    }

    freeaddrinfo(servinfo);

    return 0;
}
```

清单 12-2 中的代码需要一个关于互联网工作原理的简短入门，以便你完全理解正在发生的事情。在连接到服务器之前，你需要知道它的地址。最好的办法是使用 DNS 来查找。DNS 的工作原理是为给定的主机名保存服务器地址的缓存。

在这个例子中，你要向 DNS 询问与 www.google.com 相关的地址。如果你要创建一个在自己的网络上运行的程序，你可以手动指定服务器的 IP 地址，但对于使用互联网访问信息的程序来说，这通常是不可能的。服务器可以移动，IP 地址也可以在不同的时间为不同的系统更改或重复使用。getaddrinfo 函数会向 DNS 询问在 80 端口上与 www.google.com 相关联的地址。

用于特定服务的服务器地址通常由两部分组成：连接到计算机的 IP 地址和希望与之通信的服务器上特定服务的端口。万维网使用 HTTP 协议进行通信，通常配置为使用 80 端口进行数据服务。在清单 12-2 中可以看到，这就是你试图在远程计算机上建立连接的端口。

getaddrinfo 函数将网页地址、端口和两个 addrinfo struct 作为参数。其中第一个 struct 为 DNS 服务提供了一些提示，描述你想与远程计算机建立的连接类型。此时最重要的两个字段是 ai_family 和 ai_socktype。

ai_family 字段指定了你想为程序检索的地址类型。这允许你指定你想要的是 IPv4、IPv6、NetBIOS、Infrared 还是蓝牙地址。清单 12-2 中提供的选项是未指定的，它允许 getaddrinfo 函数为请求的网络地址返回所有有效的 IP 地址。这些有效的 IP 地址由相同的 addrinfo struct 来表示，并通过提供给 getaddrinfo 的第 4 个参数的指针传递回程序。

ai_socktype 字段可以让你指定相关套接字要使用的传输机制类型。清单 12-2 中的 SOCK_STREAM 选项可以创建一个使用 TCP/IP 作为传输机制的套接字。这种类型的套接字允许你发送保证按顺序到达目的地的信息包。本章中使用的另外一种传输机制是 SOCK_DGRAM 类型。这种传输机制并不能保证数据包会到达，也不能保证数据包会按预期顺序到达。但是，它没有 TCP/IP 机制带来的额外开销，因此可以大大降低数据包在计算机之间的发送延迟。

getaddrinfo 函数返回的 servinfo 可以用来创建一个套接字。从 socket 函数中获取套接字文件描述符，socket 函数传递 servinfo 结构中的信息。这个 servinfo 结构可以是一个链接列表，原因是 Google 同时支持 IPv4 和 IPv6 地址格式。你可以在这里编写代码，选择要使用的地址并进行适当的操作。只要列表中有更多的元素，ai_next 字段就会存储一个指向列表中下一个元素的指针。ai_family、ai_socktype 和 ai_protocol 变量都被传递到 socket 函数中，以创建一个有效的套接字来使用。一旦你有了一个有效的套接字，你就可以调用 connect 函数。connect 函数接收套接字 ID、包含地址的 servinfo 对象中的 ai_addr 字段和 ai_addrlen 来确定套接字的长度。如果连接没有成功，你会收到 connect 的返回值 −1。清单 12-2 通过打印连接是否成功来进行演示。

12.3　在 Windows 的 Visual Studio 中设置 Winsock 2 应用程序

问题

你想创建一个可以在 Windows 计算机上使用的网络套接字程序。

解决方案

微软提供了 Winsock 库，它可以实现计算机之间基于套接字的通信。

工作原理

Windows 操作系统并不像 macOS 或 Ubuntu 那样带有原生的 Berkeley Sockets 实现，而是使用微软提供的 Winsock 库。幸运的是，它与 Berkeley Sockets 库非常相似，大部分代码在这三个平台之间是可以互换的。通过打开 Visual Studio 并选择"创建新项目"选项来创建使用 Winsock 的新的 C++ 应用程序。这样做会打开如图 12-5 所示的新建项目向导。

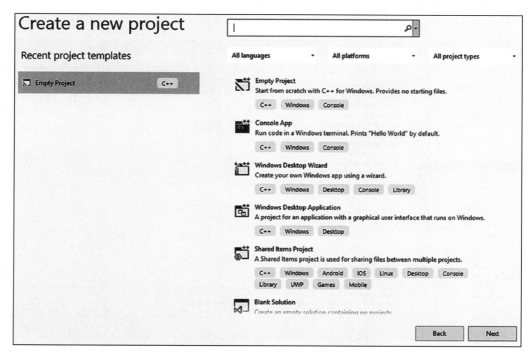

图 12-5　Visual Studio 新建项目向导

你要创建一个空项目来运行本节的示例代码。选中它，单击"下一步"，然后输入一个名称，并选择一个存储数据的文件夹；然后单击"创建"。右击"源文件"，添加一个新项目，即 C++ 源文件。此界面如图 12-6 所示。

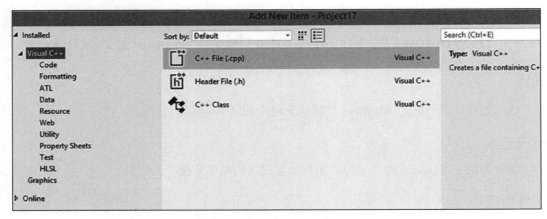

图 12-6　Win32 应用程序向导

当你这样做时，你会看到一个工作项目。但这个项目并不支持套接字，因为 Windows 要求你针对一个库进行链接，以提供套接字的支持。你可以通过在"解决方案资源管理器"（Solution Explorer）窗口中右击项目，然后选择"属性"来执行此操作。指定要与之链接的库。右击"项目"→"链接器"→"输入"。图 12-7 展示了选定特定选项后的此窗口。

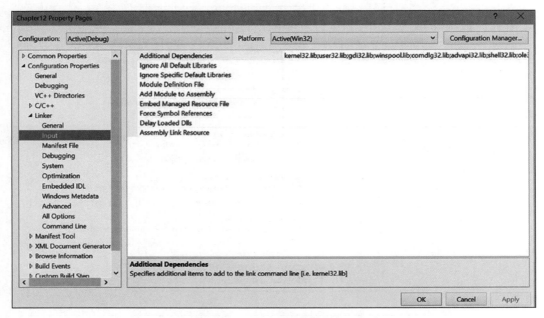

图 12-7　Visual Studio 链接器输入选项

你想在"附加依赖项"（Additional Dependencies）部分添加一个新的库，请选择这个选项，然后单击向下箭头，打开图 12-8 所示的编辑对话框。

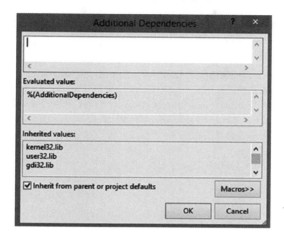

图 12-8　附加依赖项对话框

Winsock API 由 **Ws2_32.lib** 静态库提供。在文本框中输入这个值，然后点击确定。这允许你在程序中使用 Winsock 2 API，而不会产生问题。

用清单 12-3 中的代码替换新的 CPP 文件中的代码，创建一个应用程序，打开 Google HTTP Web 服务器的套接字。通过搜索来检查确保你的机器上有 ws2_32.lib 文件，如果你没有这个文件，可以从 **www.dlldownloader.com/ws2_32-dll/** 等网站免费下载，然后把这个文件放在 Visual Studio 的 lib 目录和项目目录中。

> 注意　下面的代码和说明与 12.1 节中的基本相同，但是，有些部分是 Windows 特有的。如果你已经阅读了这些材料，并且想要学习 Windows 特有的内容，可以跳到 12.4 节。如果你跳过了 12.1 节和 12.2 节，请继续阅读。

清单12-3　打开一个Winsock套接字

```
#include <iostream>
#include <winsock2.h>
#include <WS2tcpip.h>

using namespace std;
int main(int argc, char* argv[])
{
    WSADATA wsaData;
    if (WSAStartup(MAKEWORD(2, 2), &wsaData) != 0)
    {
        return 1;
    }
}
```

```
addrinfo hints{};
hints.ai_family = AF_UNSPEC;       // don't care IPv4 or IPv6
hints.ai_socktype = SOCK_STREAM; // TCP stream sockets

// get ready to connect
addrinfo* servinfo{};  // will point to the results
getaddrinfo("www.google.com", "80", &hints, &servinfo);

SOCKET sockfd{ socket(servinfo->ai_family, servinfo->ai_socktype,
servinfo->ai_protocol) };
int connectionResult{ connect(sockfd, servinfo->ai_addr, servinfo->ai_
addrlen) };
if (connectionResult == -1)
{
    cout << "Connection failed!" << endl;
}
else
{
    cout << "Connection successful!" << endl;
}

freeaddrinfo(servinfo);

WSACleanup();

return 0;
}
```

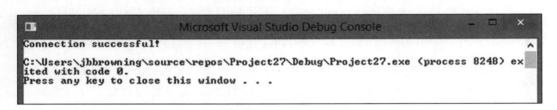

图 12-9　清单 12-3 成功运行的输出

清单 12-3 中粗体字的代码是 Windows 套接字库特有的，不能转移到 Berkeley Sockets 的 Unix 和 macOS 的实现中。在 Windows 中需要你的程序启动和关闭 Winsock 库，这是通过 **WSAStartup** 和 **WSACleanup** 函数实现的。另一个微妙的区别是，Winsock API 指定 **SOCKET** 类型是一个 **unsigned int**。在 macOS 和 Ubuntu 中的 Berkeley 实现都从 **socket** 函数中返回一个标准的 **int**。清单 12-1 和清单 12-2 中的代码使用了一个类型别名来指定 **SOCKET** 类型，使代码看起来更具可移植性。然而，不同平台之间的类型仍然不同。

这段代码需要一个关于互联网工作原理的简短入门，以便你完全理解正在发生的事情。在你连接到服务器之前，你需要知道它的地址。最好的办法是使用 DNS 来查找。DNS 的工作原理是为给定的主机名保存服务器地址的缓存。在这个例子中，你要向 DNS 询问与 **www.google.com** 相关的地址。如果你要创建一个在自己的网络上运行的程序，你可以手动指定服务器的 IP 地址，但对于使用互联网访问信息的程序来说，这通常是不可能的。服务器可以移动，IP 地址可以在不同的时间为不同的系统更改或重复使用。getaddrinfo 函数会向 DNS 询问在端口 80 上与 **www.google.com** 相关的地址。

用于特定服务的服务器地址通常由两部分组成：连接到计算机的 IP 地址和希望与之通信的该服务器上特定服务的端口。万维网使用 HTTP 协议进行通信，通常配置为使用 80 端口进行数据服务。在清单 12-3 中可以看到，这就是你试图在远程计算机上建立连接的端口。

getaddrinfo 函数将网页地址、端口和两个 addrinfo struct 作为参数。其中第一个 struct 为 DNS 服务提供了一些提示，描述你想与远程计算机建立的连接类型。此时最重要的两个字段是 ai_family 和 ai_socktype。

ai_family 字段指定了你想为程序检索的地址类型。这允许你指定你想要的是 IPv4、IPv6、NetBIOS、Infrared 还是蓝牙地址。清单 12-3 中提供的选项是未指定的，它允许 getaddrinfo 函数为请求的网络地址返回所有有效的 IP 地址。这些有效的 IP 地址由相同的 addrinfo struct 来表示，并通过提供给 getaddrinfo 的第 4 个参数的指针传递回程序。

ai_socktype 字段可以让你指定相关套接字要使用的传输机制类型。清单 12-3 中的 SOCK_STREAM 选项可以创建一个使用 TCP/IP 作为传输机制的套接字。这种类型的套接字允许你发送保证按顺序到达目的地的信息包。本章中使用的另外一种传输机制是 SOCK_DGRAM 类型。这种传输机制并不能保证数据包会到达，也不能保证数据包会按预期顺序到达。但是，它没有 TCP/IP 机制带来的额外开销，因此可以大大降低数据包在计算机之间的发送延迟。

getaddrinfo 函数返回的 servinfo 可以用来创建一个套接字。从 socket 函数中获取套接字文件描述符，socket 函数传递 servinfo 结构中的信息。这个 servinfo 结构可以是一个链接列表，原因是 Google 同时支持 IPv4 和 IPv6 地址格式。你可以在这里编写代码，选择要使用的地址并进行适当的操作。只要列表中有更多的元素，ai_next 字段就会存储一个指向列表中下一个元素的指针。ai_family、ai_socktype 和 ai_protocol 变量都被传递到 socket 函数中，以创建一个有效的套接字来使用。一旦你有了一个有效的套接字，你就可以调用 connect 函数。connect 函数接收套接字 ID、包含地址的 servinfo 对象中的 ai_addr 字段和 ai_addrlen 来确定套接字的长度。如果连接没有成功，你会收到 connect 的返回值 −1。清单 12-3 通过打印连接是否成功来以此作演示。

12.4　在两个程序之间创建一个 Socket 连接

问题

你想编写一个网络客户端程序和一个可以跨网络通信的服务器程序。

解决方案

你可以使用 Berkeley Sockets API 来通过套接字发送和接收数据。

工作原理

Berkeley Sockets 的设计是为了在网络上发送和接收信息。API 提供了 send 和 recv 功能来实现这个目标。要实现这一目标的困难在于你必须确保你的套接字配置正确才能进行数据的传输。在设置套接字时,接收数据所需的操作与发送数据所需的操作有很大不同。本节还创建可以在多平台运行的代码,并使用 Microsoft Visual Studio、Xcode 或将 Clang 作为编译器的 Linux 机器进行编译。

 注意 当使用 GCC 时,Socket 类无法编译,因为该编译器还不支持 stringstream 类的 move 构造函数。如果你是使用 GCC,你可以修改示例代码,以防止需要用 stringstream 调用 move。

当程序被构建到 Windows 机器上运行时,第一个要研究的类将启动和停止 Winsock。当你在 macOS 或 Linux 计算机上构建和运行该类时,该类不会产生任何作用。清单 12-4 展示了如何实现这一点。

清单12-4　封装Winsock

```
#include <iostream>

using namespace std;

#ifdef _MSC_VER

#pragma comment(lib, "Ws2_32.lib")

#include <WinSock2.h>
#include <WS2tcpip.h>
#define UsingWinsock 1
using ssize_t = SSIZE_T;

#else

#define UsingWinsock 0

#endif

class WinsockWrapper
{
public:
    WinsockWrapper()
    {
#if UsingWinsock
        WSADATA wsaData;
        if (WSAStartup(MAKEWORD(2, 2), &wsaData) != 0)
```

```
        {
            exit(1);
        }
#ifndef NDEBUG
        cout << "Winsock started!" << endl;
#endif
#endif
    }

    ~WinsockWrapper()
    {
#if UsingWinsock
        WSACleanup();

#ifndef NDEBUG
        cout << "Winsock shut down!" << endl;
#endif
#endif
    }
};
int main()
{
    WinsockWrapper myWinsockWrapper;

    return 0;
}
```

清单 12-4 中的代码使用预处理器检测 Microsoft Visual Studio 的存在。Visual Studio 在构建时定义了符号 _MSC_VER。在用 Visual Studio 构建 Windows 程序时，可以使用这个符号来包含 Windows 特定的文件，就像我在这里做的那样。只有在使用 Visual Studio 进行构建时，Winsock 2 库才会使用编译指示包含在此程序中，同时也包含必要的 Winsock 头文件。设置了专门用于这个程序的 define。当代码在 Visual Studio 中构建时，UsingWinsock 宏被定义为 1；当代码不使用 Visual Studio 构建时，它被设置为 0。Windows 构建时还需要创建一个类型别名来将 SSIZE_T 映射为 ssize_t，因为在安装 Windows 的计算机上不构建程序时，该类型使用小写拼写。

WinsockWrapper 类在它的构造函数和析构函数中检测 UsingWinsock 的值，如果值为 1，那么启动和停止 Winsock API 的函数就会被编译进来。当不使用 Visual Studio 构建时，这段代码不会被编译进来。因此，这种方式是安全的。

main 函数的第一行就创建了一个 WinsockWrapper 对象。这将导致构造函数被调用，并在 Windows 机器上初始化 Winsock，它对非 Windows 版本没有影响。当这个对象超出范围时，因为调用了析构函数，Winsock API 也会被关闭。现在，你有了一个方便的方法能以一种可移植的方式在多个平台上启动和停止 Winsock。成功运行将显示"Winsock 已开始！Winsock 关闭！"作为输出。

当一个程序与另一个程序之间进行通信时，Socket 类是不可或缺的。它负责为基于 C 语言的 Berkeley Sockets API 提供面向对象的封装。socket 本身由一个描述符表示，本质上是一个 int。一个方法创建一个类，它将创建 Berkeley Sockets 所需的数据与使用套接字所需的代码关联起来。Socket 类的全部源代码如清单 12-5 所示。注意，这是完整程序的一部分，不会单独运行。清单 12-6 展示了一个完整的应用程序的类和驱动程序。

清单12-5 创建一个面向对象的Socket Class

```cpp
class Socket
{
private:
#if !UsingWinsock
    using SOCKET = int;
#endif

    addrinfo* m_ServerInfo{ nullptr };
    SOCKET m_Socket{ static_cast<SOCKET>(0xFFFFFFFF) };
    sockaddr_storage m_AcceptedSocketStorage{};
    socklen_t m_AcceptedSocketSize{ sizeof(m_AcceptedSocketStorage) };

    void CreateSocket(string& webAddress, string& port, addrinfo& hints)
    {
        getaddrinfo(webAddress.c_str(), port.c_str(), &hints,
        &m_ServerInfo);

        m_Socket = socket(
            m_ServerInfo->ai_family,
            m_ServerInfo->ai_socktype,
            m_ServerInfo->ai_protocol);
    }

    Socket(int newSocket, sockaddr_storage&& socketStorage)
        : m_Socket{ newSocket }
        , m_AcceptedSocketStorage(move(socketStorage))
    {

    }


public:
    Socket(string& port)
    {
#ifndef NDEBUG
        stringstream portStream{ port };
        int portValue{};
        portStream >> portValue;
        assert(portValue > 1024); // Ports under 1024 are reserved for
        certain applications and protocols!
#endif

        addrinfo hints{};
```

```
        hints.ai_family = AF_UNSPEC;
        hints.ai_socktype = SOCK_STREAM;
        hints.ai_flags = AI_PASSIVE;

        string address{ "" };
        CreateSocket(address, port, hints);
    }

    Socket(string& webAddress, string& port)
    {
        addrinfo hints{};
        hints.ai_family = AF_UNSPEC;
        hints.ai_socktype = SOCK_STREAM;

        CreateSocket(webAddress, port, hints);
    }

    Socket(string& webAddress, string& port, addrinfo& hints)
    {
        CreateSocket(webAddress, port, hints);
    }

    ~Socket()
    {
        Close();
    }

    bool IsValid()
    {
        return m_Socket != -1;
    }

    int Connect()
    {
        int connectionResult{
            connect(m_Socket, m_ServerInfo->ai_addr, m_ServerInfo->
            ai_addrlen)
        };

#ifndef NDEBUG
        if (connectionResult == -1)
        {
            cout << "Connection failed!" << endl;
        }
        else
        {
            cout << "Connection successful!" << endl;
        }
#endif

        return connectionResult;
    }
```

```cpp
    int Bind()
    {
        int bindResult{ ::bind(m_Socket, m_ServerInfo->ai_addr,
        m_ServerInfo->ai_addrlen) };

#ifndef NDEBUG
        if (bindResult == -1)
        {
            cout << "Bind Failed!" << endl;
        }
        else
        {
            cout << "Bind Successful" << endl;
        }
#endif

        return bindResult;
    }
    int Listen(int queueSize)
    {
        int listenResult{ listen(m_Socket, queueSize) };

#ifndef NDEBUG
        if (listenResult == -1)
        {
            cout << "Listen Failed" << endl;
        }
        else
        {
            cout << "Listen Succeeded" << endl;
        }
#endif

        return listenResult;
    }

    Socket Accept()
    {
        SOCKET newSocket{
            accept(m_Socket,
            reinterpret_cast<sockaddr*>(&m_AcceptedSocketStorage),
            &m_AcceptedSocketSize)
        };

#ifndef NDEBUG
        if (newSocket == -1)
        {
            cout << "Accept Failed" << endl;
        }
        else
        {
```

```
                cout << "Accept Succeeded" << endl;
            }
    #endif

            m_AcceptedSocketSize = sizeof(m_AcceptedSocketStorage);
            return Socket(newSocket, move(m_AcceptedSocketStorage));
        }

        void Close()
        {
    #ifdef _MSC_VER
            closesocket(m_Socket);
    #else
            close(m_Socket);
    #endif

            m_Socket = -1;
            freeaddrinfo(m_ServerInfo);
        }

        ssize_t Send(stringstream data)
        {
            string packetData{ data.str() };
            ssize_t sendResult{ send(m_Socket, packetData.c_str(), packetData.
            length(), 0) };

    #ifndef NDEBUG
            if (sendResult == -1)
            {
                cout << "Send Failed" << endl;
            }
            else
            {
                cout << "Send Succeeded" << endl;
            }
    #endif

            return sendResult;
        }

        stringstream Receive()
        {
            const int size{ 1024 };
            char dataReceived[size];

            ssize_t receiveResult{ recv(m_Socket, dataReceived, size, 0) };
    #ifndef NDEBUG
            if (receiveResult == -1)
            {
                cout << "Receive Failed" << endl;
            }
```

```
            else if (receiveResult == 0)
            {
                cout << "Receive Detected Closed Connection!" << endl;
                Close();
            }
            else
            {
                dataReceived[receiveResult] = '\0';
                cout << "Receive Succeeded" << endl;
            }
    #endif
            stringstream data{ dataReceived };
            return move(data);
        }
    };
```

Socket class 有三个不同的构造函数，允许你创建不同的套接字。第一个公共构造函数只需要一个 port 作为参数。这种构造方法适合用于监听传入连接（incoming connections）的 Socket 对象。构造函数中的 hints addrinfo struct 将 ai_flags 参数设置为 AI_PASSIVE 值，并为该地址传递一个空 string。这就告诉 getaddrinfo 函数将本地计算机的 IP 地址填写为用于套接字的地址。通过这种方式使用本地地址，你可以在计算机上打开套接字进行监听，当你希望在程序中接收来自外部源的数据时，这是一项基本任务。

第二个公共构造函数需要一个地址和一个端口作为参数。这让你可以创建一个 Socket，该套接字自动使用 "IPv6 或 IPv4" 和 TCP/IP 来创建可以用于发送数据的套接字。第一个和第二个构造函数都只是为了方便，其实可以删除这两个构造函数，而使用第三个公共构造函数，它需要一个地址、一个端口和一个 addrinfo struct 作为参数，并允许用户按照自己的意愿配置 Socket。

最终的构造函数是一个私有构造函数。当外部程序连接到监听连接的套接字时，就会使用这种类型的构造函数。你可以在 Accept 方法中看到如何使用它。

IsValid 方法用于判断 Socket 是否已经用适当的描述符初始化。CreateSocket 中的 socket 函数在出现故障时返回 −1，m_Socket 的默认值也是 -1。

当你希望与远程计算机建立连接，而你又对接收其他程序的连接不感兴趣时，就会用到 Connect 方法。它主要用于 "客户端 – 服务器" 关系的客户端，然而你也可以编写使用不同的套接字来监听和连接其他远程计算机的点对点的程序。Connect 调用 Berkeley connect 函数，但能够使用该对象中的 m_Socket 和 m_ServerInfo 对象，而不必从外部手动传递它们。

当你希望接收传入的连接时，就会使用 bind 方法。Berkeley bind 函数负责与操作系统协商访问你希望使用的端口。操作系统负责发送和接收网络流量，端口用来让计算机知道哪个程序在哪个端口上等待数据。当 `using namespace std;` 语句存在时，此代码需要 `bind` 函数上的 `scope` 运算符。这告诉编译器使用全局命名空间的 `bind` 方法，而不是 `std` 命名空间的 `bind` 方法。`std` 命名空间的 `bind` 方法是用来创建函子（functors）的，与套接字无关。

在调用 Bind 之后使用 Listen 方法，告诉套接字开始对来自远程机器的连接进行排队。`queueSize` 参数指定了队列的大小，一旦队列满了，操作系统就会断开连接。你的操作系统能够支持的连接数会有所不同。一般来说，桌面操作系统支持的排队连接数比服务器专用操作系统少很多，一般设置为 5 个连接。

Accept 方法从 Listen 被调用时创建的队列中提取连接。Accept 调用 Berkeley `accept` 函数，该函数将 m_Socket 变量作为第一个参数，而第二个和第三个参数是 m_AcceptedSocketStorage 和 m_AcceptedSocketSize 变量。m_AcceptedSocket-Storage 成员变量的类型是 `sockaddr_storage`，而不是 `accept` 方法所期望的 `sockaddr` 类型。`sockaddr_storage` 类型足够大，可以同时处理 IPv4 和 IPv6 地址，但 `accept` 方法仍然需要一个指向 `sockaddr` 类型的指针。这并不理想，但是可以使用 `reinterpret_cast` 来解决这个问题，因为 `accept` 也会考虑被传递对象的大小。如果返回的对象小于传入的大小，大小就会被改变，因此，在函数返回之前，大小会被重置。m_AcceptedSocketStorage 对象将移动到函数返回的新 Socket 对象中，以确保初始 Socket 中的副本无效。

Close 方法负责在不再需要 Socket 的时候关闭它。在 Windows 上调用 `closesocket` 函数，在非 Windows 平台上使用 `close` 函数。`freeaddrinfo` 对象也会在类的析构函数中被释放。

下一个方法是 Send 函数。毫无疑问，这个方法将数据发送到连接另一端的计算机。Send 暂时被设置为发送一个 `stringstream` 对象，因为正确序列化二进制数据超出了本书的范围。你可以看到，m_Socket 描述符以及从传入的 `stringstream` 对象中提取的字符串数据和大小调用了 `send` Berkeley 函数。

Receive 方法负责从远程连接中引入数据。在数据准备好从套接字连接中读取之前，这个调用会阻塞。Receive 函数可以返回三种类型的值：当遇到错误时返回 −1；当远程计算机关闭连接时返回 0；当收到字节数时返回一个正值。接收到的数据被读入一个 char 数组，而这个数组又被传入一个 `stringstream` 对象，并使用 move 构造函数返回。

现在你已经有了一个功能齐全的 Socket 类，你可以创建程序来发送和接收数据。清单 12-6 中的代码可以用来创建一个程序，该程序等待一个远程连接和一条接收到的消息。使用 Visual Studio 2019 创建此项目，并将 "项目" "属性" "配置属性" "通用" 和 "C++ 语言标准" 设置为默认值。

清单12-6　创建一个可以接收数据的程序

```cpp
#include <cassert>
#include <iostream>
#include <type_traits>
#include <vector>

#ifndef NDEBUG
#include <sstream>
#endif

using namespace std;

#ifdef _MSC_VER

#pragma comment(lib, "Ws2_32.lib")

#include <WinSock2.h>
#include <WS2tcpip.h>

#define UsingWinsock 1

using ssize_t = SSIZE_T;

#else

#include <netdb.h>
#include <sys/types.h>
#include <sys/socket.h>
#include <unistd.h>

#define UsingWinsock 0

#endif

class WinsockWrapper
{
public:
    WinsockWrapper()
    {
#if UsingWinsock
        WSADATA wsaData;
        if (WSAStartup(MAKEWORD(2, 2), &wsaData) != 0)
        {
            exit(1);
        }

        cout << "Winsock started!" << endl;
#endif
    }
    ~WinsockWrapper()
    {
#if UsingWinsock
        WSACleanup();

        cout << "Winsock shut down!" << endl;
```

```
#endif
    }
};

class Socket
{
private:
#if !UsingWinsock
    using SOCKET = int;
#endif

    addrinfo* m_ServerInfo{ nullptr };
    SOCKET m_Socket{ static_cast<SOCKET>(0xFFFFFFFF) };
    sockaddr_storage m_AcceptedSocketStorage{};
    socklen_t m_AcceptedSocketSize{ sizeof(m_AcceptedSocketStorage) };

    void CreateSocket(string& webAddress, string& port, addrinfo& hints)
    {
        getaddrinfo(webAddress.c_str(), port.c_str(), &hints,
        &m_ServerInfo);

        m_Socket = socket(
            m_ServerInfo->ai_family,
            m_ServerInfo->ai_socktype,
            m_ServerInfo->ai_protocol);
    }

    Socket(unsigned int newSocket, sockaddr_storage&& socketStorage)
        : m_Socket{ newSocket }
        , m_AcceptedSocketStorage(move(socketStorage))
    {

    }
public:
    Socket(string& port)
    {
#ifndef NDEBUG
        stringstream portStream{ port };
        int portValue{};
        portStream >> portValue;
        assert(portValue > 1024);
        // Ports under 1024 are reserved for certain applications and
        protocols!
#endif

        addrinfo hints{};
        hints.ai_family = AF_UNSPEC;
        hints.ai_socktype = SOCK_STREAM;
        hints.ai_flags = AI_PASSIVE;

        string address{ "" };
        CreateSocket(address, port, hints);
```

```
    }

    Socket(string& webAddress, string& port)
    {
        addrinfo hints{};
        hints.ai_family = AF_UNSPEC;
        hints.ai_socktype = SOCK_STREAM;

        CreateSocket(webAddress, port, hints);
    }

    Socket(string& webAddress, string& port, addrinfo& hints)
    {
        CreateSocket(webAddress, port, hints);
    }

    ~Socket()
    {
        Close();
    }

    bool IsValid()
    {
        return m_Socket != -1;
    }

    int Connect()
    {
        int connectionResult{
            connect(m_Socket, m_ServerInfo->ai_addr, m_ServerInfo->
            ai_addrlen)
        };
#ifndef NDEBUG
        if (connectionResult == -1)
        {
            cout << "Connection failed!" << endl;
        }
        else
        {
            cout << "Connection successful!" << endl;
        }
#endif
        return connectionResult;
    }

    int Bind()
    {
        int bindResult{ ::bind(m_Socket, m_ServerInfo->ai_addr,
        m_ServerInfo->ai_addrlen) };
#ifndef NDEBUG
        if (bindResult == -1)
```

```
                {
                    cout << "Bind Failed!" << endl;
                }
                else
                {
                    cout << "Bind Successful" << endl;
                }
#endif

            return bindResult;
        }

        int Listen(int queueSize)
        {
            int listenResult{ listen(m_Socket, queueSize) };
#ifndef NDEBUG
            if (listenResult == -1)
            {
                cout << "Listen Failed" << endl;
            }
            else
            {
                cout << "Listen Succeeded" << endl;
            }
#endif

            return listenResult;
        }

        Socket Accept()
        {
            SOCKET newSocket{
                accept(m_Socket,
                    reinterpret_cast<sockaddr*>(&m_AcceptedSocketStorage),
                    &m_AcceptedSocketSize)
            };
#ifndef NDEBUG
            if (newSocket == -1)
            {
                cout << "Accept Failed" << endl;
            }
            else
            {
                cout << "Accept Succeeded" << endl;
            }
#endif

            m_AcceptedSocketSize = sizeof(m_AcceptedSocketStorage);
            return Socket(newSocket, move(m_AcceptedSocketStorage));
        }
```

```
    void Close()
    {
#ifdef _MSC_VER
        closesocket(m_Socket);
#else
        close(m_Socket);
#endif

        m_Socket = -1;
        freeaddrinfo(m_ServerInfo);
    }

    ssize_t Send(stringstream data)
    {
        string packetData{ data.str() };
        ssize_t sendResult{ send(m_Socket, packetData.c_str(), packetData.
        length(), 0) };

#ifndef NDEBUG
        if (sendResult == -1)
        {
            cout << "Send Failed" << endl;
        }
        else
        {
            cout << "Send Succeeded" << endl;
        }
#endif

        return sendResult;
    }

    stringstream Receive()
    {
        const int size{ 1024 };
        char dataReceived[size];

        ssize_t receiveResult{ recv(m_Socket, dataReceived, size, 0) };

#ifndef NDEBUG
        if (receiveResult == -1)
        {
            cout << "Receive Failed" << endl;
        }
        else if (receiveResult == 0)
        {
            cout << "Receive Detected Closed Connection!" << endl;
            Close();
        }
        else
        {
```

```
            dataReceived[receiveResult] = '\0';
            cout << "Receive Succeeded" << endl;
        }
#endif
        stringstream data{ dataReceived };
        return move(data);
    }
};
int main(int argc, char* argv[])
{
    WinsockWrapper myWinsockWrapper;

    string port{ "3000" };
    Socket myBindingSocket(port);
    myBindingSocket.Bind();

    int listenResult{ myBindingSocket.Listen(5) };
    assert(listenResult != -1);

    Socket acceptResult{ myBindingSocket.Accept() };
    assert(acceptResult.IsValid());

    stringstream data{ acceptResult.Receive() };

    string message;
    getline(data, message, '\0');

    cout << "Received Message: " << message << endl;

    return 0;
}
```

当成功编译后，你会看到一个命令提示符，说明"Winsock 已启动！绑定成功，监听成功。"注意，根据你安装的防病毒产品，你可能需要允许防火墙访问。清单 12-6 中的代码创建了一个程序，该程序有一个套接字，等待从远程的连接接收消息。由于 WinsockWrapper 和 Socket 类完成了许多艰巨的工作，所以 main 函数只包含几行代码。

如果在由 Visual Studio 为 Windows 计算机构建的服务器上运行，main 函数首先创建一个 WinsockWrapper 来初始化 Winsock。然后使用空地址将一个 Socket 初始化为端口 3000。这个端口将用来监听本地计算机上的连接。你可以看到，因为 main 函数继续调用 Bind，然后是 Listen，队列大小为 5，最后调用 Accept。在队列中出现一个远程连接之前，Accept 调用会阻塞。Accept 会返回一个单独的 Socket 对象，这个对象用来接收数据。该 Socket 上的 Receive 调用也是一个阻塞调用，程序在那里等待，直到有数据可用。在返回之前，程序以打印出接收到的信息结束。

一旦建立并运行了前面的服务器程序，你就需要一个连接到它的客户端程序来发送消息。如清单 12-7 所示。

清单12-7 客户端程序

```
#include <cassert>
#include <iostream>
#include <type_traits>

#ifndef NDEBUG
#include <sstream>
#endif
using namespace std;

#ifdef _MSC_VER

#pragma comment(lib, "Ws2_32.lib")

#include <WinSock2.h>
#include <WS2tcpip.h>
#define UsingWinsock 1

using ssize_t = SSIZE_T;

#else

#include <netdb.h>
#include <sys/types.h>
#include <sys/socket.h>

#define UsingWinsock 0

#endif

class WinsockWrapper
{
public:
    WinsockWrapper()
    {
#if UsingWinsock
        WSADATA wsaData;
        if (WSAStartup(MAKEWORD(2, 2), &wsaData) != 0)
        {
            exit(1);
        }

#ifndef NDEBUG
        cout << "Winsock started!" << endl;
#endif
#endif
    }

    ~WinsockWrapper()
    {
#if UsingWinsock
        WSACleanup();

#ifndef NDEBUG
```

```
            cout << "Winsock shut down!" << endl;
#endif
#endif
    }
};

class Socket
{
private:
#if !UsingWinsock
    using SOCKET = int;
#endif

    addrinfo* m_ServerInfo{ nullptr };
    SOCKET m_Socket{ static_cast<SOCKET>(0xFFFFFFFF) };
    sockaddr_storage m_AcceptedSocketStorage{};
    socklen_t m_AcceptedSocketSize{ sizeof(m_AcceptedSocketStorage) };

    void CreateSocket(string& webAddress, string& port, addrinfo& hints)
    {
        getaddrinfo(webAddress.c_str(), port.c_str(), &hints, &m_
        ServerInfo);

        m_Socket = socket(m_ServerInfo->ai_family,
            m_ServerInfo->ai_socktype,
            m_ServerInfo->ai_protocol);
    }

    Socket(unsigned int newSocket, sockaddr_storage&& socketStorage)
        : m_Socket{ newSocket }
        , m_AcceptedSocketStorage(move(socketStorage))
    {

    }

public:
    Socket(string& port)
    {
#ifndef NDEBUG
        stringstream portStream{ port };
        int portValue{};
        portStream >> portValue;
        assert(portValue > 1024);
        // Ports under 1024 are reserved for certain applications and
        protocols!
#endif

        addrinfo hints{};
        hints.ai_family = AF_UNSPEC;
        hints.ai_socktype = SOCK_STREAM;
        hints.ai_flags = AI_PASSIVE;

        string address{ "" };
```

```
            CreateSocket(address, port, hints);
    }
    Socket(string& webAddress, string& port)
    {
        addrinfo hints{};
        hints.ai_family = AF_UNSPEC;
        hints.ai_socktype = SOCK_STREAM;

        CreateSocket(webAddress, port, hints);
    }

    Socket(string& webAddress, string& port, addrinfo& hints)
    {
        CreateSocket(webAddress, port, hints);
    }

    ~Socket()
    {
        Close();
    }

    bool IsValid()
    {
        return m_Socket != -1;
    }

    int Connect()
    {
        int connectionResult{ connect(
            m_Socket,
            m_ServerInfo->ai_addr,
            m_ServerInfo->ai_addrlen)
        };
#ifndef NDEBUG
        if (connectionResult == -1)
        {
            cout << "Connection failed!" << endl;
        }
        else
        {
            cout << "Connection successful!" << endl;
        }
#endif

        return connectionResult;
    }

    int Bind()
    {
        int bindResult{ ::bind(m_Socket, m_ServerInfo->ai_addr,
        m_ServerInfo->ai_addrlen) };
```

```
#ifndef NDEBUG
        if (bindResult == -1)
        {
            cout << "Bind Failed!" << endl;
        }
        else
        {
            cout << "Bind Successful" << endl;
        }
#endif

        return bindResult;
    }

    int Listen(int queueSize)
    {
        int listenResult{ listen(m_Socket, queueSize) };
#ifndef NDEBUG
        if (listenResult == -1)
        {
            cout << "Listen Failed" << endl;
        }
        else
        {
            cout << "Listen Succeeded" << endl;
        }
#endif

        return listenResult;
    }

    Socket Accept()
    {
        SOCKET newSocket{ accept(m_Socket, reinterpret_cast<sockaddr*>
        (&m_AcceptedSocketStorage), &m_AcceptedSocketSize) };
#ifndef NDEBUG
        if (newSocket == -1)
        {
            cout << "Accept Failed" << endl;
        }
        else
        {
            cout << "Accept Succeeded" << endl;
        }
#endif

        m_AcceptedSocketSize = sizeof(m_AcceptedSocketStorage);
        return Socket(newSocket, move(m_AcceptedSocketStorage));
    }
```

```
    void Close()
    {
#ifdef _MSC_VER
        closesocket(m_Socket);
#else
        close(m_Socket);
#endif

        m_Socket = -1;
        freeaddrinfo(m_ServerInfo);
    }
    ssize_t Send(stringstream data)
    {
        string packetData{ data.str() };
        ssize_t sendResult{ send(m_Socket, packetData.c_str(), packetData.
        length(), 0) };
#ifndef NDEBUG
        if (sendResult == -1)
        {
            cout << "Send Failed" << endl;
        }
        else
        {
            cout << "Send Succeeded" << endl;
        }
#endif

        return sendResult;
    }

    stringstream Receive()
    {
        const int size{ 1024 };
        char dataReceived[size];

        ssize_t receiveResult{ recv(m_Socket, dataReceived, size, 0) };
#ifndef NDEBUG
        if (receiveResult == -1)
        {
            cout << "Receive Failed" << endl;
        }
        else if (receiveResult == 0)
        {
            cout << "Receive Detected Closed Connection!" << endl;
            Close();
        }
        else
        {
```

```
            dataReceived[receiveResult] = '\0';
            cout << "Receive Succeeded" << endl;
        }
#endif
        stringstream data{ dataReceived };
        return move(data);
    }
};
int main(int argc, char* argv[])
{
    WinsockWrapper myWinsockWrapper;

    string address("192.168.178.44");
    string port("3000");
    Socket myConnectingSocket(address, port);
    myConnectingSocket.Connect();

    string message("Sending Data Over a Network!");
    stringstream data;
    data << message;

    myConnectingSocket.Send(move(data));

    return 0;
}
```

清单 12-7 显示，在服务器和客户端上可以使用同一个 Socket 类。客户端的 main 函数也使用 WinsockWrapper 对象来处理启动和关闭 Winsock 库。然后创建一个 Socket，连接到 IP 地址 192.168.178.44（这是我用来托管服务器程序的计算机的地址）。在创建 Socket 之后调用 Connect 方法，以在不同计算机上的两个程序之间的建立连接。Send 方法是最后一个调用的函数，发送“通过网络发送数据！”的字符串。图 12-10 展示了在 MacBook Pro 上运行服务器和在 Windows 8.1 台式电脑运行客户端所获得的输出。

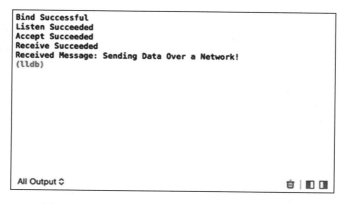

图 12-10　在 macOS 上运行服务器所产生的输出

12.5 在两个程序之间创建网络协议

问题

你想创建两个能够按照标准模式相互通信的程序。

解决方案

你可以创建一个两个程序都能遵守的协议，这样每个程序都知道如何响应一个给定的请求。

工作原理

两个程序之间建立的套接字连接可以用来双向发送数据：数据从发起连接的程序发送到接收方，也可以从接收方返回到发起方。这一特性使你可以编写响应请求的网络应用程序，甚至可以建立更复杂的协议，这些协议要求在一个应用程序中来回发送多个消息。

当今使用的协议中，你可能熟悉的最常见的是 HTTP。HTTP 是支持万维网的网络协议。它是一个请求和响应协议，让客户程序从服务器请求数据。从常见的应用中我们可以看到，当浏览器从服务器上请求一个网页时，移动应用程序使用 HTTP 在其应用程序和服务器后端之间传输数据是很普遍的。其他常见的协议还有方便计算机之间文件传输的 FTP 协议，以及 POP 和 SMTP 电子邮件协议。

本节展示一个非常简单的网络协议，它向服务器询问一个问题，让客户端回复一个答案，并让服务器告诉客户端答案是否正确。与 HTTP 等复杂的例子相比，这个协议是微不足道的，但这是一个很好的开始。

该协议由 QUESTION、ANSWER、QUIT 和 FINISHED 四个消息组成。QUESTION 消息是当用户被问到一个问题时，由客户端向服务器发送的。服务器通过向客户端发送问题来响应这个消息。客户端通过发送 ANSWER 来响应这个问题，然后将用户的答案发送给服务器。客户端可以随时向服务器发送 QUIT 来终止套接字连接。一旦服务器向客户端发送了所有的问题，客户端随后的 QUESTION 请求将导致向客户端发送 FINISHED，然后连接将被终止。

本节中的服务器程序可以同时处理多个客户端连接。它通过使用 Socket::Accept 方法接受单个连接，然后通过 thread 使用 async 函数处理连接到客户端的 Socket。你可以在清单 12-8 中看到服务器程序的源代码。

清单12-8　协议服务器程序

```
#include <array>
#include <cassert>
#include <future>
```

```cpp
#include <iostream>
#include <thread>
#include <type_traits>
#include <vector>

#ifndef NDEBUG
#include <sstream>
#endif

using namespace std;

#ifdef _MSC_VER

#pragma comment(lib, "Ws2_32.lib")

#include <WinSock2.h>
#include <WS2tcpip.h>

#define UsingWinsock 1

using ssize_t = SSIZE_T;

#else

#include <netdb.h>
#include <sys/types.h>
#include <sys/socket.h>
#include <unistd.h>

#define UsingWinsock 0

#endif

class WinsockWrapper
{
public:
    WinsockWrapper()
    {
#if UsingWinsock
        WSADATA wsaData;
        if (WSAStartup(MAKEWORD(2, 2), &wsaData) != 0)
        {
            exit(1);
        }

        cout << "Winsock started!" << endl;
#endif
    }

    ~WinsockWrapper()
    {
#if UsingWinsock
        WSACleanup();

        cout << "Winsock shut down!" << endl;
```

```cpp
#endif
        }
};

class Socket
{
private:
#if !UsingWinsock
    using SOCKET = int;
#endif

    addrinfo* m_ServerInfo{ nullptr };
    SOCKET m_Socket{ static_cast<SOCKET>(0xFFFFFFFF) };
    sockaddr_storage m_AcceptedSocketStorage{};
    socklen_t m_AcceptedSocketSize{ sizeof(m_AcceptedSocketStorage) };

    void CreateSocket(string& webAddress, string& port, addrinfo& hints)
    {
        getaddrinfo(webAddress.c_str(), port.c_str(), &hints, &m_ServerInfo);

        m_Socket = socket(m_ServerInfo->ai_family,
            m_ServerInfo->ai_socktype,
            m_ServerInfo->ai_protocol);
    }
    Socket(unsigned int newSocket, sockaddr_storage&& socketStorage)
        : m_Socket{ newSocket }
        , m_AcceptedSocketStorage(move(socketStorage))
    {

    }

public:
    Socket(string& port)
    {
#ifndef NDEBUG
        stringstream portStream{ port };
        int portValue{};
        portStream >> portValue;
        assert(portValue > 1024);
        // Ports under 1024 are reserved for certain applications and
        protocols!
#endif

        addrinfo hints{};
        hints.ai_family = AF_UNSPEC;
        hints.ai_socktype = SOCK_STREAM;
        hints.ai_flags = AI_PASSIVE;

        string address{ "" };
        CreateSocket(address, port, hints);
    }

    Socket(string& webAddress, string& port)
```

```
    {
        addrinfo hints{};
        hints.ai_family = AF_UNSPEC;
        hints.ai_socktype = SOCK_STREAM;

        CreateSocket(webAddress, port, hints);
    }
    Socket(string& webAddress, string& port, addrinfo& hints)
    {
        CreateSocket(webAddress, port, hints);
    }

    ~Socket()
    {
        Close();
    }

    Socket(const Socket& other) = delete;

    Socket(Socket&& other)
        : m_ServerInfo( other.m_ServerInfo )
        , m_Socket( other.m_Socket )
        , m_AcceptedSocketStorage( other.m_AcceptedSocketStorage )
        , m_AcceptedSocketSize( other.m_AcceptedSocketSize )
    {
        if (this != &other)
        {
            other.m_ServerInfo = nullptr;
            other.m_Socket = -1;
            other.m_AcceptedSocketStorage = sockaddr_storage{};
            other.m_AcceptedSocketSize = sizeof(other.m_
            AcceptedSocketStorage);
        }
    }

    bool IsValid()
    {
        return m_Socket != -1;
    }

    int Connect()
    {
        int connectionResult{
            connect(m_Socket,
                m_ServerInfo->ai_addr,
                m_ServerInfo->ai_addrlen)
        };
#ifndef NDEBUG
        if (connectionResult == -1)
        {
```

```
                cout << "Connection failed!" << endl;
            }
            else
            {
                cout << "Connection successful!" << endl;
            }
#endif

            return connectionResult;
        }

        int Bind()
        {
            int bindResult{ ::bind(m_Socket, m_ServerInfo->ai_addr,
            m_ServerInfo->ai_addrlen) };
#ifndef NDEBUG
            if (bindResult == -1)
            {
                cout << "Bind Failed!" << endl;
            }
            else
            {
                cout << "Bind Successful" << endl;
            }
#endif

            return bindResult;
        }
        int Listen(int queueSize)
        {
            int listenResult{ listen(m_Socket, queueSize) };
#ifndef NDEBUG
            if (listenResult == -1)
            {
                cout << "Listen Failed" << endl;
            }
            else
            {
                cout << "Listen Succeeded" << endl;
            }
#endif

            return listenResult;
        }

        Socket Accept()
        {
            SOCKET newSocket{
                accept(m_Socket,
```

```cpp
                reinterpret_cast<sockaddr*>(&m_AcceptedSocketStorage),
                &m_AcceptedSocketSize)
        };
#ifndef NDEBUG
        if (newSocket == -1)
        {
            cout << "Accept Failed" << endl;
        }
        else
        {
            cout << "Accept Succeeded" << endl;
        }
#endif

        m_AcceptedSocketSize = sizeof(m_AcceptedSocketStorage);
        return Socket(newSocket, move(m_AcceptedSocketStorage));
    }

    void Close()
    {
#ifdef _MSC_VER
        closesocket(m_Socket);
#else
        close(m_Socket);
#endif

        m_Socket = -1;
        freeaddrinfo(m_ServerInfo);
    }

    ssize_t Send(stringstream data)
    {
        string packetData{ data.str() };
        ssize_t sendResult{ send(m_Socket, packetData.c_str(), packetData.
        length(), 0) };

#ifndef NDEBUG
        if (sendResult == -1)
        {
            cout << "Send Failed" << endl;
        }
        else
        {
            cout << "Send Succeeded" << endl;
        }
#endif

        return sendResult;
    }
    stringstream Receive()
```

```
    {
        const int size{ 1024 };
        char dataReceived[size];
        ssize_t receiveResult{ recv(m_Socket, dataReceived, size, 0) };
#ifndef NDEBUG
        if (receiveResult == -1)
        {
            cout << "Receive Failed" << endl;
        }
        else if (receiveResult == 0)
        {
            cout << "Receive Detected Closed Connection!" << endl;
            Close();
        }
        else
        {
            dataReceived[receiveResult] = '\0';
            cout << "Receive Succeeded" << endl;
        }
#endif
        stringstream data{ dataReceived };
        return move(data);
    }
};
namespace
{
    const int NUM_QUESTIONS{ 2 };
    const array<string, NUM_QUESTIONS> QUESTIONS
    {
        "What is the capital of Australia?",
        "What is the capital of the USA?"
    };
    const array<string, NUM_QUESTIONS> ANSWERS{ "Canberra", "Washington DC" };
}
bool ProtocolThread(reference_wrapper<Socket> connectionSocketRef)
{
    Socket socket{ move(connectionSocketRef.get()) };

    int currentQuestion{ 0 };

    string message;
    while (message != "QUIT")
    {
        stringstream sstream{ socket.Receive() };
        if (sstream.rdbuf()->in_avail() == 0)
        {
            break;
        }
```

```
            sstream >> message;

            stringstream output;
            if (message == "QUESTION")
            {
                if (currentQuestion >= NUM_QUESTIONS)
                {
                    output << "FINISHED";
                    socket.Send(move(output));

                    cout << "Quiz Complete!" << endl;
                    break;
                }

                output << QUESTIONS[currentQuestion];
            }
            else if (message == "ANSWER")
            {
                string answer;
                sstream >> answer;

                if (answer == ANSWERS[currentQuestion])
                {
                    output << "You are correct!";
                }
                else
                {
                    output << "Sorry the correct answer is "
                        << ANSWERS[currentQuestion];
                }
                ++currentQuestion;
            }
            socket.Send(move(output));
        }

    return true;
}

int main(int argc, char* argv[])
{
    WinsockWrapper myWinsockWrapper;

    string port("3000");
    Socket myListeningSocket(port);

    int bindResult{ myListeningSocket.Bind() };
    assert(bindResult != -1);
    if (bindResult != -1)
    {
        int listenResult{ myListeningSocket.Listen(5) };
        assert(listenResult != -1);
        if (listenResult != -1)
        {
            while (true)
```

```
        {
            Socket acceptedSocket{ myListeningSocket.Accept() };
            async(launch::async, ProtocolThread, ref(acceptedSocket));
        }
    }
}

    return 0;
}
```

成功构建后，你应该看到"Winsock 已启动！绑定成功，监听成功。"清单 12-8 中的服务器程序使用了 12.4 节中详细介绍的 Socket 类。main 函数通过创建一个 Socket 并将其绑定到 3000 端口来负责同时处理多个客户端请求。然后要求绑定的 Socket 监听传入的连接，它的队列长度为 5。main 的最后一部分使用 while 循环来接受任何传入的连接，并将它们交给 async 函数。async 函数创建了一个 thread 来处理从 Socket::Accept 获取的每个 Socket，第一个参数是 launch::async。

ProtocolThread 函数响应连接的客户端的请求，并支持"简单测试网络协议的服务器端"。通过将字符串打包到每个数据包中，可以在客户端和服务器之间传输数据。message 变量保持 stringstream 中的单个消息。

可以用一个基本的 if...else if 块来处理这个协议。当收到 QUESTION 消息时，服务器将当前的问题打包到输出的 stringstream 中。如果消息是 ANSWER，那么服务器检查用户是否正确，并将适当的响应打包到输出中。输出的 stringstream 使用最初接收数据的同一个 Socket 发送到客户端，这表明 Socket 连接不一定是单向通信通道。如果 QUESTION 消息被接收，并且服务器已发送可用的所有问题，则服务器向客户端发送 FINISHED 消息并跳出循环，这将导致 Socket 超出范围，进而关闭连接。

所有这些活动都需要连接客户端才能与服务器程序进行通信。你可以在清单 12-9 中看到基本的客户端实现。

清单12-9　一个简单的测试协议客户端

```
#include <cassert>
#include <iostream>
#include <type_traits>

#ifndef NDEBUG
#include <sstream>
#endif

using namespace std;

#ifdef _MSC_VER
#pragma comment(lib, "Ws2_32.lib")

#include <WinSock2.h>
#include <WS2tcpip.h>
```

```cpp
#define UsingWinsock 1

using ssize_t = SSIZE_T;

#else

#include <netdb.h>
#include <sys/types.h>
#include <sys/socket.h>
#include <unistd.h>

#define UsingWinsock 0

#endif

class WinsockWrapper
{
public:
    WinsockWrapper()
    {
#if UsingWinsock
        WSADATA wsaData;
        if (WSAStartup(MAKEWORD(2, 2), &wsaData) != 0)
        {
            exit(1);
        }

        cout << "Winsock started!" << endl;
#endif
    }

    ~WinsockWrapper()
    {
#if UsingWinsock
        WSACleanup();

        cout << "Winsock shut down!" << endl;
#endif
    }
};

class Socket
{
private:
#if !UsingWinsock
    using SOCKET = int;
#endif

    addrinfo* m_ServerInfo{ nullptr };
    SOCKET m_Socket{ static_cast<SOCKET>(0xFFFFFFFF) };
    sockaddr_storage m_AcceptedSocketStorage{};
    socklen_t m_AcceptedSocketSize{ sizeof(m_AcceptedSocketStorage) };

    void CreateSocket(string& webAddress, string& port, addrinfo& hints)
```

```
    {
        getaddrinfo(webAddress.c_str(), port.c_str(), &hints, &m_ServerInfo);

        m_Socket = socket(
            m_ServerInfo->ai_family,
            m_ServerInfo->ai_socktype,
            m_ServerInfo->ai_protocol);
    }

    Socket(unsigned int newSocket, sockaddr_storage&& socketStorage)code
    change
        : m_Socket{ newSocket }
        , m_AcceptedSocketStorage(move(socketStorage))
    {

    }
public:
    Socket(string& port)
    {
#ifndef NDEBUG
        stringstream portStream{ port };
        int portValue{};
        portStream >> portValue;
        assert(portValue > 1024);
        // Ports under 1024 are reserved for certain applications and
        //protocols!
        //http://www.networksorcery.com/enp/protocol/ip/ports00000.htm
        // for more port details
#endif
        addrinfo hints{};
        hints.ai_family = AF_UNSPEC;
        hints.ai_socktype = SOCK_STREAM;
        hints.ai_flags = AI_PASSIVE;

        string address{ "" };
        CreateSocket(address, port, hints);
    }

    Socket(string& webAddress, string& port)
    {
        addrinfo hints{};
        hints.ai_family = AF_UNSPEC;
        hints.ai_socktype = SOCK_STREAM;

        CreateSocket(webAddress, port, hints);
    }

    Socket(string& webAddress, string& port, addrinfo& hints)
    {
        CreateSocket(webAddress, port, hints);
    }
```

```cpp
~Socket()
{
    Close();
}

Socket(const Socket& other) = delete;

Socket(Socket&& other)
    : m_ServerInfo(other.m_ServerInfo)
    , m_Socket(other.m_Socket)
    , m_AcceptedSocketStorage(other.m_AcceptedSocketStorage)
    , m_AcceptedSocketSize(other.m_AcceptedSocketSize)
{
    if (this != &other)
    {
        other.m_ServerInfo = nullptr;
        other.m_Socket = -1;
        other.m_AcceptedSocketStorage = sockaddr_storage{};
        other.m_AcceptedSocketSize = sizeof(other.m_
        AcceptedSocketStorage);
    }
}

bool IsValid()
{
    return m_Socket != -1;
}

int Connect()
{
    int connectionResult{ connect(
        m_Socket,
        m_ServerInfo->ai_addr,
        m_ServerInfo->ai_addrlen)
    };
#ifndef NDEBUG
    if (connectionResult == -1)
    {
        cout << "Connection failed!" << endl;
    }
    else
    {
        cout << "Connection successful!" << endl;
    }
#endif

    return connectionResult;
    }

    int Bind()
    {
```

```
        int bindResult{ ::bind(m_Socket, m_ServerInfo->ai_addr,
        m_ServerInfo->ai_addrlen) };
#ifndef NDEBUG
        if (bindResult == -1)
        {
            cout << "Bind Failed!" << endl;
        }
        else
        {
            cout << "Bind Successful" << endl;
        }
#endif
        return bindResult;
    }

    int Listen(int queueSize)
    {
        int listenResult{ listen(m_Socket, queueSize) };
#ifndef NDEBUG
        if (listenResult == -1)
        {
            cout << "Listen Failed" << endl;
        }
        else
        {
            cout << "Listen Succeeded" << endl;
        }
#endif
        return listenResult;
    }

    Socket Accept()
    {
        SOCKET newSocket{ accept(
            m_Socket,
            reinterpret_cast<sockaddr*>(&m_AcceptedSocketStorage),
            &m_AcceptedSocketSize)
        };
#ifndef NDEBUG
        if (newSocket == -1)
        {
            cout << "Accept Failed" << endl;
        }
        else
        {
            cout << "Accept Succeeded" << endl;
        }
```

```
#endif
        m_AcceptedSocketSize = sizeof(m_AcceptedSocketStorage);
        return Socket(newSocket, move(m_AcceptedSocketStorage));
    }
    void Close()
    {
#ifdef _MSC_VER
        closesocket(m_Socket);
#else
        close(m_Socket);
#endif
        m_Socket = -1;
        freeaddrinfo(m_ServerInfo);
    }
    ssize_t Send(stringstream data)
    {
        string packetData{ data.str() };
        ssize_t sendResult{ send(m_Socket, packetData.c_str(), packetData.
        length(), 0) };
#ifndef NDEBUG
        if (sendResult == -1)
        {
            cout << "Send Failed" << endl;
        }
        else
        {
            cout << "Send Succeeded" << endl;
        }
#endif
        return sendResult;
    }
    stringstream Receive()
    {
        const int size{ 1024 };
        char dataReceived[size];

        ssize_t receiveResult{ recv(m_Socket, dataReceived, size, 0) };
#ifndef NDEBUG
        if (receiveResult == -1)
        {
            cout << "Receive Failed" << endl;
        }
        else if (receiveResult == 0)
        {
            cout << "Receive Detected Closed Connection!" << endl;
```

```
            Close();
        }
        else
        {
            dataReceived[receiveResult] = '\0';
            cout << "Receive Succeeded" << endl;
        }
#endif
        stringstream data{ dataReceived };
        return move(data);
    }
};

int main()
{
    WinsockWrapper myWinsockWrapper;
    string address("192.168.178.44");
    string port("3000");
    Socket mySocket(address, port);
    int connectionResult{ mySocket.Connect() };
    if (connectionResult != -1)
    {
        stringstream output{ "QUESTION" };
        mySocket.Send(move(output));
        stringstream input{ mySocket.Receive() };
        if (input.rdbuf()->in_avail() > 0)
        {
            string question;
            getline(input, question, '\0');
            input.clear();

            while (question != "FINISHED")
            {
                cout << question << endl;

                string answer;
                cin >> answer;

                output << "ANSWER ";
                output << answer;
                mySocket.Send(move(output));

                input = mySocket.Receive();
                if (input.rdbuf()->in_avail() == 0)
                {
                    break;
                }

                string result;
                getline(input, result, '\0');
                cout << result << endl;
```

```
                output << "QUESTION";
                mySocket.Send(move(output));

                input = mySocket.Receive();
                getline(input, question, '\0');
                input.clear();
            }
        }
    }

    return 0;
}
```

清单 12-9 中的客户端程序可以连接到清单 12-8 中正在运行的服务器，并将服务器的测试呈现给播放器（player）。客户端代码比服务器简单，因为它只需要考虑一个连接，因此不需要使用线程或处理多个套接字。客户端需要知道要连接的服务器的地址，IP 地址就是你要连接的计算机的 IP。客户端向服务器发送 QUESTION，然后在 Receive 调用中等待响应。Receive 是一个阻塞调用，因此客户端要等待可用数据。然后，它从播放器那里获得输入，并回传给服务器，等待关于用户是否正确的响应。这个过程会循环重复，直到服务器通知客户端测试结束。

以这种方式实现的网络协议的好处在于，它们可以在不同的程序中重复使用。如果要扩展这个例子，你可以使用一个框架（如 Qt）创建 GUI 版本，让所有对 Receive 的调用都发生在一个线程中，并使用户界面上出现一个旋转的标志，向用户表明程序正在等待远程连接的数据。你也可以扩展服务器应用程序来存储结果并添加到协议中，让用户重新启动正在进行的测试。最后，协议简单地规定了两个程序应该如何相互通信，以便从一台计算机向另一台计算机提供服务。

脚 本

C++ 是一种强大的编程语言，可以按多种方式使用，并支持几种不同的编程模式。它允许高级的面向对象的抽象和泛型编程，但考虑到 CPU 的特性（例如高速缓存行的长度），它也允许你在一个非常低的级别进行编码。这种强大功能的代价是需要将语言编译成机器代码。编译、构建和链接 C++ 是程序员需要承担的任务，非程序员对这些内容并不是很了解。

脚本语言有助于方便地对程序进行与代码相关的修改，并使美术和设计团队能够负责高级任务。用脚本语言来编写屏幕布局和 UI 流程之类的东西可以让团队中的非编程成员很容易地修改它们。目前有几种流行的脚本语言，如 Python、Ruby、R 和 Lua。本章将探讨 Lua 编程语言与 C++ 的不同之处，以及如何将 Lua 的解释器和引擎整合到你的 C++ 程序中。

13.1 在 Visual Studio C++ 中运行 Lua 命令

问题

你希望使用 Visual Studio 编写一个包含 Lua 脚本语言的程序。

解决方案

Lua 编程语言可以轻松地集成到你的 Visual Studio 项目中。

工作原理

Visual Studio 程序可以由几个部分构建。Visual Studio 通过为你的应用程序创建一个包含一个或多个项目的解决方案文件来支持这一点。可以将 Visual Studio 中的项目配置为创建一个 EXE、一个静态库、一个动态库等。

对于本节，你创建的解决方案由一个项目组成，该项目通过 NuGet 安装了 Lua 库。按照这些步骤来创建一个项目，该项目建立了一个链接到 Lua C 库的应用程序（你的 GUI 可能略有不同，因为 Visual Studio 是一个动态变化的应用程序）。在这个例子中，我们将获得三个程序包，以允许在 Visual Studio 2019 中使用 Lua：Sol3、Lua 和 lua.redist（由 R.Ierusalimschy、L. H. de Figueiredo 和 W. Cele 等人开发），我们先在 C++ 应用程序中运行 Lua 代码，如图 13-1 所示：

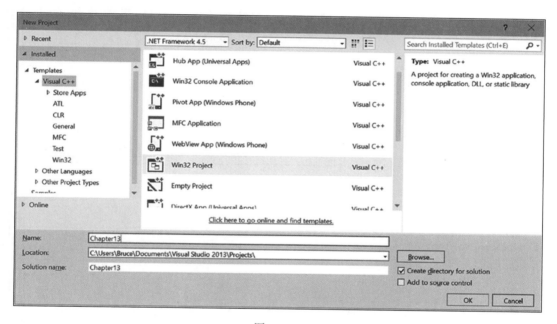

图　13-1

1. Sol 是一个 C++ 和 Lua 绑定的框架。从 `https://github.com/ThePhD/sol2/releases` 下载你需要的 sol.hpp 文件。从 `https://sol2.readthedocs.io/en/latest/` 获取 Sol 的更多信息。

2. 启动一个空的 C++ 项目，添加一个源文件，如图 13-2 所示。确保你按照最新版本的 C++20 来设置"项目""属性""配置属性""常规"和"C++ 语言标准"。

3. 将 sol.hpp 文件拷贝到 Visual Studio 项目目录中，并将其作为头文件添加进去。

4. 将以下代码拷贝到源文件中。

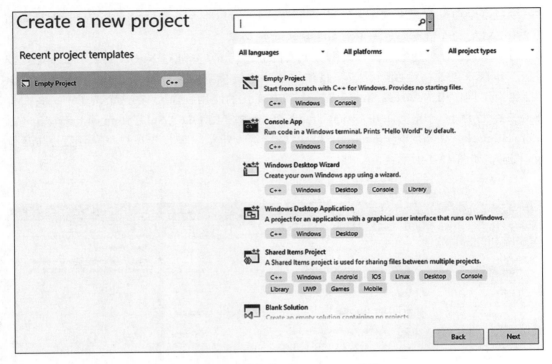

图 13-2　启动新的 Visual Studio 项目

清单13-1A　一个用C++编写的简单Lua程序

```
#include "sol.hpp"

int main()
{
sol::state state;
state.open_libraries(sol::lib::base, sol::lib::package); // open libs
state.do_string("print(\'Hello World!\')");
        state.script("print('printing from a script now!')");

        state.~state(); // close it up
        return 0;
}
```

5. 在 References 下，使用 Manage NuGet Packages 来安装 Lua 和 lua.redist。NuGet 是 .NET 的软件包管理器，它允许你生产和使用软件包（在我们的例子中是安装 Lua 和相关的 "运行时再分发"（runtime redistributables））。

6. 构建项目，然后选择 Debug，在不进行调试的状态下启动。

你已经安装了 Lua 库，这样 Visual Studio 就可以看到它们，然后在加载两个 Lua 库

（一个是命令，另一个是脚本）之后执行一个 Lua 打印命令。后面还会使用这两个库。最后，我们从内存中卸载了一些东西。

用 C++ 创建和打开一个 Lua 脚本文件

清单 13-1B 将使用与前一个例子相同的设置，但允许程序创建一个 Lua 脚本，在其中放入一个命令（**print**），然后读取和执行脚本。

清单13-1B　一个创建和读取Lua脚本的C++程序

```
#define SOL_ALL_SAFETIES_ON 1

#include "sol.hpp"
#include <fstream>
#include <iostream>

using namespace std;

int main()
{
        ofstream out("first_lua_script.lua"); // create a lua script from C++

        out << "print('Hello World from a lua script file')" << endl; //put
        a command in it
        out.close(); // close fstream

        sol::state lua;
        lua.open_libraries(sol::lib::base, sol::lib::package);
        lua.do_string("print('Write and read a Lua script')");

        try  // make sure we can open file
        {    // load and execute from file, both commands do same
                lua.script_file("first_lua_script.lua");
                lua.do_file("first_lua_script.lua");
        }

        catch (...) // give nice error if cannot open file
        {
                cerr << "Opps, I cannot open the file!";
        }

        lua.~state(); // close up nicely

        remove("a_lua_script.lua"); // delete file we created

        cout << "\nAll done!\n";

        return 0;
}
```

13.2　在 Eclipse 中创建一个 Lua 项目

问题

你希望使用 Lua 作为脚本语言来创建 C++ 程序，并在安装了 Eclipse 的 Linux 计算机上进行开发。你不想使用预编译的库，而想从源码中构建自己的库。

解决方案

Lua 提供了源代码，你可以创建一个 Eclipse 项目，该项目可以构建成一个静态库，以便包含在其他程序中。你可以从 LuaBinaries（`http://luabinaries.sourceforge.net/download.html`）下载 Linux 和 Mac OS X 的源代码和预构建的二进制文件，但是构建你自己的二进制文件可以完全控制构建过程，如下所示。

工作原理

Eclipse IDE 允许你创建新的可以链接到应用程序项目的静态库项目。从 `www.eclipse.org/downloads/` 下载并安装适合你的操作系统的版本。按照以下步骤创建一个 Eclipse 项目，该项目构建了一个 Linux 兼容的静态库，用于你的 Lua 项目。

1. 打开 Eclipse IDE，然后导航到 C/C++ 透视图。
2. 右击“项目资源管理器”窗口，然后选择“新建”→“C++ 项目”。
3. 展开“静态库”类别，然后选择“空项目”。
4. 给项目命名，然后选择一个文件夹来存储项目。
5. 单击“完成”。
6. 在“项目资源管理器”窗口中右击新项目，然后选择“新建”→“源文件夹”，并给它命名。
7. 从 `www.lua.org` 下载 Lua 源码。
8. 解压获得的 `tar.gz` 文件，然后从 `src` 文件夹拷贝 `.c` 和 `.h` 文件到新创建的项目源文件夹中。
9. 在“项目资源管理器”窗口中右击你的项目，然后选择“刷新”。
10. 可以看到 Lua 源文件和头文件出现在“项目资源管理器”窗口中。
11. 右击项目，然后选择“创建”，确保源编译正确。
12. 在“项目资源管理器”窗口的空白处单击鼠标右键，然后选择“新建”→“C++ 项目”。
13. 选择“可执行文件”→“Hello World C++ 项目”。
14. 设置“项目名称”字段。
15. 选择一个位置。

16. 单击"完成"。

17. 在"项目资源管理器"窗口中，右击新的可执行项目，然后选择"属性"。

18. 单击"C/C++ 构建"类别，并确保配置已设置为"调试"。

19. 展开"C/C++ 构建"类别，然后单击"设置"。

20. 选择"GCC C++ 链接器"类别下的"库"选项。

21. 单击"库"中的"添加"选项，并键入 Lua（你无须键入 libLua.a，即会自动添加 lib 和 .a 部件）。

22. 单击"库搜索路径"选项上的"添加"选项。

23. 单击"工作区"。

24. 在 Lua 项目中选择"调试"文件夹。

25. 对 Release 配置重复步骤 18～24，（在生成 Release 文件夹和库之前，需要在 Release 配置中构建 Lua 项目）。

26. 选择"GCC C++ 编译器"→"C/C++ 创建"中的"包括"部分→"设置"对话框。

27. 将"配置"设置为"所有配置"。

28. 单击"包含路径"中的"添加"选项。

29. 单击"工作区"按钮。

30. 选择在步骤 6 中添加到 Lua 项目的源文件夹。

31. 在"C/C++ 创建"→"设置"中选择"GCC C++ 编译器"下的"杂项"部分。

32. 将 -std=c++11 添加到"其他标志"字段。

33. 用清单 13-2 中的源代码替换 main 函数。

清单13-2　一个简单的Lua程序

```
#include "lua.hpp"

int main()
{
    luaState* pLuaState{ luaL_newstate() };
    if (pLuaState)
    {
        luaL_openlibs(pLuaState);

        lua_close(pLuaState);
    }

    return 0;
}
```

34. 调试你的应用程序，并逐步确保清单 13-2 中的 pLuaState 变量是有效的，并且一切都按预期完成。

通过本节中的步骤，你可以在 Eclipse 中创建 Lua 静态库项目，现在可以在本章的其余部分中使用该项目。

13.3 在 Xcode 中创建一个 Lua 项目

问题

你希望在 Xcode 中创建一个使用 Lua 编程语言编写脚本的 C++ 程序。

解决方案

你可以在 Xcode 中创建项目，以允许你生成要链接到 C++ 应用程序中的静态库。

工作原理

Xcode IDE 允许你创建可以构建可执行文件或库的项目。本节向你展示如何配置一个项目，将 Lua 源码作为静态库来构建，并将其链接到另一个生成可执行文件的项目中。从 App Store 下载适合你的 Apple OS 的 Xcode 版本，然后按照以下步骤来设置你的项目：

1. 打开 Xcode。
2. 选择 "创建一个新的 Xcode 项目"。
3. 在 "OS X 框架和库" 部分选择 "库" 选项。
4. 单击 "下一步"。
5. 将 "产品名称" 设置为 Lua。
6. 将 "框架" 改为 "无"。
7. 将 "类型" 改为 "静态"。
8. 选择一个文件夹来存储 Xcode 库项目。
9. 从 www.lua.org 下载 Lua 源代码。
10. 解压从网页上获得的 tar.gz 文件。
11. 将 src 文件夹中的源文件拷贝到步骤 8 中创建的 Lua 项目文件夹中。
12. 在 Xcode 中右击项目，并选择 "添加文件到 Lua"。
13. 关闭 Xcode。
14. 打开 Xcode。
15. 选择 "创建一个新的 Xcode 项目"。
16. 从 "OS X 应用程序" 部分选择 "命令行工具" 选项。
17. 设置 "产品名称" 字段。
18. 取消选中 "使用故事板" 选项。
19. 单击 "下一步"。
20. 选择一个文件夹来存储项目。
21. 打开 "查找器"，浏览到包含 Lua 项目的文件夹。
22. 将 xcodeproj 文件拖入 Xcode 窗口中的 app 项目中。现在 app 项目下应该有

Lua 项目。

23. 单击 app 项目，然后单击"构建阶段"选项。
24. 展开"链接二进制文件与库"选项。
25. 单击加号。
26. 从"工作区"部分选择 libLua.a。
27. 单击"创建设置"。
28. 双击"头文件搜索路径"选项。
29. 单击加号，并在你的 Lua 项目中输入 Lua 源代码的路径。
30. 用清单 13-3 中的代码替换 AppDelegate.m 中的代码。

清单13-3　一个简单的Xcode Lua程序

```
#import "AppDelegate.h"
#include "lua.hpp"

@property (weak) IBOutlet NSWindow *window;
@end

@implementation AppDelegate

- (void)applicationDidFinishLaunching:(NSNotofication *)aNotification {
    lua_State* pLuaState{ luaL_newstate() };
    if (pLuaState)
    {
        luaL_openlibs(pLuaState);

        lua_close(pLuaState);
    }
}
- (void)applicationWillTerminate:(NSNotification *)aNotification {
}
@end
```

31. 构建和调试你的程序，使用断点来确保 Lua 的状态被正确地初始化。

本章提供的步骤和代码已使用 Xcode 6.1.1 生成。你可能需要修改本章中的其余示例，以便用 applicationDidFinishLaunching Objective-C 方法来替换 main 函数。如果你的程序无法编译，请尝试在"身份"和"类型"设置中将源文件的类型从 Objective-C 改为 Objective-C++。

13.4　使用 Lua 编程语言

问题

你是 C++ 程序员，希望在自己的应用程序中添加 Lua 编程语言之前学习它。

解决方案

Lua 编程语言文档可从 /www.lua.org 获得，还有一个实时的测试代码的演示可从 www.lua.org/demo.html 获得。可以从 https://github.com/rjpcomputing/ luaforwindows/releases/tag/v5.1.5-52 下载 Windows 版本。对于 Linux 和 Mac，可以通过 apt-get 获取。你可以很容易地从 http://luadist.org/ 下载安装二进制文件。根据你的平台，选择一个并安装它。然后利用 Lua 脚本编辑器来练习使用这个非常有用的语言。

工作原理

Lua 编程语言和 C++ 几乎完全不同。C++ 是一种编译语言，直接在 CPU 上执行。Lua 则是一种解释性语言，由虚拟机执行，而虚拟机又在 CPU 上运行。Lua 语言附带了一个用 C 语言编写的虚拟机，并提供了源代码。这意味着你可以将虚拟机嵌入你编写的任何 C 或 C++ 程序中，并使用脚本语言来编写和控制应用程序的高级特性。

在处理这样的任务之前，最好先学习一些 Lua 编程语言的特性。

使用变量

C++ 变量是静态类型的。也就是说，变量的类型在声明时指定，并且它在未来不能被更改。一个 int 变量在其整个生命周期始终是 int 变量。这有助于使 C++ 程序在 CPU 上运行时具有可预测性和高执行力，因为正确的指令可以在正确的变量类型上使用。而 Lua 代码则在虚拟机中运行。因此，变量可以表示的类型限制较少。这就导致了 Lua 被称为动态类型语言。清单 13-4 展示了动态类型对正在执行的程序的影响。

清单13-4　使用Lua变量

```
variable = 1
print(variable)
print(type(variable))

variable = "1"
print(variable)
print(type(variable))
```

你可以拷贝清单 13-4 中的代码并直接粘贴到 www.lua.org/demo.html 中的 Lua 实时演示中。该演示有运行、清除、还原和重新启动 Lua 虚拟机的控件。粘贴或输入清单 13-4 中的代码后，单击运行，网页中会生成以下输出：

```
1
number
1
string
```

这个输出可以让你看到动态类型的作用。清单 13-4 最初为 variable 分配了一个整数值。print 函数将其输出为日志中的数字 1。type 函数返回一个字符串，表示变量在被调用时的类型。第一次调用 type 时，返回 number 作为变量的类型。然后将字符串"1"分配给 variable。打印函数显示字符串"1"和整数 1 的方式是一样的，故从中无法判断当前变量中存储的是哪种类型。第二次调用 type 函数，就可以清楚地知道该值实际上是一个字符串，而不再是一个数字。

如果你不小心，动态类型的语言可以让你的程序发生有趣的事情。在 C++ 中，除非你重载赋值运算符来处理这种特殊情况，否则没有办法将一个数字添加到字符串中。Lua 可以轻松地处理这样的操作。清单 13-5 展示了这一过程。

清单13-5　将数字添加到一个字符串中

```
variable = 1
print(variable)
print(type(variable))

variable = "1"
print(variable)
print(type(variable))

variable = variable + 1
print(variable)
print(type(variable))
```

清单 13-5 在清单 13-4 的基础上增加了一个额外的操作。这个操作将值 1 添加到 variable 中。回想一下前面的输出，variable 中的值最后是一个字符串。下面的输出展示了执行清单 13-5 后发生的情况。

```
1
number
1
string
2.0
number
```

现在，这个变量保存一个用浮点值 2.0 表示的数字。但是，如果你尝试向无法转换为数字的字符串添加数字，就会出错。清单 13-6 展示了尝试执行此操作的代码。

清单13-6　将数字添加到一个非数字的字符串中

```
variable = "name"
variable = variable + 1
```

此代码导致 Lua 虚拟机产生以下错误：

```
input:2: attempt to perform arithmetic on a string value (global 'variable')
```

所有 Lua 算术运算符都可以转换类型。如果两个变量都是整数，那么得到的值也是整数。如果一个或两个变量的值是浮点数，那么结果就是浮点数。如果一个或两个变量的值是一个可以转换为数字的字符串，那么得到的值就是一个浮点数。在清单 13-4 的输出中，你可以看到这一点，其中打印的值为 2.0，.0 表示浮点数。有些运算符（如除法运算符和指数运算符）总是返回用浮点数表示的值。

这些例子展示了 Lua 编程语言的一个特性，使得非程序员使用起来更容易。你不需要像使用 C++ 时那样牢固地掌握变量的基本类型。不必担心是否有足够的字节数来表示 512 的值，并且不必在 `char`、`short` 和 `int` 之间进行选择。你也不需要关心如何处理 C 风格的字符串或 C++ STL 字符串。只需在代码中的任何位置给变量赋值即可，任何变量都可以存储 Lua 支持的任何类型。

函数的用法

上一节介绍了 Lua 有一些可以调用的内置函数。也可以使用 `function` 关键字来创建自己的函数。清单 13-7 创建了一个 Lua 函数。

清单13-7　创建和调用函数

```
variable = "name"

function ChangeName()
    variable = "age"
end

print(variable)
ChangeName()
print(variable)
```

清单 13-7 首先定义了一个值为 "name" 的变量 `variable`。随后是一个函数定义，该定义将 `variable` 的值更改为 "age"。函数中的代码在函数定义时是不会被调用的，这可以在 `print()` 的输出中看到。第一个 `print` 输出 `name`，第二个 `print` 输出 `age`。

这是一个很有用的例子，因为它表明默认情况下，Lua 变量是全局的。变量 `variable` 存储的值会被打印两次：一次是在调用 `ChangeName` 之前，一次是在调用 `ChangeName` 之后。如果变量 `variable` 不是全局的，你会希望两次打印的值相同。Lua 确实支持创建局部变量，但你在使用的时候一定要谨慎。清单 13-8 展示了将变量 `variable` 设置为局部变量时会发生的情况。

清单13-8　将变量设置为局部变量

```
local variable = "name"

function ChangeName()
    variable = "age"
end

print(variable)
```

```
ChangeName()
print(variable)
```

对于清单 13-8 中的变量 **variable**，添加 **local** 说明符不会对所示代码产生任何作用。将它设置为 **local** 说明符本质上是告诉 Lua 虚拟机，该变量可以在当前作用域的任何位置被访问，也就是当前文件中的任何位置。如果你使用的是 Lua 演示，可以想象输入代码的文本框是一个单一的 Lua 文件。为了防止 **ChangeName** 函数访问同一个 **variable** 实例，你必须对这个变量也使用 **local** 关键字，如清单 13-9 所示。

清单13-9　将ChangeName函数中的变量设为local

```
local variable = "name"

function ChangeName()
    local variable = "age"
end

print(variable)
ChangeName()
print(variable)
```

清单 13-9 中两次调用 **print** 的结果都是将值"name"打印到输出窗口。建议将所有的变量都设为局部变量，以确保你的代码不会引入难以追踪的 bug，这些 bug 是由一次在多个地方使用同一个变量名造成的。

Lua 中的函数总是返回一些值。清单 13-9 中的 **ChangeName** 函数并没有指定返回值，所以它隐式返回 **nil**，如清单 13-10 所示。

清单13-10　函数返回nil

```
function GetValue()
    local variable = "age"
end

local value = GetValue()
print(value)
```

这段代码对 **variable value** 返回 **nil**，并由 **print** 函数打印。**nil** 值相当于 C++ 中的 **nullptr**，它表示不存在值而不是表示 0，尝试操作 **nil** 值会导致 Lua 错误，比如下面的错误：

```
input:8: attempt to perform arithmetic on a nil value (local 'value')
```

这个错误是由在存储为 **nil** 时试图在 **value** 上加 1 引起的。你可以通过正确地从 **GetValue** 函数中返回一个值来避免这个错误，如清单 13-11 所示。

清单13-11　从函数中正确返回值

```
function GetValue()
    return "age"
end

local value = GetValue()
print(value)
```

这个清单表明，Lua 可以像 C++ 一样使用 `return` 函数。不过 Lua 的 `return` 语句和 C++ 中的 `return` 不一样。你可以使用逗号运算符（,）来从一个函数中返回多个值。清单 13-12 展示了这个操作。

清单13-12　多个返回值

```
function GetValues()
    return "name", "age"
end

local name, age = GetValues()
print(name)
print(age)
```

清单 13-12 显示，要从函数中返回和存储多个值，必须在定义函数和调用函数时，在 `return` 语句和赋值语句上使用逗号运算符。

表的使用

Lua 提供了表作为存储信息集合的一种方式。一个表既可以作为一个基于整数索引的标准数组，也可以作为一个基于"键值对"的关联数组。使用大括号创建一个表，如清单 13-13 所示。

清单13-13　创建表

```
newTable = {}
```

这段代码简单地创建了一个表，该表可以用来存储值。关联表可以使用任何类型的变量作为键，包括字符串、浮点数、整数甚至其他表。清单 13-14 展示了如何使用 Lua 表作为关联数组。

清单13-14　向关联数组添加值

```
newTable = {}

newTable["value"] = 3.14

newTable[3.14] = "value"

keyTable = {}
newTable[keyTable] = "VALID"
```

```
print(newTable["value"])
print(newTable[3.14])
print(newTable[keyTable])
```

　　清单 13-14 使用键将值添加到 Lua 表中。在这个清单中，有一些使用字符串、浮点数和其他表作为键的例子，你可以看到如何使用数组运算符将值分配给表中的键，以及从表中读取值。尝试读取 `newTable[3.14]` 处的值会导致在任何值被分配给该键之前返回 `nil`。这也是从表中删除值的方法：将 `nil` 赋值给想要删除的键。清单 13-15 展示了从表中删除对象的情况。

清单13-15　从表中删除对象

```
newTable = {}

newTable["nilValue1"] = 1
newTable["nilValue2"] = 2

print(newTable["nilValue1"])
print(newTable["nilValue2"])

newTable["nilValue1"] = nil
print(newTable["nilValue1"])

print(newTable["nilValue2"])
```

　　Lua 表也可以作为 C 语言风格数组使用，Lua 语言提供了辅助函数来帮助管理这些类型的数组。清单 13-16 展示了一个数组表的创建及其元素的修改。

清单13-16　创建一个Lua数组

```
newTable = {}
table.insert(newTable, "first")
table.insert(newTable, "second")
table.insert(newTable, "third")
print(newTable[2])

print(newTable[2])

table.insert(newTable, 2, "fourth")

print(newTable[2])

table.remove(newTable, 1)

print(newTable[1])
print(newTable[2])
print(newTable[3])
print(newTable[4])
```

　　清单 13-16 使用了 `table.insert` 和 `table.remove` Lua 函数。你可以通过两种方式使用 `insert` 函数：在没有索引的情况下，将元素添加到数组的末尾；用索引作为第二个参数，将元素插入数组中，并将所有元素从该点向上移动一位。这说明 Lua 数组的行为更像一个 C++ vector。remove 函数接受你希望从数组中删除的索引。

Lua 还提供了一个 # 运算符，可以用于数组式表格。清单 13-17 展示了它的操作。

清单13-17　使用#运算符

```
newTable = {}
table.insert(newTable, "first")
table.insert(newTable, "second")
table.insert(newTable, "third")

print(#newTable)

newTable[9] = "fourth"
print(newTable[9])

print(#newTable)
```

清单 13-17 中的 # 运算符返回它能找到的最后一个连续索引。使用 insert 方法可以添加前三个元素。因此，它们有连续的索引。然而，在 9 处手动添加的元素没有连续的索引。除非你能确定数组中的所有索引都是连续的，否则你无法使用 # 运算符对数组中的元素数进行计数。

使用流控制

Lua 提供了 if 语句、for 循环和 while 循环来帮助你构建程序。这些可以用来制定决策并遍历表中的所有元素。清单 13-18 展示了 Lua if 语句。

清单13-18　使用Lua if语句

```
value1 = 1
value2 = 2

if value1 == value2 then
    print("Are equal")
elseif value1 ~= value2 then
    print("Not equal")
else
    print("Shouldn't be here!")
end
```

Lua 的 if 语句是通过创建一个表达式组成的，这个表达式的 if...then 语句中值是 not nil 和 not false。if 块中的代码创建了自己的作用域，并且可以由它自己的 local 变量组成。提供 elseif 语句是为了允许按顺序对多个表达式求值，而 else 语句可以提供所需的默认行为。elseif 和 else 语句都是可选的。使用 end 关键字终止整个 if 语句块。

从 C++ 转到 Lua 并使用诸如 if 之类的流控制语句时，有一些情况需要考虑。在使用 if 语句时，将 0 值赋给变量将导致正向测试。if 语句计算出的结果是 not nil 和 not false，因此值 0 被指定为 true。清单 13-18 还展示了不等式运算符，在 Lua 中使用 ~ 字符来代替 C++ 语言中使用的 !。

这些情况也适用于 while 语句，如清单 13-19 所示。

清单13-19 使用Lua while循环

```
value1 = 2

while value1 do
    print("We got here! " .. value1)
    value1 = value1 - 1
    if value1 == -1 then
        value1 = nil
    end
end
```

这段代码使用了一个 while 循环来表明在 Lua 控制语句中值 0 被指定为 true。输出结果如下：

```
We got here! 2
We got here! 1
We got here! 0
```

在 if 语句被触发并将 valuel 的值设置为 nil 之后，循环终止。清单 13-20 展示了一种更好的控制 while 循环终止的方法。

清单13-20 更好的终止while循环的方法

```
value1 = 2

while value1 do
    print("We got here! " .. value1)
    value1 = value1 - 1
    if value1 == -1 then
        break
    end
end
```

清单 13-20 使用 break 语句来退出 while 循环的执行。循环中的 break 语句的工作原理和 C++ 一样。退出循环的另一种选择如清单 13-21 所示。

清单13-21 使用比较运算符终止循环

```
value1 = 2

while value1 >= 0 do
    print("We got here! " .. value1)
    value1 = value1 - 1
end
```

尽管 0 在 while 循环测试中得到了 true 的结果，但在正常情况下，对 0 的比较或任何其他有效的比较最终都将返回 false。这里将 value1 的值与 0 进行比较，一旦该值小于 0，循环就会停止执行。

你可以使用 Lua for 循环来实现算法中的迭代。清单 13-22 展示了一个简单的 for 循环。

清单13-22　Lua for循环

```
for i=0, 10, 2 do
    print(i)
end
```

这个 for 循环打印数字 0、2、4、6、8 和 10。生成 for 循环的语句需要起始位置为 0，上限为 10，步长为 2。这个例子创建了一个变量并将其赋值为 0，循环直到变量大于上限值 10，并在每次迭代时将步长添加到变量。循环从 0 开始，每次迭代增加 2，一旦变量的值大于 10，循环就结束。如果步长为负数，则循环会在变量的值小于下限值时结束。

你也可以通过 for 循环来使用 pairs 或 ipairs 函数对表进行迭代。清单 13-23 展示了这些操作。

清单13-23　使用pairs或ipairs

```
newTable = {}
newTable["first"] = 1
newTable["second"] = 2
newTable["third"] = 3
for key, value in pairs(newTable) do
    print(key .. ": " .. value)
end

newTable = {}
table.insert(newTable, "first")
table.insert(newTable, "second")
table.insert(newTable, "third")

for index, value in ipairs(newTable) do
    print(index .. ": " .. value)
end
```

pairs 函数返回关联数组表中每个元素的键和值，而 ipairs 函数则返回数组式表格的数字索引。这段代码展示了 Lua 从一个函数中返回多个值的能力的好处。

13.5　从 C++ 中调用 Lua 函数

问题

在你的程序中有一个任务会受益于 Lua 脚本提供的快速迭代能力。

解决方案

Lua 编程语言自带源代码，允许你在程序运行时编译和执行脚本。

工作原理

Lua C++ API 为 Lua 状态的堆栈提供了一个编程接口。C++ API 可以操作这个堆栈，将参数传递给 Lua 代码，并从 Lua 中接收返回值。这个功能可以让你创建 Lua 源文件，然后将其作为 Lua 函数。这些 Lua 函数可以在程序运行时更新，允许你比只用 C++ 时更快速地迭代程序逻辑。

Lua API 由 C 语言提供。这意味着如果你想使用 C++ 风格的方法来使用 Lua，你必须创建代理对象。清单 13-24 展示了如何创建一个程序，将 Lua 脚本作为 C++ 的函数加载并执行。

清单13-24　调用一个简单的Lua脚本作为函数

```cpp
#include <iostream>
#include "lua.hpp"

using namespace std;

class Lua
{
private:
    lua_State* m_pLuaState{ nullptr };

public:
    Lua()
        : m_pLuaState{ luaL_newstate() }
    {
        if (m_pLuaState)
        {
            luaL_openlibs(m_pLuaState);
        }
    }

    ~Lua()
    {
        lua_close(m_pLuaState);
    }

    Lua(const Lua& other) = delete;
    Lua& operator=(const Lua& other) = delete;

    Lua(Lua&& rvalue) = delete;
    Lua& operator=(Lua&& rvalue) = delete;

    bool IsValid() const
    {
        return m_pLuaState != nullptr;
```

```cpp
    }
    int LoadFile(const string& filename)
    {
        int status{ luaL_loadfile(m_pLuaState, filename.c_str()) };
        if (status == 0)
        {
            lua_setglobal(m_pLuaState, filename.c_str());
        }
        return status;
    }

    int PCall()
    {
        return lua_pcall(m_pLuaState, 0, LUA_MULTRET, 0);
    }
};

class LuaFunction
{
private:
    Lua& m_Lua;
    string m_Filename;

    int PCall()
    {
        return m_Lua.PCall();
    }

public:
    LuaFunction(Lua& lua, const string& filename)
        : m_Lua{ lua }
        , m_Filename(filename)
    {
        m_Lua.LoadFile(m_Filename);
    }
    ~LuaFunction() = default;

    LuaFunction(const LuaFunction& other) = delete;
    LuaFunction& operator=(const LuaFunction& other) = delete;

    LuaFunction(LuaFunction&& rvalue) = delete;
    LuaFunction& operator=(LuaFunction&& rvalue) = delete;

    int Call()
    {
        m_Lua.GetGlobal(m_Filename);
        return m_Lua.PCall();
    }
};

int main(int argc, char* argv[])
{
```

```
    Lua lua;
    if (lua.IsValid())
    {
        const string filename{ "LuaCode1.lua" };
        LuaFunction function(lua, filename);
        function.Call();
    }

    return 0;
}
```

清单 13-24 展示了在单个类的实现中包含所有 Lua C 函数的方法。这可以让你把所有这些方法的定义放在一个 C++ 文件中，并限制整个程序对 Lua 的依赖。因此，Lua 类负责维护管理程序 Lua 上下文的 lua_State 指针。这个例子创建了一个类用于限制拷贝或移动 Lua 对象的能力。你可能需要这样做，但这种做法对于这些例子来说不是必需的。

Lua 类的构造函数调用 luaL_newstate 函数，luaL_newstate 函数调用 lua_newstate 函数并传递默认参数。如果你想为 Lua 状态机提供自己的内存分配器，则可以直接调用 lua_newstate。成功调用 luaL_newstate 的结果是 m_pLuaState 字段存储了该状态的有效地址。如果为真，则调用 luaL_openlibs 函数。这个函数会自动将 Lua 提供的库加载到你创建的状态中。如果你不需要 Lua 内置库的功能，你可以不调用这个函数。

Lua 类的析构函数负责调用 lua_close 来销毁在构造函数中由 luaL_newstate 创建的 Lua 上下文。IsValid 函数为你的调用代码提供了一个简单的方法来确定 Lua 上下文是否在构造函数中被正确地初始化。

LuaFunction 类存储了它用于上下文的 Lua 类的引用。这个类不允许拷贝和移动。构造函数引用为其提供功能的 Lua 对象和包含要加载的包含 Lua 源代码的字符串。构造函数使用 m_Lua 对象来调用 LoadFile 方法，并传递 m_Filename 字段。LoadFile 方法调用 luaL_loadfile，它读取文件，编译 Lua 源代码，并使用编译后的代码将一个 Lua 函数对象推送到 Lua 堆栈的顶部。若 luaL_loadfile 调用成功，则调用 lua_setglobal 函数。这个函数从堆栈中获取顶部的对象，并将其分配给具有所提供名称的全局对象。在这种情况下，由 luaL_loadfile 创建的函数对象被分配给一个以源文件名称命名的全局变量。

main 函数创建一个 LuaFunction 对象，文件名为 LuaCode1.lua。这个文件的来源如清单 13-25 所示。

清单13-25　LuaCode1.lua的代码

```
print("Printing From Lua!")
```

这段 Lua 代码将打印一条简单的信息到控制台。当 main 函数调用 LuaFunction::

Call 方法时，会发生这种情况。这个方法使用 Lua::GetGlobal 函数将给定名称的全局对象移动到栈顶。在这种情况下，m_Filename 变量将在 LoadFile 方法中创建的函数对象移动到堆栈的顶部。Lua::PCall 方法调用最接近于栈的顶部的函数。该程序产生的输出如图 13-3 所示。

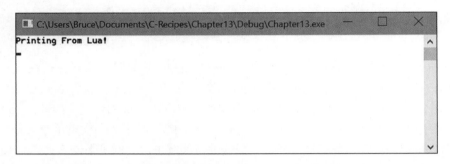

图 13-3　运行清单 13-24 和清单 13-25 中的代码所产生的输出

清单 13-24 没有初始化 Lua 脚本要使用的任何数据。你可以通过创建代表 Lua 类型的类来处理这个问题。清单 13-26 创建了一个 LuaTable 类，用来在 C++ 中创建 Lua 表，然后可以被 Lua 访问。

清单13-26　用C++创建一个Lua表

```cpp
#include <iostream>
#include "lua.hpp"
#include <vector>

using namespace std;

class Lua
{
private:
    lua_State* m_pLuaState{ nullptr };

public:
    Lua()
        : m_pLuaState{ luaL_newstate() }
    {
        if (m_pLuaState)
        {
            luaL_openlibs(m_pLuaState);
        }
    }

    ~Lua()
    {
        lua_close(m_pLuaState);
    }
```

```cpp
Lua(const Lua& other) = delete;
Lua& operator=(const Lua& other) = delete;

Lua(Lua&& rvalue) = delete;
Lua& operator=(Lua&& rvalue) = delete;

bool IsValid() const
{
    return m_pLuaState != nullptr;
}

int LoadFile(const string& filename)
{
    int status{ luaL_loadfile(m_pLuaState, filename.c_str()) };
    if (status == 0)
    {
        lua_setglobal(m_pLuaState, filename.c_str());
        Pop(1);
    }
    return status;
}

int PCall()
{
    return lua_pcall(m_pLuaState, 0, LUA_MULTRET, 0);
}

void NewTable(const string& name)
{
    lua_newtable(m_pLuaState);
    lua_setglobal(m_pLuaState, name.c_str());
}

    void GetGlobal(const string& name)
    {
        lua_getglobal(m_pLuaState, name.c_str());
    }

    void PushNumber(double number)
    {
        lua_pushnumber(m_pLuaState, number);
    }

    void SetTableValue(double index, double value)
    {
        PushNumber(index);
        PushNumber(value);
        lua_rawset(m_pLuaState, -3);
    }

    double GetNumber()
    {
        return lua_tonumber(m_pLuaState, -1);
```

```cpp
    }
    void Pop(int number)
    {
        lua_pop(m_pLuaState, number);
    }
};
class LuaTable
{
private:
    Lua& m_Lua;
    string m_Name;

public:
    LuaTable(Lua& lua, const string& name)
        : m_Lua{ lua }
        , m_Name(name)
    {
        m_Lua.NewTable(m_Name);
    }

    void Set(const vector<int>& values)
    {
        Push();
        for (unsigned int i = 0; i < values.size(); ++i)
        {
            m_Lua.SetTableValue(i +  1, values[i]);
        }
        m_Lua.Pop(1);
    }

    void Push()
    {
        m_Lua.GetGlobal(m_Name);
    }
};
class LuaFunction
{
private:
    Lua& m_Lua;
    string m_Filename;

    int PCall()
    {
        return m_Lua.PCall();
    }

protected:
    int Call()
```

```cpp
        {
            m_Lua.GetGlobal(m_Filename);
            return m_Lua.PCall();
        }
        double GetReturnValue()
        {
            double result{ m_Lua.GetNumber() };
            m_Lua.Pop(1);
            return result;
        }
    public:
        LuaFunction(Lua& lua, const string& filename)
            : m_Lua{ lua }
            , m_Filename( filename )
        {
            int status{ m_Lua.LoadFile(m_Filename) };
        }
};
class PrintTable
    : public LuaFunction
{
public:
    PrintTable(Lua& lua, const string& filename)
        : LuaFunction(lua, filename)
    {

    }

    double Call(LuaTable& table)
    {
        double sum{};

        int status{ LuaFunction::Call() };
        if (status)
        {
            throw(status);
        }
        else
        {
            sum = LuaFunction::GetReturnValue();
        }

        return sum;
    }
};
int main(int argc, char* argv[])
{
    Lua lua;
```

```
    if (lua.IsValid())
    {
        int loop = 2;
        while (loop > 0)
        {
            const string tableName("cTable");
            LuaTable table(lua, tableName);

            vector<int> values{ 1, 2, 3, 4, 5 };
            table.Set(values);

            const string filename{ "LuaCode.lua" };
            PrintTable printTableFunction(lua, filename);

            try
            {
                double result{ printTableFunction.Call(table) };
                cout << "Result: " << result << endl;
            }
            catch (int error)
            {
                cout << "Call error: " << error << endl;
            }

            cout << "Waiting" << endl;

            int input;
            cin >> input;

            --loop;
        }
    }

    return 0;
}
```

清单 13-26 在 Lua 类中添加了一个 LuaTable 类以及相关方法来管理表。lua_newtable 函数创建了一个新表，并将其推送到堆栈中。然后，在 LuaTable 构造函数中使用提供的名称将 element 分配给全局变量。使用 Lua::SetTableValue 方法将值添加到表中。此方法仅支持表的数字索引，并将两个数字推送到堆栈上，这两个数字分别是表中需要分配的索引和分配给该索引的值。

lua_rawset 函数将值分配给表上的索引，相关表位于提供的索引中。堆栈上的第一个元素用 −1 引用，它就是值；此时栈上的第二个元素是索引；第三个元素是表，所以将值 −3 传递给 lua_rawset 函数。通过这个调用，索引和值都会从栈中弹出，因此在 −1 位置再次找到该表。

LuaFunction 类被继承到名为 PrintTable 的新类中。这个类提供了一个新的 call 方法，它知道如何从提供的 Lua 脚本中检索返回的值。清单 13-27 中的 Lua 代码展示了这样做的理由。

清单13-27　LuaCode2.lua源码

```
local x = 0
for i = 1, #cTable do
  print(i, cTable[i])
  x = x + cTable[i]
end
return x
```

这段代码在 C++ 中设置的 **cTable** 表中循环，并打印出数值。它还计算出表中所有值的总和，并使用堆栈将其返回给调用代码。

C++ **main** 函数创建了一个表，并使用 **vector** 给它分配 5 个整数。**PrintTable** 类用 **LuaCode2.lua** 文件创建了一个 C++ Lua 函数。调用这个函数，并使用 **Lua::GetReturnValue** 函数从堆栈中检索返回的值。

在 **main** 函数中需要注意的是，可以重新加载 Lua 脚本和更新在运行时执行代码的能力。**main** 函数使用 **cin** 来暂停，此时，你可以改变 Lua 脚本，并在取消执行后看到所反映的变化。图 13-4 的输出结果证明了可能发生这种情况。

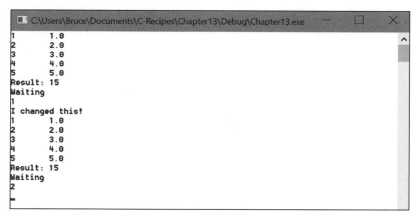

图 13-4　输出结果表明脚本可以在运行时更改

这个输出表明，更改 Lua 代码并重新加载函数，在给定的全局变量处替换了代码。我在脚本中增加了一行输出：你可以在图中看到这一点，其中打印了一行"I changed this!"。

13.6　从 Lua 中调用 C 函数

问题

你有一些高度复杂的代码可以受益于高性能的 C/C++ 代码，但你希望能从 Lua 中调用这些函数。

解决方案

Lua 提供了 **lua_CFunction** 类型，让你可以创建由 Lua 代码引用的 C 函数。

工作原理

Lua API 提供了 **lua_CFunction**，该类基本上确定了可以与 C 函数一起使用的签名，使其能够从 Lua 中调用。清单 13-28 展示了创建了一个可以添加 Lua 提供的所有参数的函数。

清单13-28　从Lua调用C函数

```cpp
#include <iostream>
#include "lua.hpp"
#include <vector>

using namespace std;

namespace
{
    int Sum(lua_State *L)
    {
        unsigned int numArguments{ static_cast<unsigned int>(lua_gettop(L)) };
        lua_Number sum{ 0 };
        for (unsigned int i = 1; i <= numArguments; ++i)
        {
            if (!lua_isnumber(L, i))
            {
                lua_pushstring(L, "incorrect argument");
                lua_error(L);
            }
            sum += lua_tonumber(L, i);
        }
        lua_pushnumber(L, sum / numArguments);
        lua_pushnumber(L, sum);
        return 2;
    }
}

class Lua
{
private:
    lua_State* m_pLuaState{ nullptr };

public:
    Lua()
        : m_pLuaState{ luaL_newstate() }
    {
        if (m_pLuaState)
        {
```

```
        luaL_openlibs(m_pLuaState);
    }
}

~Lua()
{
    lua_close(m_pLuaState);
}

Lua(const Lua& other) = delete;
Lua& operator=(const Lua& other) = delete;

Lua(Lua&& rvalue) = delete;
Lua& operator=(Lua&& rvalue) = delete;

bool IsValid() const
{
    return m_pLuaState != nullptr;
}
int LoadFile(const string& filename)
{
    int status{ luaL_loadfile(m_pLuaState, filename.c_str()) };
    if (status == 0)
    {
        lua_setglobal(m_pLuaState, filename.c_str());
    }
    return status;
}

int PCall()
{
    return lua_pcall(m_pLuaState, 0, LUA_MULTRET, 0);
}

void NewTable(const string& name)
{
    lua_newtable(m_pLuaState);
    lua_setglobal(m_pLuaState, name.c_str());
}

void GetGlobal(const string& name)
{
    lua_getglobal(m_pLuaState, name.c_str());
}

void PushNumber(double number)
{
    lua_pushnumber(m_pLuaState, number);
}

void SetTableValue(double index, double value)
{
```

```
            PushNumber(index);
            PushNumber(value);
            lua_rawset(m_pLuaState, -3);
        }
        double GetNumber()
        {
            return lua_tonumber(m_pLuaState, -1);
        }
        void Pop(int number)
        {
            lua_pop(m_pLuaState, number);
        }
        void CreateCFunction(const string& name, lua_CFunction function)
        {
            lua_pushcfunction(m_pLuaState, function);
            lua_setglobal(m_pLuaState, name.c_str());
        }
};

class LuaTable
{
private:
    Lua& m_Lua;
    string m_Name;

public:
    LuaTable(Lua& lua, const string& name)
        : m_Lua{ lua }
        , m_Name(name)
    {
        m_Lua.NewTable(m_Name);
    }

    void Set(const vector<int>& values)
    {
        Push();

        for (unsigned int i = 0; i < values.size(); ++i)
        {
            m_Lua.SetTableValue(i + 1, values[i]);
        }
        m_Lua.Pop(1);
    }

    void Push()
    {
        m_Lua.GetGlobal(m_Name);
    }
};
```

```cpp
class LuaFunction
{
private:
    Lua& m_Lua;
    string m_Filename;

protected:
    int PCall()
    {
        m_Lua.GetGlobal(m_Filename);
        return m_Lua.PCall();
    }

    double GetReturnValue()
    {
        double result{ m_Lua.GetNumber() };
        m_Lua.Pop(1);
        return result;
    }

public:
    LuaFunction(Lua& lua, const string& filename)
        : m_Lua{ lua }
        , m_Filename(filename)
    {
        int status{ m_Lua.LoadFile(m_Filename) };
    }
};
class PrintTable
    : public LuaFunction
{
public:
    PrintTable(Lua& lua, const string& filename)
        : LuaFunction(lua, filename)
    {

    }

    double Call(LuaTable& table)
    {
        double sum{};

        int status{ LuaFunction::PCall() };
        if (status)
        {
            throw(status);
        }
        else
        {
            sum = LuaFunction::GetReturnValue();
        }
```

```
            return sum;
        }
    };

    int main(int argc, char* argv[])
    {
        Lua lua;
        if (lua.IsValid())
        {
            const string functionName("Sum");
            lua.CreateCFunction(functionName, Sum);

            const string tableName("cTable");
            LuaTable table(lua, tableName);

            vector<int> values{ 1, 2, 3, 4, 5 };
            table.Set(values);

            const string filename{ "LuaCode3.lua" };
            PrintTable printTableFunction(lua, filename);

            try
            {
                double result{ printTableFunction.Call(table) };
                cout << "Result: " << result << endl;
            }
            catch (int error)
            {
                cout << "Call error: " << error << endl;
            }

            cout << "Waiting" << endl;

            int input;
            cin >> input;
        }

        return 0;
    }
```

清单 13-28 中的 Sum 函数展示了 C 函数如何与 Lua 对接。签名很简单：可以从 Lua 中调用的 C 函数返回一个整数并接收指向 `lua_State` 对象的指针作为参数。当 Lua 调用 C 函数时，它将传递的参数数量推到 Lua 堆栈顶部。这个值被所调用的函数读取，然后该函数可以循环并从堆栈中提取一定数量的元素。然后，C 函数将一定数量的结果压入堆栈，并返回正在调用的代码从栈中弹出的元素个数。

`Lua::CreateCFunction` 方法使用 `lua_pushcfunction` 方法将 `lua_CFunction` 对象推到堆栈上，然后使用 `lua_setglobal` 将其分配给全局上下文中的命名对象。main 函数只需调用 `CreateCFunction` 和提供要在 Lua 中使用的名称以及要使用的函数指针。清单 13-29 展示了调用该函数的 Lua 代码。

清单13-29　Lua代码调用C函数

```
local x = 0
for i = 1, #cTable do
  print(i, cTable[i])
  x = x + cTable[i]
end
local average, sum = Sum(cTable[1], cTable[2], cTable[3])
print("Average: " .. average)
print("Sum: " .. sum)
return sum
```

这段 Lua 代码展示了对 Sum 的调用，并检索 average 和 sum 值。

13.7　创建异步 Lua 函数

问题

你需要长时间执行 Lua 操作，以便程序的执行不被阻塞。

解决方案

Lua 允许你创建协程。它们可以从你的程序中产生，让你的程序继续执行，并允许创建行为良好的、长期运行的 Lua 任务。每个协程都有自己独特的 Lua 上下文。

工作原理

Lua 编程语言允许创建协程。协程与普通函数有所不同，它们可以调用 Lua 中的 coroutine.yield 函数来通知状态机它们的执行已经暂停。C API 提供了一个 resume 函数，你可以在一段时间后调用它来唤醒协程，让线程检查它所等待的情况是否已经发生。这可能是因为你想等待一个动画的完成，或者 Lua 脚本正在等待从 I/O 进程中获取信息，比如从文件中读取或访问服务器上的数据。

你可以使用 lua_newthread 函数创建一个 Lua 协程。尽管名字很好听，但是在执行 lua_resume 调用的线程中会执行 Lua 协程。lua_resume 调用会传递一个指向 lua_State 对象的指针，这个对象包含了协程的栈。栈上执行的代码是在 lua_resume 调用时最靠近顶部的 Lua 函数对象。清单 13-30 展示了设置 Lua 线程并执行其代码所需的 C++ 代码。

清单13-30　创建一个Lua协程

```
#include <iostream>
#include <lua.hpp>
```

```
using namespace std;

class Lua
{
private:
    lua_State* m_pLuaState{ nullptr };
    bool m_IsThread{ false };

public:
    Lua()
        : m_pLuaState{ luaL_newstate() }
    {
        if (m_pLuaState)
        {
            luaL_openlibs(m_pLuaState);
        }
    }

    Lua(lua_State* pLuaState)
        : m_pLuaState{ pLuaState }
    {
        if (m_pLuaState)
        {
            luaL_openlibs(m_pLuaState);
        }
    }
~Lua()
{
    if (!m_IsThread && m_pLuaState)
    {
        lua_close(m_pLuaState);
    }
}

Lua(const Lua& other) = delete;
Lua& operator=(const Lua& other) = delete;

Lua(Lua&& rvalue)
    : m_pLuaState( rvalue.m_pLuaState )
    , m_IsThread( rvalue.m_IsThread )
{
    rvalue.m_pLuaState = nullptr;
}

Lua& operator=(Lua&& rvalue)
{
    if (this != &rvalue)
    {
        m_pLuaState = rvalue.m_pLuaState;
        m_IsThread = rvalue.m_IsThread;
        rvalue.m_pLuaState = nullptr;
```

```
        }
    }
    bool IsValid() const
    {
        return m_pLuaState != nullptr;
    }
    int LoadFile(const string& filename)
    {
        int status{ luaL_loadfile(m_pLuaState, filename.c_str()) };
        if (status == 0)
        {
            lua_setglobal(m_pLuaState, filename.c_str());
        }
        return status;
    }

    void GetGlobal(const string& name)
    {
        lua_getglobal(m_pLuaState, name.c_str());
    }

    Lua CreateThread()
    {
        Lua threadContext(lua_newthread(m_pLuaState));
        threadContext.m_IsThread = true;
        return move(threadContext);
    }

    int ResumeThread()
    {
        return lua_resume(m_pLuaState, m_pLuaState, 0);
    }
};
class LuaFunction
{
private:
    Lua& m_Lua;
    string m_Filename;
public:
    LuaFunction(Lua& lua, const string& filename)
        : m_Lua{ lua }
        , m_Filename(filename)
    {
        int status{ m_Lua.LoadFile(m_Filename) };
    }

    void Push()
    {
```

```cpp
            m_Lua.GetGlobal(m_Filename);
    }
};
class LuaThread
{
private:
    Lua m_Lua;
    LuaFunction m_LuaFunction;
    int m_Status{ -1 };

public:
    LuaThread(Lua&& lua, const string& functionFilename)
        : m_Lua(move(lua))
        , m_LuaFunction(m_Lua, functionFilename)
    {

    }

    ~LuaThread() = default;

    LuaThread(const LuaThread& other) = delete;
    LuaThread& operator=(const LuaThread& other) = delete;

    LuaThread(LuaThread&& rvalue) = delete;
    LuaThread& operator=(LuaThread&& rvalue) = delete;
    void Resume()
    {
        if (!IsFinished())
        {
            if (m_Status == -1)
            {
                m_LuaFunction.Push();
            }
            m_Status = m_Lua.ResumeThread();
        }
    }
    bool IsFinished() const
    {
        return m_Status == LUA_OK;
    }
};
int main(int argc, char* argv[])
{
    Lua lua;
    if (lua.IsValid())
    {
        const string functionName("LuaCode4.lua");
        LuaThread myThread(lua.CreateThread(), functionName);

        while (!myThread.IsFinished())
```

```
        {
            myThread.Resume();
            cout << "myThread yielded or finished!" << endl;
        }
        cout << "myThread finished!" << endl;
    }
    return 0;
}
```

清单 13-30 中的 Lua 类包含一个指向 lua_State 对象的指针和一个 bool 变量，该变量表示是否已经创建了一个特定的对象来处理一个 Lua 线程。必须确保只有单个 Lua 对象负责在其析构函数中调用 lua_close。你可以看到在 ~Lua 方法中检查了这个 bool 值。

在 Lua::CreateThread 方法中，m_IsThread bool 被设置为 true。该方法调用 lua_newthread 函数，并将新的 lua_State 指针传递给新构建的 Lua 对象。然后这个对象的 m_IsThread bool 被设置为 true，并从函数中返回。Lua 对象是使用移动语义返回的。这样可以确保在任何时候都不会有单个 Lua 对象的重复，这是由拷贝构造函数和拷贝赋值运算符中指定的 delete 关键字来执行的。仅定义了移动构造函数和移动赋值运算符。

在清单 13-30 中也展示了 Lua::Resume 方法，这个方法负责启动或继续执行 Lua 协程。

LuaThread 类负责管理 Lua 协程。该类的构造函数取一个指向 Lua 对象的 rvalue 引用和包含要加载的文件名的 string。该 class 有一个用于存储 Lua 对象和 LuaFunction 对象的字段。这些对象将用于将函数 Push 到协程的堆栈中。

m_Status 字段决定了协程何时完成执行。由于 Lua 并未使用这个值来表示状态，因此将其初始化为 −1。当协程执行完毕时，lua_resume 返回 LUA_OK 值，并在协程完成后返回 LUA_YIELD 值。LuaThread::Resume 函数首先检查状态是否已经被设置为 LUA_OK，如果已经被设置为 LUA_OK，那么什么都不做。如果 m_Status 变量包含 −1，那么 m_LuaFunction 对象就会被推到堆栈上。用 Lua::ResumeThread 返回的值更新 m_Status 变量。

main 函数通过创建一个 LuaThread 对象并在 while 循环中调用 LuaThread::Resume 来使用所有这些功能，这个循环一直执行到 myThread 对象的 IsFinished 返回 true 为止。LuaCode4.lua 文件包含了清单 13-31 中的 Lua 代码，该代码在循环中包含多个字段。

清单13-31　LuaCode4.lua源码

```
for i=1, 10, 1 do
        print("Going for yield " .. i .. "!")
        coroutine.yield()
end
```

　　这是一个如何在 Lua 代码中使用 **coroutine.yield** 函数的简单例子。当这个 Lua 函数在运行的 Lua 脚本中执行时，**lua_resume** C 函数返回 **LUA_YIELD**。图 13-5 展示了运行包含清单 13-30 的 C++ 代码和清单 13-31 的 Lua 代码的组合的结果。

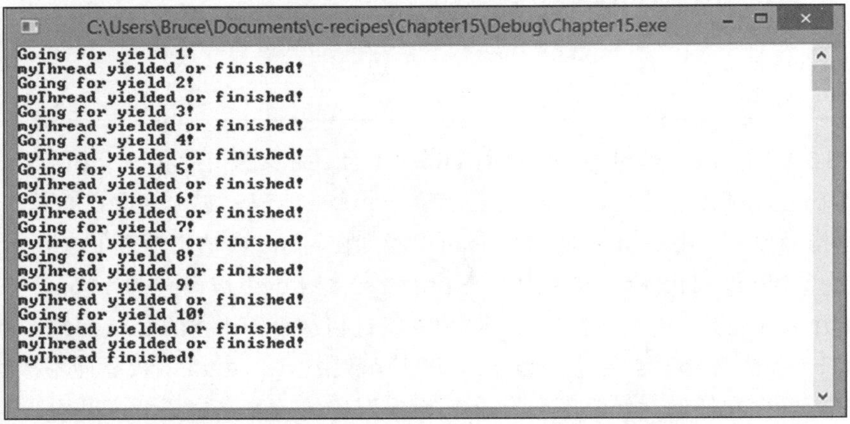

图 13-5　结合清单 13-30、清单 13-31 产生的输出

第 14 章 *Chapter 14*

3D 图形编程

程序员开发高性能应用程序的首选编程语言是 C++。这通常包括向用户显示 3D 图形所需要的应用程序。3D 图形在医疗应用程序、设计应用程序和电子游戏中很常见。所有这些类型的应用程序都要求将响应性作为一个关键的可用性特性。这使得 C++ 语言成为这类程序的完美选择,因为程序员可以针对特定的硬件平台进行优化。

微软提供了专有的 DirectX API,用于为 Windows 操作系统构建 3D 应用程序。然而,本章将探讨如何使用 OpenGL API 编写一个简单的 3D 程序。Windows、OS X 和大多数 Linux 操作系统都支持 OpenGL。在这种情况下,它是一个完美的选择,因为你可能正在使用其中的某个操作系统。

OpenGL 编程的一个更乏味的方面是,如果你针对多个操作系统,则需要在多个操作系统中设置和管理 windows。GLFW 包使这项工作变得更加简单,它将这项任务抽象为一个 API,因此你不必担心细节问题。

14.1 GLFW 简介

问题

你正在编写一个包含 3D 图形的跨平台应用程序,而你想以快速的方法来启动和运行它。

解决方案

GLFW 为许多流行的操作系统抽象出了创建和管理窗口的任务。

工作原理

GLFW API 是用 C 语言编写的，因此可以在 C++ 应用程序中使用。该 API 可从 **www.glfw.org** 下载。你也可以在该网站上阅读 API 的文档。配置和构建 GLFW 库的说明经常变化，因此本章中不包含这些说明。可在 **www.glfw.org** 上找到有关获取 GLFW 的最新说明。

目前，有关 GLFW 的说明涉及使用 CMake 建立项目，然后将其用于编译可以链接到自己的项目中的库，或者从 **www.glfw.org/download.html** 下载适用于 Windows、Mac 或 Linux 的预编译二进制文件。一旦你安装了这个，你可以使用清单 14-1 中的代码来初始化 OpenGL 并为你的程序创建窗口。

清单14-1　一个简单的GLFW程序

```cpp
#include "GLFW\glfw3.h"

int main(void)
{
    GLFWwindow* window;

    /* Initialize the library */
    if (!glfwInit())
        return -1;

    /* Create a windowed mode window and its OpenGL context */
    window = glfwCreateWindow(640, 480, "Hello World", NULL, NULL);
    if (!window)
    {
        glfwTerminate();
        return -1;
    }

    /* Make the window's context current */
    glfwMakeContextCurrent(window);

    /* Loop until the user closes the window */
    while (!glfwWindowShouldClose(window))
    {
        /* Render here */

        /* Swap front and back buffers */
        glfwSwapBuffers(window);

        /* Poll for and process events */
        glfwPollEvents();
    }

    glfwTerminate();
    return 0;
}
```

清单 14-1 中的代码是 GLFW 网站上提供的示例程序，以确保你的编译工作正常进行。它通过调用 **glfwInit** 来初始化 **glfw** 库。使用 **glfwCreateWindow** 函数创建一个窗口。该示例创建了一个分辨率为 640×480 的窗口，标题为"Hello World"。如果窗口创建失败，则调用 **glfwTerminate** 函数。如果成功，则程序调用 **glfwMakeContextCurrent**。

OpenGL API 支持多个渲染上下文，当你要渲染时，你必须确保你的上下文是当前上下文。程序的 **main** 循环一直持续到 **glfwWindowShouldClose** 函数返回 **true**。**glfwSwapBuffers** 函数负责对前缓冲区与后缓冲区进行交换。双缓冲区渲染对于防止用户看到未完成的动画帧很有用。当程序渲染到第二个缓冲区时，显卡可以显示一个缓冲区，渲染一秒。这些缓冲区会在每一帧结束时交换。**glfwPollEvents** 函数负责与操作系统进行通信并接收消息。程序结束时调用 **glfwTerminate** 来关闭。

OpenGL API 通过扩展提供了很多功能，这意味着你正在使用的平台可能不直接支持你正在使用的函数。幸运的是，GLEW 库可以帮助你使用 OpenGL 在多平台上的扩展。同样，获取、构建和链接该库的说明也会不时地变化。最新的信息可以从 GLEW 网站上获得，网址为：**http://glew.sourceforge.net**。

一旦启动并运行了 GLEW，就可以使用清单 14-2 所示的 **glewInit** 函数调用来初始化库。

清单14-2　初始化GLEW

```
#include <GL/glew.h>
#include "GLFW/glfw3.h"

int main(void)
{
    GLFWwindow* window;

    // Initialize the library
    if (!glfwInit())
    {
        return -1;
    }

    // Create a windowed mode window and its OpenGL context
    window = glfwCreateWindow(640, 480, "Hello World", NULL, NULL);
    if (!window)
    {
        glfwTerminate();
        return -1;
    }

    // Make the window's context current
    glfwMakeContextCurrent(window);

    GLenum glewError{ glewInit() };
    if (glewError != GLEW_OK)
    {
```

```
        return -1;
    }

    // Loop until the user closes the window
    while (!glfwWindowShouldClose(window))
    {
        // Swap front and back buffers
        glfwSwapBuffers(window);

        // Poll for and process events
        glfwPollEvents();
    }

    glfwTerminate();
    return 0;
}
```

请务必在拥有有效的且当前的 OpenGL 上下文之后执行此步骤，因为 GLEW 库依靠它来加载你可能会使用的最常见的 OpenGL API 扩展。

本书所附的示例应用程序包含并配置了 GLEW 和 GLFW。如果你想查看已经配置好的、跟这些库一起使用的项目，你应该下载这些程序。此外，你可以通过以下两个库网站来查阅优秀的文档：`http://glew.sourceforge.net/install.html` 和 `www.glfw.org/download.html`。

14.2　渲染三角形

问题

你想在你的应用程序中渲染一个 3D 对象。

解决方案

OpenGL 提供的 API 可以在显卡上配置渲染管道，并在屏幕上显示 3D 对象。

工作原理

OpenGL 是一个图形库，它允许应用程序将数据发送到计算机中的 GPU，将图像渲染到窗口中。本节将向你介绍在现代计算机系统上使用 OpenGL 时将图形渲染到窗口所必需的三个概念。首先是几何学的概念。

对象的几何体是由顶点和索引的集合组成。顶点指定了该顶点在空间中应该渲染到屏幕上的点。一个顶点经过 GPU，在不同的点上对它进行不同的操作。本节绕过了大部分对顶点的处理，而是以所谓的标准化设备坐标来指定顶点。GPU 使用顶点着色器转换顶点，生成位于标准化立方体内的顶点。然后，这些顶点会被传递给片段着色器，这些片段被用来确定在给定点上写入帧缓冲区的输出颜色。随着本节的推进，你会了解到更多关于这些操作的信息。

清单 14-3 中的代码展示了 Geometry 类以及如何使用它来指定顶点和索引的存储。

清单14-3　Geometry类

```cpp
using namespace std;

class Geometry
{
public:
    using Vertices = vector < float >;
    using Indices = vector < unsigned short >;

private:
    Vertices m_Vertices;
    Indices m_Indices;

public:
    Geometry() = default;
    ~Geometry() = default;

    void SetVertices(const Vertices& vertices)
    {
        m_Vertices = vertices;
    }

    Vertices::size_type GetNumVertices() const
    {
        return m_Vertices.size();
    }

    Vertices::const_pointer GetVertices() const
    {
        return m_Vertices.data();
    }

    void SetIndices(const Indices& indices)
    {
        m_Indices = indices;
    }

    Indices::size_type GetNumIndices() const
    {
        return m_Indices.size();
    }

    Indices::const_pointer GetIndices() const
    {
        return m_Indices.data();
    }
};
```

Geometry 类包含两个向量别名。第一个别名用于定义一个表示浮点向量的类型。这个类型用来存储 Geometry 类中的顶点。第二个类型别名定义了一个无符号短线的向量。这个类型别名用于创建用于存储索引的 m_Indices 向量。

在使用 OpenGL 时，索引是一个非常有用的工具，因为它允许你减少顶点数据中的重复顶点。网格通常由一系列三角形组成，每个三角形与其他三角形共享边以创建一个没有任何孔的完整形状。这意味着不在对象边缘的单个顶点在多个三角形之间共享。索引可以让你为一个网格创建所有顶点，然后用索引来表示 OpenGL 读取顶点以创建网格的各个三角形的顺序。你可以在本节的后面看到顶点和索引的定义。

典型的 OpenGL 程序由多个着色器程序组成。着色器允许你控制 OpenGL 渲染管道的多个阶段的行为。此时，你需要创建一个顶点着色器和一个片段着色器，作为 GPU 的单一流水线。OpenGL 通过让你独立创建顶点着色器和片段着色器并将它们链接到一个单一的着色器程序中来实施此操作。通常有多个这样的程序，所以清单 14-4 中的 Shader 基类展示了如何创建在多个派生着色器程序之间共享的基类。

清单14-4　Shader类

```cpp
class Shader
{
private:
    void LoadShader(GLuint id, const std::string& shaderCode)
    {
        const unsigned int NUM_SHADERS{ 1 };

        const char* pCode{ shaderCode.c_str() };
        GLint length{ static_cast<GLint>(shaderCode.length()) };

        glShaderSource(id, NUM_SHADERS, &pCode, &length);

        glCompileShader(id);

        glAttachShader(m_ProgramId, id);
    }

protected:
    GLuint m_VertexShaderId{ GL_INVALID_VALUE };
    GLuint m_FragmentShaderId{ GL_INVALID_VALUE };
    GLint m_ProgramId{ GL_INVALID_VALUE };

    std::string m_VertexShaderCode;
    std::string m_FragmentShaderCode;

public:
    Shader() = default;
    virtual ~Shader() = default;

    virtual void Link()
    {
        m_ProgramId = glCreateProgram();
```

```
        m_VertexShaderId = glCreateShader(GL_VERTEX_SHADER);
        LoadShader(m_VertexShaderId, m_VertexShaderCode);

        m_FragmentShaderId = glCreateShader(GL_FRAGMENT_SHADER);
        LoadShader(m_FragmentShaderId, m_FragmentShaderCode);

        glLinkProgram(m_ProgramId);
    }

    virtual void Setup(const Geometry& geometry)
    {
        glUseProgram(m_ProgramId);
    }
};
```

Shader 类是你第一次看到 OpenGL API 的使用。该类包含的变量用于存储 OpenGL 提供的 ID，这些 ID 充当顶点和片段着色器以及着色器程序的句柄。当 m_ProgramId 字段分配了 glCreateProgram 方法的结果时，在 Link 方法中对其进行初始化。m_VertexShaderId 被分配给 glCreateShader 程序的值，它被传递给 GL_VERTEX_SHADER 变量。m_FragmentShaderId 变量使用相同的变量初始化，但它传递的是 GL_FRAGMENT_SHADER 变量。你可以使用 LoadShader 方法来加载顶点着色器或片段着色器的着色器代码。你可以看到，当 LoadShader 方法在 Link 方法中被调用两次时，首先使用 m_VertexShaderId 和 m_VertexShaderCode 变量作为参数，其次使用 m_FragmentShaderId 和 m_FragentShaderCode 变量。Link 方法最后调用 glLink-Program。

LoadShader 方法负责将着色器源代码附加到着色器 ID 上，编译着色器，并将其附加到相关的 OpenGL 着色器程序中。Setup 方法是在渲染对象时使用的，它告诉 OpenGL 你想让这个着色器程序成为使用中的活动着色器。本节需要一个单独的着色器程序来将一个三角形渲染到屏幕上。通过从清单 14-4 中的 Shader 类派生出一个名为 BasicShader 的类来创建这个着色器程序，如清单 14-5 所示。

清单14-5　BasicShader类

```
class BasicShader
    : public Shader
{
private:
    GLint       m_PositionAttributeHandle;
public:
    BasicShader()
    {
        m_VertexShaderCode =
            "attribute vec4 a_vPosition;              \n"
            "void main(){                             \n"
            "   gl_Position = a_vPosition;            \n"
            "}                                        \n";
```

```
    m_FragmentShaderCode =
        "#version 150                              \n"
        "precision mediump float;                  \n"
        "void main(){                              \n"
        "   gl_FragColor = vec4(0.2, 0.2, 0.2, 1.0);  \n"
        "}                                         \n";
}

~BasicShader() override = default;

void Link() override
{
    Shader::Link();

    GLint success;
    glGetProgramiv(m_ProgramId, GL_ACTIVE_ATTRIBUTES, &success);

    m_PositionAttributeHandle = glGetAttribLocation(m_ProgramId,
    "a_vPosition");
}

void Setup(const Geometry& geometry) override
{
    Shader::Setup(geometry);

    glVertexAttribPointer(
        m_PositionAttributeHandle,
        3,
        GL_FLOAT,
        GL_FALSE,
        0,
        geometry.GetVertices());
    glEnableVertexAttribArray(m_PositionAttributeHandle);
}
};
```

BasicShader 类首先在它的构造函数中初始化 Shader 类中保护的 m_Vertex-ShaderCode 和 m_FragmentShaderCode 变量。Link 方法负责调用基类 Link 方法，然后检索到着色器代码中属性的句柄。Setup 方法还可以在基类中调用 Setup 方法。然后，在着色器程序中设置属性。

属性是一个变量，它从应用程序代码中使用 OpenGL API 函数设置的数据流或字段接收数据。在这种情况下，属性是 GL Shading Language（GLSL）代码中的 vec4 字段。GLSL 用于编写 OpenGL 着色器代码。这种语言基于 C 语言，因此大家都很熟悉，但它包含了自己的类型和与应用端 OpenGL 调用通信所需的关键字。顶点着色器代码中的 a_vPosition vec4 属性负责接收发送到 OpenGL 渲染的顶点流中的每个位置。使用 glGetAttribLocation OpenGL API 函数检索属性的句柄，该函数接收程序 ID 和要检索的属性名称。然后，顶点位置的属性句柄可以使用设置中的 glVertexAttribPointer 函数。该方法将属性句柄作为参数，后面跟着每个顶点的元素数。在这种情况下，顶点被提

供了 x、y、z 分量。因此，数字 3 被传递给 `size` 参数。

　　`GL_FLOAT` 值指定顶点为浮点。`GL_FALSE` 告诉 OpenGL 在接收顶点时，API 不应该对其进行归一化处理。0 值告诉 OpenGL 顶点数据的位置之间的间隙大小；在这种情况下，没有间隙，所以可以传递 0。最后，提供指向顶点数据的指针。在这个函数调用后，调用 `glEnableVertexAttribArray` 函数，告诉 OpenGL 应该使用之前提供的数据启用该属性。为 GPU 上的顶点着色器执行系统提供位置数据。

　　下一步是在 `main` 函数中使用这些类来渲染三角形到你的应用程序窗口。清单 14-6 包含了实现这一功能的程序的完整清单。

清单14-6　渲染三角形的程序

```cpp
#include "GL/glew.h"
#include "GLFW/glfw3.h"
#include <string>
#include <vector>

using namespace std;

class Geometry
{
public:
    using Vertices = vector < float >;
    using Indices = vector < unsigned short >;

private:
    Vertices m_Vertices;
    Indices m_Indices;

public:
    Geometry() = default;
    ~Geometry() = default;

    void SetVertices(const Vertices& vertices)
    {
        m_Vertices = vertices;
    }

    Vertices::size_type GetNumVertices() const
    {
        return m_Vertices.size();
    }

    Vertices::const_pointer GetVertices() const
    {
        return m_Vertices.data();
    }

    void SetIndices(const Indices& indices)
    {
        m_Indices = indices;
```

```cpp
        }

        Indices::size_type GetNumIndices() const
        {
            return m_Indices.size();
        }

        Indices::const_pointer GetIndices() const
        {
            return m_Indices.data();
        }
};

class Shader
{
private:
    void LoadShader(GLuint id, const std::string& shaderCode)
    {
        const unsigned int NUM_SHADERS{ 1 };

        const char* pCode{ shaderCode.c_str() };
        GLint length{ static_cast<GLint>(shaderCode.length()) };

        glShaderSource(id, NUM_SHADERS, &pCode, &length);

        glCompileShader(id);

        glAttachShader(m_ProgramId, id);
    }

protected:
    GLuint m_VertexShaderId{ GL_INVALID_VALUE };
    GLuint m_FragmentShaderId{ GL_INVALID_VALUE };
    GLint m_ProgramId{ GL_INVALID_VALUE };

    std::string m_VertexShaderCode;
    std::string m_FragmentShaderCode;

public:
    Shader() = default;
    virtual ~Shader() = default;

    virtual void Link()
    {
        m_ProgramId = glCreateProgram();

        m_VertexShaderId = glCreateShader(GL_VERTEX_SHADER);
        LoadShader(m_VertexShaderId, m_VertexShaderCode);

        m_FragmentShaderId = glCreateShader(GL_FRAGMENT_SHADER);
        LoadShader(m_FragmentShaderId, m_FragmentShaderCode);

        glLinkProgram(m_ProgramId);
    }
```

```cpp
    virtual void Setup(const Geometry& geometry)
    {
        glUseProgram(m_ProgramId);
    }
};

class BasicShader
    : public Shader
{
private:
    GLint          m_PositionAttributeHandle;

public:
    BasicShader()
    {
        m_VertexShaderCode =
            "attribute vec4 a_vPosition;                 \n"
            "void main(){                                \n"
            "     gl_Position = a_vPosition;             \n"
            "}                                           \n";

        m_FragmentShaderCode =
            "#version 150                                \n"
            "precision mediump float;                    \n"
            "void main(){                                \n"
            "     gl_FragColor = vec4(0.2, 0.2, 0.2, 1.0);  \n"
            "}                                           \n";
    }

    ~BasicShader() override = default;

    void Link() override
    {
        Shader::Link();

        m_PositionAttributeHandle = glGetAttribLocation(m_ProgramId,
        "a_vPosition");
    }

    void Setup(const Geometry& geometry) override
    {
        Shader::Setup(geometry);

        glVertexAttribPointer(
            m_PositionAttributeHandle,
            3,
            GL_FLOAT,
            GL_FALSE,
            0,
            geometry.GetVertices());
        glEnableVertexAttribArray(m_PositionAttributeHandle);
    }
```

```cpp
};
int CALLBACK WinMain(
    _In_ HINSTANCE hInstance,
    _In_ HINSTANCE hPrevInstance,
    _In_ LPSTR lpCmdLine,
    _In_ int nCmdShow
    )
{
    GLFWwindow* window;
    // Initialize the library
    if (!glfwInit())
    {
        return -1;
    }

    // Create a windowed mode window and its OpenGL context
    window = glfwCreateWindow(640, 480, "Hello World", NULL, NULL);
    if (!window)
    {
        glfwTerminate();
        return -1;
    }

    // Make the window's context current
    glfwMakeContextCurrent(window);

    GLenum glewError{ glewInit() };
    if (glewError != GLEW_OK)
    {
        return -1;
    }

    BasicShader basicShader;
    basicShader.Link();

    Geometry triangle;

    Geometry::Vertices vertices{
        0.0f, 0.5f, 0.0f,
        0.5f, -0.5f, 0.0f,
        -0.5f, -0.5f, 0.0f
    };

    Geometry::Indices indices{ 0, 1, 2 };

    triangle.SetVertices(vertices);
    triangle.SetIndices(indices);

    glClearColor(0.25f, 0.25f, 0.95f, 1.0f);
    // Loop until the user closes the window
    while (!glfwWindowShouldClose(window))
    {
```

```
        glClear(GL_COLOR_BUFFER_BIT);

        basicShader.Setup(triangle);

        glDrawElements(GL_TRIANGLES,
            triangle.GetNumIndices(),
            GL_UNSIGNED_SHORT,
            triangle.GetIndices());

        // Swap front and back buffers
        glfwSwapBuffers(window);

        // Poll for and process events
        glfwPollEvents();
    }

    glfwTerminate();
    return 0;
}
```

清单 14-6 中的 main 函数展示了如何使用 Geometry 类和 BasicShader 类将三角形渲染到窗口中。在成功调用 glewInit 后，可以立即使用 OpenGL API。main 函数在调用后初始化 BasicShader 对象并调用 BasicShader::Link，然后调用 Geometry 对象来表示三角形的顶点。由于 BasicShader 中的顶点着色器没有对传递过来的数据进行任何操作，所以顶点是以"后变换状态"（post-transformed state）提供的。顶点是在规范化设备坐标指定的，在 OpenGL 中，这些坐标必须适合于一个 x、y 和 z 坐标范围从"−1，−1，−1"到"1，1，1"的立方体。索引告诉 OpenGL 将顶点传递给顶点着色器的顺序，在本例中，你将按照定义的顺序传递顶点。

当没有其他像素被渲染到该位置时，glClearColor 函数告诉 OpenGL 要用什么颜色来表示背景色。在这里，颜色设置为浅蓝色，所以当一个像素被渲染到该位置时，它很容易被分辨出来。颜色在 OpenGL 中使用四个组件来表示：红、绿、蓝和 alpha。红、绿、蓝三个颜色结合在一起，就会生成一个像素的颜色。当所有分量值为 1 时，颜色为白色；当所有分量值为 0 时，颜色为黑色。alpha 分量用于确定像素的透明度。我们通常不会将背景色透明度值设为小于 1 的值。

你可以在渲染循环中找到对 glClear 的调用。这个调用使用 glClearColor 设置的值来填充 framebuffer，并覆盖上次使用该缓冲区时渲染的内容。请记住，当你使用双缓冲时，缓冲区渲染的帧数是两帧，而不是一帧。BasicShader::Setup 函数设置了渲染当前几何体的着色器。在这个程序中，这可能是一次性的操作，但对于程序来说，用一个给定的着色器渲染多个对象是比较常见的。

最后，glDrawElements 函数负责要求 OpenGL 渲染三角形。glDrawElements 调用指定你要渲染的三角形基元、要渲染的索引数量、索引类型以及指向索引数据流的指针。

图 14-1 是该程序产生的输出。

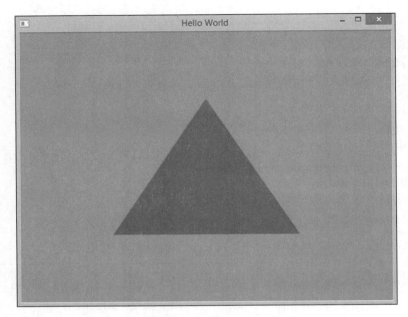

图 14-1　清单 14-6 中代码所呈现的三角形

14.3　创建纹理四边形

问题

GPU 能力有限，你想为你的对象提供一个更详细的外观。

解决方案

纹理贴图允许你创建二维图像，你可以将这些图像映射到网格的表面，以提供几何复杂性增强的外观。

工作原理

GLSL 提供了对采样器的支持，你可以用它来读取指定纹理的纹元。纹元（texel）是来自纹理的单一颜色元素，这个术语是纹理元素的简称，就像像素是图片元素的简称一样。像素这个词通常指的是显示器上构成图像的单个颜色。而纹元则指的是纹理图像中的单个颜色。

使用纹理坐标将纹理映射到网格。网格中的每个顶点都有一个相关的纹理坐标，你可以用这个坐标在片段着色器中查找要应用到片段的颜色。用 GPU 上的插值器单元，可以在多边形的表面上插入每个顶点的纹理坐标。从顶点着色器传递到片段着色器的插

值在 OpenGL 中使用 **varying** 关键字来表示。这个关键字在逻辑上是有意义的，因为
varying 是用来表示在多边形表面变化的变量。在顶点着色器中，**varying** 通过从属性
分配或由代码生成的方式进行初始化。

在担心应用程序包含纹理之前，你需要一种方法来表示包含纹理坐标的网格数据。清
单 14-7 展示了支持顶点数据中的纹理坐标的 **Geometry** 类的定义。

清单14-7　支持纹理坐标的Geometry类

```cpp
class Geometry
{
public:
    using Vertices = vector < float >;
    using Indices = vector < unsigned short >;

private:
    Vertices m_Vertices;
    Indices m_Indices;

    unsigned int m_NumVertexPositionElements{};
    unsigned int m_NumTextureCoordElements{};
    unsigned int m_VertexStride{};

public:
    Geometry() = default;
    ~Geometry() = default;

    void SetVertices(const Vertices& vertices)
    {
        m_Vertices = vertices;
    }

    Vertices::size_type GetNumVertices() const
    {
        return m_Vertices.size();
    }

    Vertices::const_pointer GetVertices() const
    {
        return m_Vertices.data();
    }

    void SetIndices(const Indices& indices)
    {
        m_Indices = indices;
    }

Indices::size_type GetNumIndices() const
{
    return m_Indices.size();
}

Indices::const_pointer GetIndices() const
```

```
{
    return m_Indices.data();
}
Vertices::const_pointer GetTexCoords() const
{
    return static_cast<Vertices::const_pointer>(&m_Vertices
    [m_NumVertexPositionElements]);
}
void SetNumVertexPositionElements(unsigned int numVertexPositionElements)
{
    m_NumVertexPositionElements = numVertexPositionElements;
}
unsigned int GetNumVertexPositionElements() const
{
    return m_NumVertexPositionElements;
}
void SetNumTexCoordElements(unsigned int numTexCoordElements)
{
    m_NumTextureCoordElements = numTexCoordElements;
}
unsigned int GetNumTexCoordElements() const
{
    return m_NumTextureCoordElements;
}
void SetVertexStride(unsigned int vertexStride)
{
    m_VertexStride = vertexStride;
    }
    unsigned int GetVertexStride() const
    {
        return m_VertexStride;
    }
};
```

此代码展示了在单独的 **vector** 中存储顶点和索引的 **Geometry** 类的定义。还有一些字段存储顶点位置元素的数量和纹理坐标元素的数量。单个顶点可以由 "可变数量的顶点元素" 和 "可变数量的纹理坐标" 组成。m_VertexStride 字段存储了从一个顶点开始到下一个顶点开始的字节数。GetTexCoords 方法是本类中比较重要的方法之一,因为它表明该类支持的顶点数据为结构数组格式。读取顶点数据主要有两种方式:你可以在单独的数组中为顶点和纹理坐标设置单独的流;或者可以设置单个流,这个流将顶点位置和每个顶点的纹理坐标数据交织在一起。这个类支持后一种形式,因为它是现代 GPU 最佳的数据格式。GetTexCoords 方法使用 m_NumVertexPositionElements 作为索引,返回第一个纹理坐标的地址，以找到该数据。这取决于你的网格数据被紧密地打包，并且你的第一个纹理坐标紧跟在顶点位置元素之后。

在使用 OpenGL 渲染纹理对象时，下一个重要的元素是可以从文件中加载纹理数据的类。TGA 文件格式简单易用，可以存储图像数据。它的简单性意味着在使用 OpenGL 时，它是未压缩纹理的常见文件格式选择。清单 14-8 中的 **TGAFile** 类展示了如何加载 TGA 文件。

清单14-8　TGAFile类

```cpp
class TGAFile
{
private:
#ifdef _MSC_VER
#pragma pack(push, 1)
#endif
    struct TGAHeader
    {
        unsigned char m_IdSize{};
        unsigned char m_ColorMapType{};
        unsigned char m_ImageType{};

        unsigned short m_PaletteStart{};
        unsigned short m_PaletteLength{};
        unsigned char m_PaletteBits{};

        unsigned short m_XOrigin{};
        unsigned short m_YOrigin{};
        unsigned short m_Width{};
        unsigned short m_Height{};

        unsigned char m_BytesPerPixel{};
        unsigned char m_Descriptor{};
    }
#ifndef _MSC_VER
    __attribute__ ((packed))
#endif // _MSC_VER
        ;

#ifdef _MSC_VER
#pragma pack(pop)
#endif

    std::vector<char> m_FileData;

    TGAHeader* m_pHeader{};
    void* m_pImageData{};
public:
    TGAFile(const std::string& filename)
    {
        std::ifstream fileStream{ filename, std::ios_base::binary };
```

```cpp
        if (fileStream.is_open())
        {
            fileStream.seekg(0, std::ios::end);
            m_FileData.resize(static_cast<unsigned int>(fileStream.tellg()));

            fileStream.seekg(0, std::ios::beg);
            fileStream.read(m_FileData.data(), m_FileData.size());

            fileStream.close();

            m_pHeader = reinterpret_cast<TGAHeader*>(m_FileData.data());
            m_pImageData = static_cast<void*>(m_FileData.data() +
            sizeof(TGAHeader));
        }
    }

    unsigned short GetWidth() const
    {
        return m_pHeader->m_Width;
    }

    unsigned short GetHeight() const
    {
        return m_pHeader->m_Height;
    }

    unsigned char GetBytesPerPixel() const
    {
        return m_pHeader->m_BytesPerPixel;
    }

    unsigned int GetDataSize() const
    {
        return m_FileData.size() - sizeof(TGAHeader);
    }

    void* GetImageData() const
    {
        return m_pImageData;
    }
};
```

　　TGAFile 类包含一个头结构，该结构表示由 Adobe Photoshop 等图像编辑程序保存时，TGA 文件中包含的头数据。这个结构有一些与之有关的有趣的编译器元数据。现代 C++ 编译器知道应用程序中数据结构的内存布局。一个给定的 CPU 架构可能会对位于某些内存边界上的变量进行更有效的操作。这对于那些不可移植的结构和在单 CPU 架构上的程序中使用的结构来说是没有问题的，但对于不同电脑上不同程序保存和加载的数据，它可能会引起一些问题。为了解决这个问题，你可以指定编译器可以添加到程序中的填充量，以优化对变量的访问权限。因为保存文件时 TGA 文件格式不包含任何填充，所以 **TGAHeader** 结构也不需要添加填充。当使用 Visual Studio 时，可以通过使用 `pragma` 预处理器指令以及 `pack` 命令来 `pash` 和 `pop` 打包值 1（a packing value of 1）来实现。在大多数其他编译器上，你可以使用 `__attribute__((packed))` 编译器指令来得到同样的结果。

`TGAHeader` 字段存储了代表文件中存储的图像数据类型的元数据。本节只处理 TGA 中的 RGBA 数据，所以唯一相关的字段是每个像素的宽度、高度和字节。这些都可以在文件中以 `TGAHeader` 结构表示的确切字节位置找到。文件中的数据通过指针映射到 `TGAHeader` 对象中。文件名被传递给类的构造函数，并使用 `ifstream` 对象打开和读取这个文件。`ifstream` 对象是为从文件读取数据而提供的 STL 类。你如果想要构造 `ifstream` 并且读取二进制数据，那么你可以向 `ifsteam` 传递两个参数：文件名和二进制数据模式。要想将整个文件读入 `char` 类型的向量中，可将文件读取指针移动到文件末尾来读取文件结尾的位置来确定文件中数据的大小，然后将文件读取指针移到文件的开头，再用这个大小来调整向量的大小。然后使用 `ifstream  read` 方法将数据读取到向量中，该方法需要一个指向应该读取数据的缓冲区的指针和要读取到的缓冲区的大小。然后你可以使用 `reinterpret_cast` 将从文件中读取的数据映射到 `TGAHeader` 结构上，`static_cast` 可以用来存储指向图像数据开头的指针。

使用单独的类将加载的 TGA 数据与 OpenGL 纹理设置分开。从 TGA 加载的数据可以传递给清单 14-9 所示的纹理类，以创建一个 OpenGL 纹理对象。

清单14-9　Texture类

```cpp
class Texture
{
private:
    unsigned int m_Width{};
    unsigned int m_Height{};
    unsigned int m_BytesPerPixel{};
    unsigned int m_DataSize{};

    GLuint m_Id{};

    void* m_pImageData;

public:
    Texture(const TGAFile& tgaFile)
        : Texture(tgaFile.GetWidth(),
            tgaFile.GetHeight(),
            tgaFile.GetBytesPerPixel(),
            tgaFile.GetDataSize(),
            tgaFile.GetImageData())
    {
    }
    Texture(unsigned int width,
            unsigned int height,
```

```
                    unsigned int bytesPerPixel,
                    unsigned int dataSize,
                    void* pImageData)
    : m_Width(width)
    , m_Height(height)
    , m_BytesPerPixel(bytesPerPixel)
    , m_DataSize(dataSize)
    , m_pImageData(pImageData)
{

}

~Texture() = default;
GLuint GetId() const
{
    return m_Id;
}

void Init()
{
    GLint packBits{ 4 };
    GLint internalFormat{ GL_RGBA };
    GLint format{ GL_BGRA };

    glGenTextures(1, &m_Id);
    glBindTexture(GL_TEXTURE_2D, m_Id);
    glPixelStorei(GL_UNPACK_ALIGNMENT, packBits);
    glTexImage2D(GL_TEXTURE_2D,
        0,
        internalFormat,
        m_Width,
        m_Height,
        0,
        format,
        GL_UNSIGNED_BYTE,
        m_pImageData);
}
};
```

Texture 类将初始化 OpenGL 纹理，以便在渲染对象时使用。该类提供了两个类构造函数，以简化从 TGA 文件或内存数据中初始化类的过程。带有 **TGAFile** 引用的构造函数使用 C++11 的委派构造函数概念来调用内存中的构造函数。**Init** 方法负责创建 OpenGL 纹理对象，该方法可以使用构造函数中提供的宽度和高度从 BGRA 源中创建 RGBA 纹理。你可能会注意到，TGA 文件中的源像素是从后向前的。这个方法负责将红色和绿色通道转置到 GPU 的正确位置。**glTextImage2D** 函数将图像数据拷贝到 GPU 上，这样 **draw** 调用就可以在片段着色器中使用这些纹理数据。

能够使用纹理进行渲染的下一步是查看 **TextureShader** 类，它包括一个顶点着色器，可以读取纹理坐标，并通过一个不同的对象将其传递给片段着色器。你可以在清单 14-10 中看到这个类。

清单14-10　TextureShader类

```cpp
class Shader
{
private:
    void LoadShader(GLuint id, const std::string& shaderCode)
    {
        const unsigned int NUM_SHADERS{ 1 };

        const char* pCode{ shaderCode.c_str() };
        GLint length{ static_cast<GLint>(shaderCode.length()) };

        glShaderSource(id, NUM_SHADERS, &pCode, &length);

        glCompileShader(id);

        glAttachShader(m_ProgramId, id);
    }

protected:
    GLuint m_VertexShaderId{ GL_INVALID_VALUE };
    GLuint m_FragmentShaderId{ GL_INVALID_VALUE };
    GLint m_ProgramId{ GL_INVALID_VALUE };

    std::string m_VertexShaderCode;
    std::string m_FragmentShaderCode;

public:
    Shader() = default;
    virtual ~Shader() = default;

    virtual void Link()
    {
        m_ProgramId = glCreateProgram();

        m_VertexShaderId = glCreateShader(GL_VERTEX_SHADER);
        LoadShader(m_VertexShaderId, m_VertexShaderCode);
        m_FragmentShaderId = glCreateShader(GL_FRAGMENT_SHADER);
        LoadShader(m_FragmentShaderId, m_FragmentShaderCode);

        glLinkProgram(m_ProgramId);
    }

    virtual void Setup(const Geometry& geometry)
    {
        glUseProgram(m_ProgramId);
    }
};

class TextureShader
    : public Shader
```

```cpp
{
private:
    const Texture& m_Texture;

    GLint m_PositionAttributeHandle;
    GLint m_TextureCoordinateAttributeHandle;
    GLint m_SamplerHandle;
public:
    TextureShader(const Texture& texture)
        : m_Texture(texture)
    {
        m_VertexShaderCode =
            "attribute  vec4 a_vPosition;              \n"
            "attribute  vec2 a_vTexCoord;              \n"
            "varying    vec2 v_vTexCoord;              \n"
            "                                          \n"
            "void main() {                             \n"
            "   gl_Position = a_vPosition;             \n"
            "   v_vTexCoord = a_vTexCoord;             \n"
            "}                                         \n";

        m_FragmentShaderCode =
            "#version 150                              \n"
            "                                          \n"
            "precision highp float;                    \n"
            "varying vec2 v_vTexCoord;                 \n"
            "uniform sampler2D s_2dTexture;            \n"
            "                                          \n"
            "void main() {                             \n"
            "   gl_FragColor =                         \n"
            "       texture2D(s_2dTexture, v_vTexCoord); \n"
            "}                                         \n";
    }

    ~TextureShader() override = default;

    void Link() override
    {
        Shader::Link();

        m_PositionAttributeHandle = glGetAttribLocation(m_ProgramId,
        "a_vPosition");
        m_TextureCoordinateAttributeHandle = glGetAttribLocation
        (m_ProgramId, "a_vTexCoord");

        m_SamplerHandle = glGetUniformLocation(m_ProgramId, "s_2dTexture");
    }

    void Setup(const Geometry& geometry) override
    {
        Shader::Setup(geometry);
```

```
        glActiveTexture(GL_TEXTURE0);
        glBindTexture(GL_TEXTURE_2D, m_Texture.GetId());
        glUniform1i(m_SamplerHandle, 0);

        glTexParameteri(GL_TEXTURE_2D, GL_TEXTURE_WRAP_S, GL_CLAMP_TO_EDGE);
        glTexParameteri(GL_TEXTURE_2D, GL_TEXTURE_WRAP_T, GL_CLAMP_TO_EDGE);

        glTexParameteri(GL_TEXTURE_2D, GL_TEXTURE_MIN_FILTER, GL_LINEAR);
        glTexParameteri(GL_TEXTURE_2D, GL_TEXTURE_MAG_FILTER, GL_LINEAR);
        glVertexAttribPointer(
            m_PositionAttributeHandle,
            geometry.GetNumVertexPositionElements(),
            GL_FLOAT,
            GL_FALSE,
            geometry.GetVertexStride(),
            geometry.GetVertices());
        glEnableVertexAttribArray(m_PositionAttributeHandle);

        glVertexAttribPointer(
            m_TextureCoordinateAttributeHandle,
            geometry.GetNumTexCoordElements(),
            GL_FLOAT,
            GL_FALSE,
            geometry.GetVertexStride(),
            geometry.GetTexCoords());
        glEnableVertexAttribArray(m_TextureCoordinateAttributeHandle);
    }
};
```

TextureShader 类继承自 Shader 类。TextureShader 类的构造函数中的顶点着色器代码包含两个属性和一个变量。顶点的位置元素不加修改直接传递给内置的 gl_Position 变量，该变量接收顶点的最终变换位置。a_vTexCoord 属性被传递给 v_vTexCoord 变量。变量用于将插值数据从顶点着色器传输到片段着色器，因此你的顶点着色器和片段着色器都必须包含具有相同类型和名称的变量。OpenGL 在屏幕后面处理管道，以确保将来自顶点着色器的变化输出传递到片段着色器中的相同变化。

片段着色器包含一个 uniform。uniform 更像是着色器常量，因为它们是通过对每次绘制调用的单次调用来设置的，而着色器的每个实例接收相同的值。在这种情况下，片段着色器的每个实例都会收到相同的采样器 ID，以从相同的纹理中获取数据。使用 texture2D 函数读取这些数据，它采取 sampler2D uniform 和 v_vTexCoord 变量。纹理坐标变量已经在多边形的表面上进行了插值，因此可以使用来自纹理数据的不同纹元来映射多边形。

TextureShader::Setup 函数负责在每次 draw 调用之前初始化采样器的状态。使用 glActiveTexture 函数初始化要使用的纹理单元。使用 glBindTexture 将纹理绑定到这个纹理单元上，glBindTexture 传递的是 OpenGL 纹理的 ID。uniform 绑定有些不直观。glActiveTexture 接收常数 GL_TEXTURE0 作为值，而不是 0。这使得 glActiveTexture 调用可以将纹理与纹理映像单元绑定关联起来，但片段着色器并没有使用相同的值，而是使用纹理映像单元的索引。在这种情况下，GL_TEXTURE0 可以在索引 0 处找到，因此值 0 被绑定到片段着色器中的 m_SamplerHandle uniform。

然后为绑定纹理初始化采样器参数。它们被设置为在两个方向上夹住纹理。这对于你想在纹理坐标的正常范围 0-1 之外使用数值的情况会很有用。在这些情况下，还可以设置纹理环绕、重复或镜像。接下来的两个选项配置了当纹理在屏幕上被缩小或放大时的采样设置。当纹理被应用到一个比纹理在 1：1 贴图时占用更少屏幕空间的对象时，就会发生最小化。这可能发生在一个 512×512 的纹理上，而这个纹理是以 256×256 像素在屏幕上渲染的。放大的情况正好相反，当纹理被渲染到一个对象上时，该对象所占用的屏幕空间比纹理所提供的纹理像素还要多。线性映射使用最接近取样点的四个纹元来计算出应用于片段的颜色的平均值。这使纹理的外观不那么块状化，但代价是使纹理稍微模糊。根据纹理的缩小或放大率，效果会更明显。

然后 TextureShader::Setup 函数初始化顶点着色器属性字段的数据流。顶点位置元素被绑定到 m_PositionAttributeHandle 位置，使用几何体对象中的位置元素数量以及该位置的步长。属性初始化后，通过调用 glEnableVertexAttribArray 来启用它。使用相同的函数但不同的数据来初始化 m_TextureCoordinateAttributeHandle 属性。每个顶点的纹理元素数量以及纹理坐标流是从 geometry 对象中检索的。顶点数据和纹理数据的数据步长均保持不变，因为它们是以结构数组格式打包到同一个流中的。

清单 14-11 中的代码将所有这些内容整合在一起，并添加了一个 main 函数来展示如何初始化纹理和几何体，以便将应用了纹理图像的四边形渲染到屏幕上。

清单14-11　纹理四边形程序

```
#include "GL/glew.h"
#include "GLFW/glfw3.h"
#include <string>
#include <vector>

using namespace std;

class Geometry
{
public:
    using Vertices = vector < float >;
    using Indices = vector < unsigned short >;

private:
    Vertices m_Vertices;
    Indices m_Indices;

    unsigned int m_NumVertexPositionElements{};
    unsigned int m_NumTextureCoordElements{};
```

```cpp
        unsigned int m_VertexStride{};
public:
    Geometry() = default;
    ~Geometry() = default;

    void SetVertices(const Vertices& vertices)
    {
        m_Vertices = vertices;
    }

    Vertices::size_type GetNumVertices() const
    {
        return m_Vertices.size();
    }

    Vertices::const_pointer GetVertices() const
    {
        return m_Vertices.data();
    }

    void SetIndices(const Indices& indices)
    {
        m_Indices = indices;
    }

    Indices::size_type GetNumIndices() const
    {
        return m_Indices.size();
    }

    Indices::const_pointer GetIndices() const
    {
        return m_Indices.data();
    }

    Vertices::const_pointer GetTexCoords() const
    {
        return static_cast<Vertices::const_pointer>(&m_Vertices[m_
        NumVertexPositionElements]);
    }

    void SetNumVertexPositionElements(unsigned int numVertexPositionElements)
    {
        m_NumVertexPositionElements = numVertexPositionElements;
    }

    unsigned int GetNumVertexPositionElements() const
    {
        return m_NumVertexPositionElements;
    }

    void SetNumTexCoordElements(unsigned int numTexCoordElements)
    {
```

```cpp
            m_NumTextureCoordElements = numTexCoordElements;
        }

        unsigned int GetNumTexCoordElements() const
        {
            return m_NumTextureCoordElements;
        }

        void SetVertexStride(unsigned int vertexStride)
        {
            m_VertexStride = vertexStride;
        }

        unsigned int GetVertexStride() const
        {
            return m_VertexStride;
        }
};
class TGAFile
{
private:
#ifdef _MSC_VER
#pragma pack(push, 1)
#endif
        struct TGAHeader
        {
            unsigned char m_IdSize{};
            unsigned char m_ColorMapType{};
            unsigned char m_ImageType{};

            unsigned short m_PaletteStart{};
            unsigned short m_PaletteLength{};
            unsigned char m_PaletteBits{};

            unsigned short m_XOrigin{};
            unsigned short m_YOrigin{};
            unsigned short m_Width{};
            unsigned short m_Height{};

            unsigned char m_BytesPerPixel{};
            unsigned char m_Descriptor{};
        }
#ifndef _MSC_VER
    __attribute__ ((packed))
#endif // _MSC_VER
        ;

#ifdef _MSC_VER
#pragma pack(pop)
#endif

    std::vector<char> m_FileData;
```

```cpp
        TGAHeader* m_pHeader{};
        void* m_pImageData{};
    public:
        TGAFile(const std::string& filename)
        {
            std::ifstream fileStream{ filename, std::ios_base::binary };
            if (fileStream.is_open())
            {
                fileStream.seekg(0, std::ios::end);
                m_FileData.resize(static_cast<unsigned int>(fileStream.tellg()));

                fileStream.seekg(0, std::ios::beg);
                fileStream.read(m_FileData.data(), m_FileData.size());

                fileStream.close();

                m_pHeader = reinterpret_cast<TGAHeader*>(m_FileData.data());
                m_pImageData = static_cast<void*>(m_FileData.data() +
                sizeof(TGAHeader));
            }
        }
        unsigned short GetWidth() const
        {
            return m_pHeader->m_Width;
        }

        unsigned short GetHeight() const
        {
            return m_pHeader->m_Height;
        }

        unsigned char GetBytesPerPixel() const
        {
            return m_pHeader->m_BytesPerPixel;
        }

        unsigned int GetDataSize() const
        {
            return m_FileData.size() - sizeof(TGAHeader);
        }

        void GetImageData() const
        {
            return m_pImageData;
        }
};
class Texture
{
private:
    unsigned int m_Width{};
```

```cpp
        unsigned int m_Height{};
        unsigned int m_BytesPerPixel{};
        unsigned int m_DataSize{};

        GLuint m_Id{};

        void m_pImageData;
public:
        Texture(const TGAFile& tgaFile)
            : Texture(tgaFile.GetWidth(),
                tgaFile.GetHeight(),
                tgaFile.GetBytesPerPixel(),
                tgaFile.GetDataSize(),
                tgaFile.GetImageData())
        {
        }

        Texture(unsigned int width,
                unsigned int height,
                unsigned int bytesPerPixel,
                unsigned int dataSize,
                void pImageData)
            : m_Width(width)
            , m_Height(height)
            , m_BytesPerPixel(bytesPerPixel)
            , m_DataSize(dataSize)
            , m_pImageData(pImageData)
        {
        }

        ~Texture() = default;

        GLuint GetId() const
        {
            return m_Id;
        }

        void Init()
        {
            GLint packBits{ 4 };
            GLint internalFormat{ GL_RGBA };
            GLint format{ GL_BGRA };

            glGenTextures(1, &m_Id);

            glBindTexture(GL_TEXTURE_2D, m_Id);
            glPixelStorei(GL_UNPACK_ALIGNMENT, packBits);
            glTexImage2D(GL_TEXTURE_2D,
                0,
                internalFormat,
                m_Width,
```

```
                m_Height,
                0,
                format,
                GL_UNSIGNED_BYTE,
                m_pImageData);
        }
};

class Shader
{
private:
    void LoadShader(GLuint id, const std::string& shaderCode)
    {
        const unsigned int NUM_SHADERS{ 1 };

        const char* pCode{ shaderCode.c_str() };
        GLint length{ static_cast<GLint>(shaderCode.length()) };

        glShaderSource(id, NUM_SHADERS, &pCode, &length);

        glCompileShader(id);

        glAttachShader(m_ProgramId, id);
    }

protected:
    GLuint m_VertexShaderId{ GL_INVALID_VALUE };
    GLuint m_FragmentShaderId{ GL_INVALID_VALUE };
    GLint m_ProgramId{ GL_INVALID_VALUE };

    std::string m_VertexShaderCode;
    std::string m_FragmentShaderCode;
public:
    Shader() = default;
    virtual ~Shader() = default;

    virtual void Link()
    {
        m_ProgramId = glCreateProgram();

        m_VertexShaderId = glCreateShader(GL_VERTEX_SHADER);
        LoadShader(m_VertexShaderId, m_VertexShaderCode);

        m_FragmentShaderId = glCreateShader(GL_FRAGMENT_SHADER);
        LoadShader(m_FragmentShaderId, m_FragmentShaderCode);

        glLinkProgram(m_ProgramId);
    }

    virtual void Setup(const Geometry& geometry)
    {
        glUseProgram(m_ProgramId);
    }
};
```

```cpp
class TextureShader
    : public Shader
{
private:
    const Texture& m_Texture;

    GLint m_PositionAttributeHandle;
    GLint m_TextureCoordinateAttributeHandle;
    GLint m_SamplerHandle;

public:
    TextureShader(const Texture& texture)
        : m_Texture(texture)
    {
        m_VertexShaderCode =
            "attribute  vec4 a_vPosition;              \n"
        "attribute  vec2 a_vTexCoord;              \n"
        "varying    vec2 v_vTexCoord;              \n"
        "                                          \n"
        "void main() {                             \n"
        "   gl_Position = a_vPosition;             \n"
        "   v_vTexCoord = a_vTexCoord;             \n"
        "}                                         \n";

        m_FragmentShaderCode =
            "#version 150                          \n"
        "                                          \n"
        "precision highp float;                    \n"
        "varying vec2 v_vTexCoord;                 \n"
        "uniform sampler2D s_2dTexture;            \n"
        "                                          \n"
        "void main() {                             \n"
        "   gl_FragColor =                         \n"
        "       texture2D(s_2dTexture, v_vTexCoord); \n"
        "}                                         \n";
    }

    ~TextureShader() override = default;

    void Link() override
    {
        Shader::Link();

        m_PositionAttributeHandle = glGetAttribLocation(m_ProgramId,
        "a_vPosition");
        m_TextureCoordinateAttributeHandle = glGetAttribLocation
        (m_ProgramId, "a_vTexCoord");

        m_SamplerHandle = glGetUniformLocation(m_ProgramId, "s_2dTexture");
    }

    void Setup(const Geometry& geometry) override
```

```
    {
        Shader::Setup(geometry);
            glActiveTexture(GL_TEXTURE0);
            glBindTexture(GL_TEXTURE_2D, m_Texture.GetId());
            glUniform1i(m_SamplerHandle, 0);

            glTexParameteri(GL_TEXTURE_2D, GL_TEXTURE_WRAP_S, GL_CLAMP_TO_EDGE);
            glTexParameteri(GL_TEXTURE_2D, GL_TEXTURE_WRAP_T, GL_CLAMP_TO_EDGE);

            glTexParameteri(GL_TEXTURE_2D, GL_TEXTURE_MIN_FILTER, GL_LINEAR);
            glTexParameteri(GL_TEXTURE_2D, GL_TEXTURE_MAG_FILTER, GL_LINEAR);

            glVertexAttribPointer(
                m_PositionAttributeHandle,
                geometry.GetNumVertexPositionElements(),
                GL_FLOAT,
                GL_FALSE,
                geometry.GetVertexStride(),
                geometry.GetVertices());
            glEnableVertexAttribArray(m_PositionAttributeHandle);

            glVertexAttribPointer(
                m_TextureCoordinateAttributeHandle,
                geometry.GetNumTexCoordElements(),
                GL_FLOAT,
                GL_FALSE,
                geometry.GetVertexStride(),
                geometry.GetTexCoords());
            glEnableVertexAttribArray(m_TextureCoordinateAttributeHandle);
    }
};

int CALLBACK WinMain(
    _In_ HINSTANCE hInstance,
    _In_ HINSTANCE hPrevInstance,
    _In_ LPSTR lpCmdLine,
    _In_ int nCmdShow
    )
{
    GLFWwindow* window;

    // Initialize the library
    if (!glfwInit())
    {
        return -1;
    }

    // Create a windowed mode window and its OpenGL context
    window = glfwCreateWindow(640, 480, "Hello World", NULL, NULL);
    if (!window)
    {
        glfwTerminate();
```

```
        return -1;
    }
    // Make the window's context current
    glfwMakeContextCurrent(window);

    GLenum glewError{ glewInit() };
    if (glewError != GLEW_OK)
    {
        return -1;
    }

    TGAFile myTextureFile("MyTexture.tga");
    Texture myTexture(myTextureFile);
    myTexture.Init();

    TextureShader textureShader(myTexture);
    textureShader.Link();

    Geometry quad;
    Geometry::Vertices vertices{
        -0.5f, 0.5f, 0.0f,
        0.0f, 1.0f,
        0.5f, 0.5f, 0.0f,
        1.0f, 1.0f,
        -0.5f, -0.5f, 0.0f,
        0.0f, 0.0f,
        0.5f, -0.5f, 0.0f,
        1.0f, 0.0f
    };

    Geometry::Indices indices{ 0, 2, 1, 2, 3, 1 };

    quad.SetVertices(vertices);
    quad.SetIndices(indices);
    quad.SetNumVertexPositionElements(3);
    quad.SetNumTexCoordElements(2);
    quad.SetVertexStride(sizeof(float) * 5);

    glClearColor(0.25f, 0.25f, 0.95f, 1.0f);

    // Loop until the user closes the window
    while (!glfwWindowShouldClose(window))
    {
        glClear(GL_COLOR_BUFFER_BIT);

        textureShader.Setup(quad);

        glDrawElements(GL_TRIANGLES,
            quad.GetNumIndices(),
            GL_UNSIGNED_SHORT,
            quad.GetIndices());

        // Swap front and back buffers
        glfwSwapBuffers(window);
```

```
        // Poll for and process events
        glfwPollEvents();
    }

    glfwTerminate();
    return 0;
}
```

清单 14-11 中的程序完整源码展示了如何将本节中介绍的所有类集合在一起渲染一个纹理四边形。初始化 **TGAFile** 类以加载 **MyTexture.tga** 文件，这个初始化后的 **TGAFile** 类又传递给 **myTexture** 对象（类型是 **Texture**）。调用 **Texture::Init** 函数来初始化 OpenGL **texture** 对象。初始化后的 **texture** 又被传递给 **TextureShader** 类的实例，该实例创建、初始化并链接可用于渲染 2D 纹理几何体的 OpenGL 着色器程序，然后创建几何体。指定的顶点包括三个位置元素和每个顶点的两个纹理坐标元素。OpenGL 使用四个顶点和六个索引来渲染由两个三角形组成的四边形。两个三角形共享索引 1 和 2 的顶点。你可以看到如何使用索引来减少网格所需的几何定义。这里还有另一个优化优势：许多现代 CPU 会缓存已经处理过的顶点的结果，所以你可以从缓存中读取重用的顶点数据，而不必让 GPU 重新处理。

在完成所有设置工作后，实际的渲染工作就变得很容易了。有些调用需要清空帧缓冲区、设置着色器、绘制元素、交换缓冲区以及轮询操作系统事件。图 14-2 展示了当一切都完成并正常工作时该程序的输出。

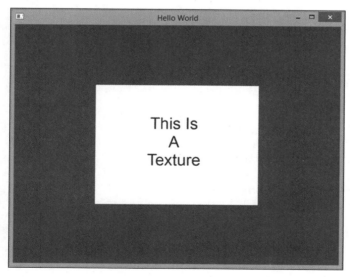

图 14-2　显示使用 OpenGL 渲染的纹理四边形的输出

14.4 从文件中加载几何体

问题

你希望能够从团队中的艺术家们创建的文件中加载网格数据。

解决方案

C++ 允许你编写可以加载许多不同文件格式的代码。本节告诉你如何加载 Wavefront .obj 文件。

工作原理

.obj 文件格式最初由 Wavefront Technologies 开发。它可以从许多 3D 建模程序中导出，并且是一种简单的基于文本的格式，使其成为学习如何导入 3D 数据的理想媒介。清单 14-12 中的 OBJFile 类展示了如何从源文件加载 .obj 文件。

清单14-12 加载一个.obj文件

```
class OBJFile
{
public:
    using Vertices = vector < float > ;
    using TextureCoordinates = vector < float > ;
    using Normals = vector < float > ;
    using Indices = vector < unsigned short > ;

private:
    Vertices m_VertexPositions;
    TextureCoordinates m_TextureCoordinates;
    Normals m_Normals;

    Indices m_Indices;

public:
    OBJFile(const std::string& filename)
    {
std::ifstream fileStream{ filename, std::ios_base::in };
if (fileStream.is_open())
{
    while (!fileStream.eof())
    {
        std::string line;
        getline(fileStream, line);

        stringstream lineStream{ line };

        std::string firstSymbol;
```

```cpp
        lineStream >> firstSymbol;

        if (firstSymbol == "v")
        {
            float vertexPosition{};

            for (unsigned int i = 0; i < 3; ++i)
            {
                lineStream >> vertexPosition;
                m_VertexPositions.emplace_back(vertexPosition);
            }
        }
        else if (firstSymbol == "vt")
        {
            float textureCoordinate{};

            for (unsigned int i = 0; i < 2; ++i)
            {
                lineStream >> textureCoordinate;
                m_TextureCoordinates.emplace_back(textureCoordinate);
            }
        }
        else if (firstSymbol == "vn")
        {
            float normal{};

            for (unsigned int i = 0; i < 3; ++i)
                {
                    lineStream >> normal;
                    m_Normals.emplace_back(normal);
                }
            }
            else if (firstSymbol == "f")
            {
                char separator;
                unsigned short index{};

                for (unsigned int i = 0; i < 3; ++i)
                {
                    for (unsigned int j = 0; j < 3; ++j)
                    {
                        lineStream >> index;
                        m_Indices.emplace_back(index);

                        if (j < 2)
                        {
                            lineStream >> separator;
                        }
                    }
                }
            }
```

```
            }
        }
    }
    const Vertices& GetVertices() const
    {
        return m_VertexPositions;
    }

    const TextureCoordinates& GetTextureCoordinates() const
    {
        return m_TextureCoordinates;
    }
    const Normals& GetNormals() const
    {
        return m_Normals;
    }

    const Indices& GetIndices() const
    {
        return m_Indices;
    }
};
```

这段代码展示了如何从一个 `.obj` 文件中读取数据。`.obj` 数据以行存储。代表顶点位置的行以字母 v 开头，包含三个浮点数，分别代表顶点的 x、y 和 z 位移。以 vt 开头的行包含纹理坐标，两个浮点数代表纹理坐标的 u 和 v 分量。vn 线代表顶点法线，包含顶点法线的 x、y 和 z 分量。最后一种你感兴趣的线条以 n 开头，代表三角形的索引。每个顶点在面中用三个数字表示：第一个数字表示顶点位置列表的索引；第二个数字表示纹理坐标的索引；第三个数字表示顶点法线的索引。所有这些数据都被加载到该类中的四个向量中。有访问器可以从这个类中检索数据。清单 14-13 中的 **Geometry** 类有一个构造函数，它可以引用 **OBJFile** 对象，并创建 OpenGL 可以渲染的网格。

清单14-13 Geometry类

```
class Geometry
{
public:
    using Vertices = vector < float >;
    using Indices = vector < unsigned short >;
private:
    Vertices m_Vertices;
    Indices m_Indices;

    unsigned int m_NumVertexPositionElements{};
    unsigned int m_NumTextureCoordElements{};
    unsigned int m_VertexStride{};
```

```
public:
    Geometry() = default;
    Geometry(const OBJFile& objFile)
    {
        const OBJFile::Indices& objIndices{ objFile.GetIndices() };

        const OBJFile::Vertices& objVertexPositions{ objFile.GetVertices() };
        const OBJFile::TextureCoordinates& objTextureCoordinates{
            objFile.GetTextureCoordinates() };

        for (unsigned int i = 0; i < objIndices.size(); i += 3U)
        {
            m_Indices.emplace_back(i / 3);

            const Indices::value_type index{ objIndices[i] - 1U };
            const unsigned int vertexPositionIndex{ index * 3U };

            m_Vertices.emplace_back(objVertexPositions[vertexPositionIndex]);
            m_Vertices.emplace_back(objVertexPositions[vertexPositionIndex+1]);
            m_Vertices.emplace_back(objVertexPositions[vertexPositionIndex+2]);

            const OBJFile::TextureCoordinates::size_type texCoordObjIndex{
                objIndices[i + 1] - 1U };
            const unsigned int textureCoodsIndex{ texCoordObjIndex * 2U };

            m_Vertices.emplace_back(objTextureCoordinates[textureCoodsIndex]);
            m_Vertices.emplace_back(objTextureCoordinates[textureCoodsIndex+1]);
        }
    }

    ~Geometry() = default;

    void SetVertices(const Vertices& vertices)
    {
        m_Vertices = vertices;
    }

    Vertices::size_type GetNumVertices() const
    {
        return m_Vertices.size();
    }

Vertices::const_pointer GetVertices() const
{
    return m_Vertices.data();
}

void SetIndices(const Indices& indices)
{
    m_Indices = indices;
}

Indices::size_type GetNumIndices() const
{
```

```
        return m_Indices.size();
    }

    Indices::const_pointer GetIndices() const
    {
        return m_Indices.data();
    }

    Vertices::const_pointer GetTexCoords() const
    {
        return static_cast<Vertices::const_pointer>(&m_Vertices
        [m_NumVertexPositionElements]);
    }

    void SetNumVertexPositionElements(unsigned int numVertexPositionElements)
    {
        m_NumVertexPositionElements = numVertexPositionElements;
    }

    unsigned int GetNumVertexPositionElements() const
    {
        return m_NumVertexPositionElements;
    }

    void SetNumTexCoordElements(unsigned int numTexCoordElements)
    {
        m_NumTextureCoordElements = numTexCoordElements;
    }

    unsigned int GetNumTexCoordElements() const
    {
        return m_NumTextureCoordElements;
    }

    void SetVertexStride(unsigned int vertexStride)
    {
        m_VertexStride = vertexStride;
    }

    unsigned int GetVertexStride() const
    {
        return m_VertexStride;
    }
};
```

清单 14-13 包含了 Geometry 类的构造函数，它可以从 OBJFile 实例中构建 OpenGL 的几何体。OBJFile::m_Indices 向量包含了每个 OpenGL 顶点的三个索引。本节中的 Geometry 类只关注顶点位置索引和纹理坐标索引，但 for 循环仍被配置为每次迭代都会跳过三个索引。Geometry 对象的顶点索引是 obj 索引除以 3，当前顶点是由每次 for 循环迭代中查找给定 obj 索引所得到的 obj 顶点位置和纹理坐标所得到的数据构建而成。.obj 文件中的顶点索引和纹理坐标索引从 1 开始，而不是从 0 开始，所以要从每个索引中减去 1，以得到正确的索引。然后将该顶点位置索引乘以 3，纹理坐标索引乘以 2，因为每个顶点位置有 3 个元素，每个纹理坐标有 2 个元素是从原始 `.obj` 文件中读入的。循环结束后，你就得到了一个带有从文件中加载的顶点和纹理坐标数据的 **Geometry** 对象。清单 14-14 展示了如何使用这些类在程序中渲染一个纹理球体，这个纹理球体是通过 Blender 3D 建模包创建并导出的。

> 注意　本书中的大多数章节都是自成一体的，但是 OpenGL API 涵盖了很多代码，对于执行看似简单的任务来说，这些代码是必需的。清单 14-14 包含了 14.3 节中涉及的 **Texture** 类、**Shader** 类和 **TextureShader** 类。

清单14-14　渲染有纹理的球体

```cpp
#include <cassert>
#include <fstream>
#include "GL/glew.h"
#include "GLFW/glfw3.h"
#include <memory>
#include <sstream>
#include <string>
#include <vector>

using namespace std;

class OBJFile
{
public:
    using Vertices = vector < float > ;
    using TextureCoordinates = vector < float > ;
    using Normals = vector < float > ;
    using Indices = vector < unsigned short > ;

private:
    Vertices m_VertexPositions;
    TextureCoordinates m_TextureCoordinates;
    Normals m_Normals;

    Indices m_Indices;

public:
    OBJFile(const std::string& filename)
    {
        std::ifstream fileStream{ filename, std::ios_base::in };
        if (fileStream.is_open())
        {
            while (!fileStream.eof())
            {
                std::string line;
                getline(fileStream, line);
```

```cpp
        stringstream lineStream{ line };

        std::string firstSymbol;
        lineStream >> firstSymbol;

        if (firstSymbol == "v")
        {
            float vertexPosition{};

            for (unsigned int i = 0; i < 3; ++i)
            {
                lineStream >> vertexPosition;
                m_VertexPositions.emplace_back(vertexPosition);
            }
        }
        else if (firstSymbol == "vt")
        {
            float textureCoordinate{};

            for (unsigned int i = 0; i < 2; ++i)
            {
                lineStream >> textureCoordinate;
                m_TextureCoordinates.emplace_back(textureCoordinate);
            }
        }
        else if (firstSymbol == "vn")
        {
            float normal{};

            for (unsigned int i = 0; i < 3; ++i)
            {
            lineStream >> normal;
            m_Normals.emplace_back(normal);
            }
        }
        else if (firstSymbol == "f")
        {
            char separator;
            unsigned short index{};

            for (unsigned int i = 0; i < 3; ++i)
            {
                for (unsigned int j = 0; j < 3; ++j)
                {
                    lineStream >> index;
                    m_Indices.emplace_back(index);

                    if (j < 2)
                    {
                        lineStream >> separator;
                    }
                }
```

```
                        }
                    }
                }
            }
        }
        const Vertices& GetVertices() const
        {
            return m_VertexPositions;
        }
        const TextureCoordinates& GetTextureCoordinates() const
        {
            return m_TextureCoordinates;
        }
        const Normals& GetNormals() const
            {
                return m_Normals;
            }
            const Indices& GetIndices() const
            {
                return m_Indices;
            }
    };
    class Geometry
    {
    public:
        using Vertices = vector < float >;
        using Indices = vector < unsigned short >;
    private:
        Vertices m_Vertices;
        Indices m_Indices;

        unsigned int m_NumVertexPositionElements{};
        unsigned int m_NumTextureCoordElements{};
        unsigned int m_VertexStride{};
    public:
        Geometry() = default;
        Geometry(const OBJFile& objFile)
        {
            const OBJFile::Indices& objIndices{ objFile.GetIndices() };

            const OBJFile::Vertices& objVertexPositions{ objFile.GetVertices() };
            const OBJFile::TextureCoordinates& objTextureCoordinates{
                objFile.GetTextureCoordinates() };

            for (unsigned int i = 0; i < objIndices.size(); i += 3U)
            {
```

```
            m_Indices.emplace_back(i / 3);

            const Indices::value_type index{ objIndices[i] - 1U };
            const unsigned int vertexPositionIndex{ index * 3U };
        m_Vertices.emplace_back(objVertexPositions[vertexPositionIndex]);
        m_Vertices.emplace_back(objVertexPositions[vertexPositionIndex+1]);
        m_Vertices.emplace_back(objVertexPositions[vertexPositionIndex+2]);

        const OBJFile::TextureCoordinates::size_type texCoordObjIndex{
            objIndices[i + 1] - 1U };
        const unsigned int textureCoodsIndex{ texCoordObjIndex * 2U };

        m_Vertices.emplace_back(objTextureCoordinates[textureCoodsIndex]);
        m_Vertices.emplace_back(objTextureCoordinates[textureCoodsIndex+1]);
    }
}

~Geometry() = default;

void SetVertices(const Vertices& vertices)
{
    m_Vertices = vertices;
}

Vertices::size_type GetNumVertices() const
{
    return m_Vertices.size();
}

Vertices::const_pointer GetVertices() const
{
    return m_Vertices.data();
}

void SetIndices(const Indices& indices)
{
    m_Indices = indices;
}

Indices::size_type GetNumIndices() const
{
    return m_Indices.size();
}

    Indices::const_pointer GetIndices() const
    {
        return m_Indices.data();
    }

    Vertices::const_pointer GetTexCoords() const
    {
        return static_cast<Vertices::const_pointer>(&m_Vertices
        [m_NumVertexPositionElements]);
    }
```

```
        void SetNumVertexPositionElements(unsigned int numVertexPositionElements)
        {
            m_NumVertexPositionElements = numVertexPositionElements;
        }

        unsigned int GetNumVertexPositionElements() const
        {
            return m_NumVertexPositionElements;
        }

        void SetNumTexCoordElements(unsigned int numTexCoordElements)
        {
            m_NumTextureCoordElements = numTexCoordElements;
        }

        unsigned int GetNumTexCoordElements() const
        {
            return m_NumTextureCoordElements;
        }

        void SetVertexStride(unsigned int vertexStride)
        {
            m_VertexStride = vertexStride;
        }

        unsigned int GetVertexStride() const
        {
            return m_VertexStride;
        }
};

class TGAFile
{
private:
#ifdef _MSC_VER
#pragma pack(push, 1)
#endif
    struct TGAHeader
    {
        unsigned char m_IdSize{};
        unsigned char m_ColorMapType{};
        unsigned char m_ImageType{};

        unsigned short m_PaletteStart{};
        unsigned short m_PaletteLength{};
        unsigned char m_PaletteBits{};

        unsigned short m_XOrigin{};
        unsigned short m_YOrigin{};
        unsigned short m_Width{};
        unsigned short m_Height{};

        unsigned char m_BytesPerPixel{};
```

```
            unsigned char m_Descriptor{};
    }
#ifndef _MSC_VER
    __attribute__ ((packed))
#endif // _MSC_VER
        ;

#ifdef _MSC_VER
#pragma pack(pop)
#endif

    std::vector<char> m_FileData;
    TGAHeader* m_pHeader{};
    void* m_pImageData{};
public:
    TGAFile(const std::string& filename)
    {
        std::ifstream fileStream{ filename, std::ios_base::binary };
        if (fileStream.is_open())
        {
            fileStream.seekg(0, std::ios::end);
            m_FileData.resize(static_cast<unsigned int>(fileStream.tellg()));

            fileStream.seekg(0, std::ios::beg);
            fileStream.read(m_FileData.data(), m_FileData.size());

            fileStream.close();

            m_pHeader = reinterpret_cast<TGAHeader*>(m_FileData.data());
            m_pImageData = static_cast<void*>(m_FileData.data() +
            sizeof(TGAHeader));
        }
    }

    unsigned short GetWidth() const
    {
        return m_pHeader->m_Width;
    }

    unsigned short GetHeight() const
    {
        return m_pHeader->m_Height;
    }

    unsigned char GetBytesPerPixel() const
    {
        return m_pHeader->m_BytesPerPixel;
    }

    unsigned int GetDataSize() const
    {
        return m_FileData.size() - sizeof(TGAHeader);
```

```cpp
    }

    void* GetImageData() const
    {
        return m_pImageData;
    }
};

class Texture
{
private:
    unsigned int m_Width{};
    unsigned int m_Height{};
    unsigned int m_BytesPerPixel{};
    unsigned int m_DataSize{};

    GLuint m_Id{};

    void* m_pImageData;

public:
    Texture(const TGAFile& tgaFile)
        : Texture(tgaFile.GetWidth(),
            tgaFile.GetHeight(),
            tgaFile.GetBytesPerPixel(),
            tgaFile.GetDataSize(),
            tgaFile.GetImageData())
    {

    }

    Texture(unsigned int width,
            unsigned int height,
            unsigned int bytesPerPixel,
            unsigned int dataSize,
            void* pImageData)
        : m_Width(width)
        , m_Height(height)
        , m_BytesPerPixel(bytesPerPixel)
        , m_DataSize(dataSize)
        , m_pImageData(pImageData)
    {

    }

    ~Texture() = default;

    GLuint GetId() const
    {
        return m_Id;
    }

    void Init()
```

```cpp
    {
        GLint packBits{ 4 };
        GLint internalFormat{ GL_RGBA };
        GLint format{ GL_BGRA };

        glGenTextures(1, &m_Id);
        glBindTexture(GL_TEXTURE_2D, m_Id);
        glPixelStorei(GL_UNPACK_ALIGNMENT, packBits);
        glTexImage2D(GL_TEXTURE_2D,
            0,
            internalFormat,
            m_Width,
            m_Height,
            0,
            format,
            GL_UNSIGNED_BYTE,
            m_pImageData);
    }
};
class Shader
{
private:
    void LoadShader(GLuint id, const std::string& shaderCode)
    {
        const unsigned int NUM_SHADERS{ 1 };

        const char* pCode{ shaderCode.c_str() };
        GLint length{ static_cast<GLint>(shaderCode.length()) };

        glShaderSource(id, NUM_SHADERS, &pCode, &length);

        glCompileShader(id);

        glAttachShader(m_ProgramId, id);
    }

protected:
    GLuint m_VertexShaderId{ GL_INVALID_VALUE };
    GLuint m_FragmentShaderId{ GL_INVALID_VALUE };
    GLint m_ProgramId{ GL_INVALID_VALUE };

    std::string m_VertexShaderCode;
    std::string m_FragmentShaderCode;

public:
    Shader() = default;
    virtual ~Shader() = default;

    virtual void Link()
    {
        m_ProgramId = glCreateProgram();

        m_VertexShaderId = glCreateShader(GL_VERTEX_SHADER);
```

```
            LoadShader(m_VertexShaderId, m_VertexShaderCode);

            m_FragmentShaderId = glCreateShader(GL_FRAGMENT_SHADER);
            LoadShader(m_FragmentShaderId, m_FragmentShaderCode);

            glLinkProgram(m_ProgramId);
        }

        virtual void Setup(const Geometry& geometry)
        {
            glUseProgram(m_ProgramId);
        }
};
class TextureShader
        : public Shader
{
private:
        const Texture& m_Texture;

        GLint m_PositionAttributeHandle;
        GLint m_TextureCoordinateAttributeHandle;
        GLint m_SamplerHandle;

public:
        TextureShader(const Texture& texture)
            : m_Texture(texture)
        {
            m_VertexShaderCode =
                "attribute vec4 a_vPosition;           \n"
                "attribute vec2 a_vTexCoord;           \n"
                "varying    vec2 v_vTexCoord;          \n"
                "                                      \n"
                "void main() {                         \n"
                "   gl_Position = a_vPosition;         \n"
                "   v_vTexCoord = a_vTexCoord;         \n"
                "}                                     \n";

            m_FragmentShaderCode =
                "#version 150                          \n"
                "                                      \n"
                "varying vec2 v_vTexCoord;             \n"
                "uniform sampler2D s_2dTexture;        \n"
                "                                      \n"
                "void main() {                         \n"
                "   gl_FragColor =                     \n"
                "       texture2D(s_2dTexture, v_vTexCoord); \n"
                "}                                     \n";
        }

~TextureShader() override = default;
```

```cpp
void Link() override
{
    Shader::Link();

    m_PositionAttributeHandle = glGetAttribLocation(m_ProgramId,
    "a_vPosition");
    m_TextureCoordinateAttributeHandle = glGetAttribLocation
    (m_ProgramId, "a_vTexCoord");

    m_SamplerHandle = glGetUniformLocation(m_ProgramId, "s_2dTexture");
}

void Setup(const Geometry& geometry) override
{
    Shader::Setup(geometry);

    glActiveTexture(GL_TEXTURE0);
    glBindTexture(GL_TEXTURE_2D, m_Texture.GetId());
    glUniform1i(m_SamplerHandle, 0);

    glTexParameteri(GL_TEXTURE_2D, GL_TEXTURE_WRAP_S, GL_REPEAT);
    glTexParameteri(GL_TEXTURE_2D, GL_TEXTURE_WRAP_T, GL_REPEAT);

    glTexParameteri(GL_TEXTURE_2D, GL_TEXTURE_MIN_FILTER, GL_LINEAR);
    glTexParameteri(GL_TEXTURE_2D, GL_TEXTURE_MAG_FILTER, GL_LINEAR);

    glVertexAttribPointer(
        m_PositionAttributeHandle,
        geometry.GetNumVertexPositionElements(),
        GL_FLOAT,
        GL_FALSE,
        geometry.GetVertexStride(),
        geometry.GetVertices());
    glEnableVertexAttribArray(m_PositionAttributeHandle);

    glVertexAttribPointer(
            m_TextureCoordinateAttributeHandle,
            geometry.GetNumTexCoordElements(),
            GL_FLOAT,
            GL_FALSE,
            geometry.GetVertexStride(),
            geometry.GetTexCoords());
        glEnableVertexAttribArray(m_TextureCoordinateAttributeHandle);
    }
};

int main(void)
{
    GLFWwindow* window;

    // Initialize the library
    if (!glfwInit())
    {
```

```cpp
        return -1;
    }

    glfwWindowHint(GLFW_RED_BITS, 8);
    glfwWindowHint(GLFW_GREEN_BITS, 8);
    glfwWindowHint(GLFW_BLUE_BITS, 8);
    glfwWindowHint(GLFW_DEPTH_BITS, 8);
    glfwWindowHint(GLFW_DOUBLEBUFFER, true);

    // Create a windowed mode window and its OpenGL context
    window = glfwCreateWindow(480, 480, "Hello World", NULL, NULL);
    if (!window)
    {
        glfwTerminate();
        return -1;
    }

    // Make the window's context current
    glfwMakeContextCurrent(window);

    GLenum glewError{ glewInit() };
if (glewError != GLEW_OK)
{
    return -1;
}

TGAFile myTextureFile("earthmap.tga");
Texture myTexture(myTextureFile);
myTexture.Init();

TextureShader textureShader(myTexture);
textureShader.Link();

OBJFile objSphere("sphere.obj");
Geometry sphere(objSphere);

sphere.SetNumVertexPositionElements(3);
sphere.SetNumTexCoordElements(2);
sphere.SetVertexStride(sizeof(float) * 5);

glClearColor(0.0f, 0.0f, 0.0f, 1.0f);

glEnable(GL_CULL_FACE);
glCullFace(GL_BACK);

glEnable(GL_DEPTH_TEST);

// Loop until the user closes the window
while (!glfwWindowShouldClose(window))
{
    glClear(GL_COLOR_BUFFER_BIT | GL_DEPTH_BUFFER_BIT);

    textureShader.Setup(sphere);
```

```
    glDrawElements(GL_TRIANGLES,
        sphere.GetNumIndices(),
        GL_UNSIGNED_SHORT,
        sphere.GetIndices());
    // Swap front and back buffers
    glfwSwapBuffers(window);

    // Poll for and process events
    glfwPollEvents();
}

glfwTerminate();
return 0;
}
```

清单 14-14 展示了如何使用本节和 14.3 节中介绍的类来加载和呈现 .obj 文件。在本节中，窗口的创建方式有一些不同。`glfwWindowHint` 函数指定了一些你希望应用程序的帧缓冲区拥有的参数。这里最重要的是深度缓冲区。在现代 GPU 上，深度缓冲区的工作原理是：在渲染的过程中，每个片段位置存储来自多边形的 z 分量的归一化设备坐标。然后，你可以使用深度测试来允许或禁止在渲染过程中向帧缓冲区写入新的颜色。这在渲染球体时非常有用，可以确保在球体后部渲染的像素不会覆盖球体前部的片段的颜色。

面剔除也被启用，以确保你只看到每个多边形的正面。多边形可以有两个面：正面和背面。OpenGL 根据顶点的缠绕顺序来决定多边形是正面还是背面。默认情况下，OpenGL 确定顶点按逆时针顺序指定的多边形是面向正面的，顶点按顺时针顺序指定的多边形是面向背面的。这在物体旋转时可能会发生变化，所以当多边形不朝向摄像机时，OpenGL 会提前将其丢弃。如果你愿意，你可以使用 `glFrontFace` 函数改变正面的多边形的缠绕顺序。

从 http://planetpixelemporium.com/ 获得的 earthmap.tga 纹理加载 earth.html 以使球体具有地球的外观。球体本身从名为 sphere.obj 的文件中加载。你通过调用 glEnable 和传递 GL_CULL_FACE 常数来启用正面剔除。通过调用 glCullFace 来指定要剔除的面。通过调用 glEnable 和传递 GL_DEPTH_TEST 来启用深度测试，而 glClear 调用则传递 GL_COLOR_BUFFER_BIT | GL_DEPTH_BUFFER_BIT，以确保颜色缓冲区和深度缓冲区都在每个渲染帧的开始时被清除。

编译和运行所提供的代码以及本书所附网站的数据，可以得到一个渲染地球的程序，如图 14-3 所示。

图 14-3　清单 14-14 中的代码所生成的渲染的地球

14.5　使用 C++20 的 module 特性

问题

C++20 提供了 module 的新特性，它可以和头文件一起使用。你想用它们来做实验。

解决方案

C++20 版本增加了 module 的新特性。虽然所有的 C++ 编译器都不支持它，但 Visual Studio 19 支持。module 为 C++ 程序和库的组件化提供了另一种解决方案。

工作原理

module 是一组独立编译的源代码文件，可以消除或大大减少与头文件有关的问题，编译速度也会提高。module 可以按任何顺序导入，而不必担心宏的重新定义问题。为了知道 module 的工作方式，我们将尝试使用传统的多部分头文件、定义和驱动应用程序。然后，我们将执行与比较 module 相同的操作。

多部分文件——通过单独的文件将类和实现分开，用于头的原型和函数定义。

你可以想象，如果只使用很少的类或结构，那么你的程序可能会变得冗长而混乱。如果你把一个类所做的"工作"落实到不同的文件中，也就是"头函数原型"文件和"函数定义"文件，可以使你的代码更易于阅读和调试。其他开发者在阅读你的代码时也会从你这种简洁设计中受益。

对于下一个简单的示例，你将在空 C++ 项目中创建三个文件。第一个将是跟某个 CPP 文件具有相同名称的头文件（不具有扩展名，因为它将是 *.h 文件）。这些将是函数原型文件和函数定义文件。

第一个是对函数的概述，只包括它们从调用函数中获取或返回给调用函数的内容。第二个方法则具体定义了这些函数的工作方式。名称必须与作为手动本地库的头文件相同（不是用 < >，而是用 " " 表示）。当然，所有文件都应该在同一个文件夹中。最后一个和倒数第三个文件可以有任何有效的名称，但是实际的驱动程序代码，有一个 `int main()`，并执行真正的工作。下一个函数只有一个简单的函数。当然，你可以有三个以上函数，但只能有一个驱动程序。尝试使用三个文件，看看它是如何工作的。

清单14-15　使用函数原型头、函数定义和驱动程序的传统三部分文件

```
//Header function prototype file simple.h    part 1 of 3
#include <string>
using namespace std;
class simple
{
public:
```

```
        void show_stats();
private:
        string name = "Fred the barber";
};

//Function definition file
//simple.cpp part 2 of 3
#include <iostream>
#include <string>
#include "simple.h"
using namespace std;
void simple::show_stats()
{
        cout << "Name of barber is: " << name << endl;
}

//Driver main application
//main_app.cpp  part 3 of 3
#include <iostream>
#include "simple.h"
using namespace std;
int main()
{
        simple Fred;
        Fred.show_stats();
        system("pause");
        return 0;
}
```

　　现在让我们看看如何将其转换成一个 module，并且不要忘记将 Visual Studio 19 中的项目属性更改为 C++20 版本的最新工作草案！将主驱动文件添加为标准 C++ 文件，并将该 module 作为 *.ixx 文件（添加为常规 CPP 文件，但将其重命名为 *.ixx 扩展，尽管 ISO 约定可能在将来采用 *.ccpm 指定）。**值得注意的是，从 16.4.5 版本开始，你还需要启用 Visual Studio 中的 module 支持**。要做到这一点，请进入“项目”→“属性”→“配置属性”→“C/C++”→“所有选项”→“启用 C++ module”（实验性），并从下拉菜单中选择“是”。接下来我们将编译 module，然后编译最终的程序。你将有一个解决方案、一个项目，以及项目中的两个文件。为了使它能在 Visual Studio16.4.5 中工作，命令提示符将发挥作用。

　　1. 在 Visual Studio 中启动一个 C++ 空项目，然后添加两个 C++ 源文件。

　　2. 为 module 文件命名，并添加以下代码：

清单14-16　列表14-15的module版本

```
//module speech.ixx
export module speech;

export const char* show_stats()
```

```
{
    return "The barber is named Fred!\n\n";
}
```

3. 通过命令行编译 module，选择"工具"→"命令行"→"开发者命令提示符"。
然后：`cl -experimental:module -c speech.ixx`

它应该给你一条基本上说是实验性的、没有保证的信息，因此你的进展会有所不同。
不管怎么说，现在有了一个编译好的 *.obj 文件可以使用。在提示符下运行 dir（Enter），可
以看到新创建的文件。

4. 为主驱动文件命名，并添加以下代码：

```
// Driver file main_app.cpp
#include <iostream>
import speech;
using namespace std;
int main()
{
    cout << show_stats() << '\n';

    return 0;
}
```

5. 现在，再次从命令行输入以下内容，用 *.obj module 文件编译你的主程序。

Cl -experimental:module main_app.cpp speech.obj

它将给出正常的警告，表明它是实验性的，但如果一切顺利，并且你的病毒检查程序
没有自动删除该文件（某些 AV 程序可能会发生这种情况），请迅速执行 dir，你应该看到一
个可执行文件。通过输入 main_app（回车）来运行它，它将告诉你谁是理发师。

推荐阅读

C++程序设计：原理与实践（基础篇）（原书第2版）

作者：[美] 本贾尼·斯特劳斯特鲁普 （Bjarne Stroustrup） ISBN：978-7-111-56225-2 定价：99.00元

C++程序设计：原理与实践（进阶篇）（原书第2版）

作者：[美] 本贾尼·斯特劳斯特鲁普 （Bjarne Stroustrup） ISBN：978-7-111-56252-8 定价：99.00元

将经典程序设计思想与C++开发实践完美结合，全面地介绍了程序设计基本原理，包括基本概念、设计和编程技术、语言特性以及标准库等，教你学会如何编写具有输入、输出、计算以及简单图形显示等功能的程序。此外，本书通过对C++思想和历史的讨论、对经典实例（如矩阵运算、文本处理、测试以及嵌入式系统程序设计）的展示，以及对C语言的简单描述，为你呈现了一幅程序设计的全景图。